A. Brémant

SCIENCES PHYSIQUES

7E ÉDITION

LIBRAIRIE A. HATIER

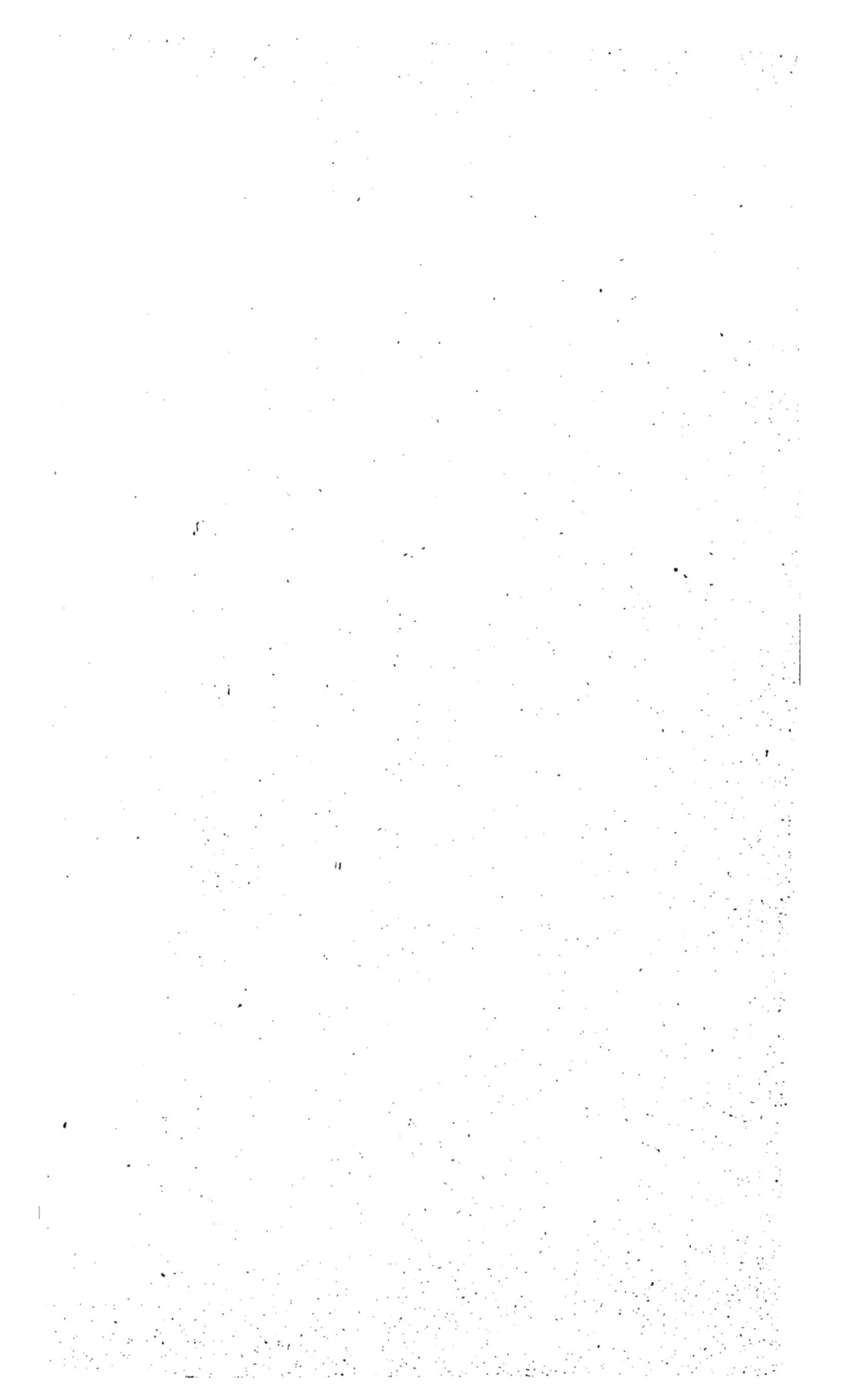

LES SCIENCES PHYSIQUES

DU

BREVET ÉLÉMENTAIRE DE CAPACITÉ

ET DES COURS

DE L'ANNÉE COMPLÉMENTAIRE

DU MÊME AUTEUR :

LES SCIENCES PHYSIQUES ET NATURELLES DU CERTIFICAT D'ETUDES. *L'Homme -- les Animaux -- les Végétaux -- Physique -- Chimie -- Pierres.* Ouvrage suivi de Questionnaires, de Résumés et de *sujets de Rédaction*, illustré de 275 gravures.

1 vol. in-12, reliure percaline : **1 fr. 40.**
Cartonnage, couverture imprimée : **1 fr. 20.**

~~~~~~~~~~~~~~~

OUVRAGES FAISANT SUITE

AU CERTIFICAT D'ÉTUDES PRIMAIRES

et spécialement à l'usage des candidats au

BREVET ÉLÉMENTAIRE DE CAPACITÉ

et des Élèves de l'année complémentaire

~~~~~~~~~~

Les Sciences naturelles du Brevet. — Notions de *Zoologie*, de *Botanique*, de *Minéralogie*, de *Géologie*, d'*Agriculture*, d'*Horticulture*, et d'*Hygiène*. Ouvrage illustré de 250 gravures.

1 vol. in-12, 5ᵉ *édition*, cartonné percaline. **2 fr.**

L'Arithmétique du Brevet suivie de *Notions pratiques de Géométrie.* Ouvrage renfermant près de 600 applications théoriques ou problèmes donnés dans les examens.

1 vol. in-12, cartonné percaline. **2 fr.**

L'Arithmétique de l'année complémentaire, suivie d'un *Cours d'Algèbre essentiellement pratique.* Ouvrage renfermant près de 700 applications théoriques ou problèmes.

Nouvelle édition. 1 vol. in-12, cartonné percaline. **2 fr.**

Solutions raisonnées des Problèmes contenus dans l'*Arithmétique.*

1 vol. in-12, cartonné percaline. Prix : **1 fr. 50.**

Cours d'Algèbre essentiellement pratique, avec de nombreuses applications.

1 vol. in-12, cartonné percaline. Prix : **1 fr.**

~~~~~~~~~~~~~~

AIDE-MÉMOIRE à l'usage des candidats au **BREVET ÉLÉMENTAIRE DE CAPACITÉ,** par A. B. (A. ⬥) P. W. (I. ⬥). *Quatrième édition,* revue et corrigée.

1 vol. grand in-18, cartonné percaline. **1 fr. 80.**

———————————————

Paris. — Imp. Gauthier-Villars et fils, 55, quai des Grands-Augustins

LES SCIENCES PHYSIQUES

DU

BREVET ÉLÉMENTAIRE DE CAPACITÉ

ET DES COURS

DE L'ANNÉE COMPLÉMENTAIRE

OUVRAGE RENFERMANT LES NOTIONS

DE PHYSIQUE ET DE CHIMIE

Indiquées par les arrêtés ministériels des 27 juillet 1882
et 30 décembre 1884

ILLUSTRÉ DE 252 GRAVURES

Dont un grand nombre de figures théoriques devant être reproduites par les élèves

Par ALBERT BRÉMANT,

Directeur des cours de l'École d'horlogerie de Paris,
Membre de la Commission d'examen pour les brevets de capacité,
Officier de l'Instruction publique.

SEPTIÈME ÉDITION

PARIS

LIBRAIRIE D'ÉDUCATION A. HATIER

33, QUAI DES GRANDS-AUGUSTINS, 33

1893

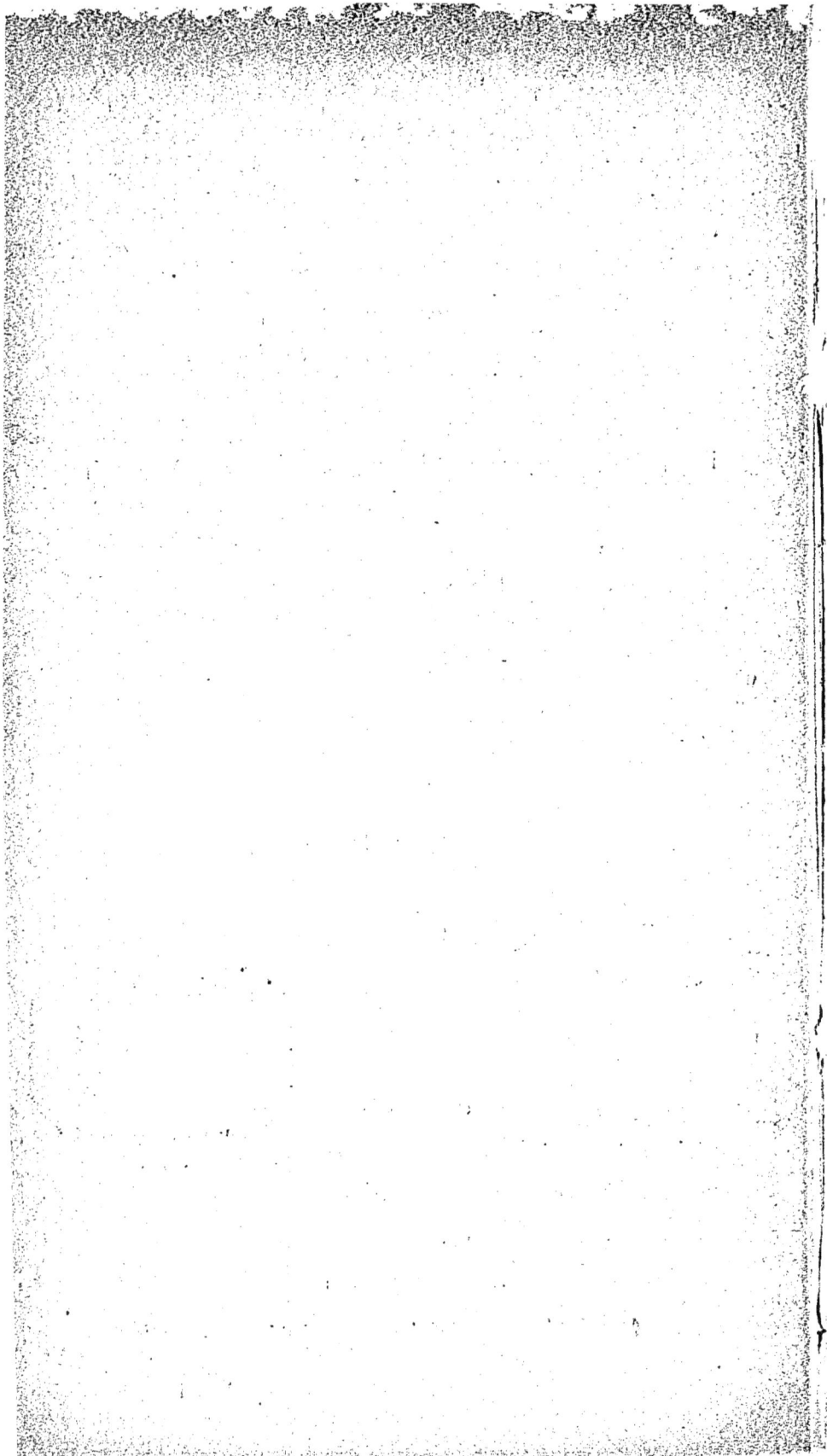

AVERTISSEMENT

de la 1ʳᵉ édition.

Depuis l'arrêté du 30 décembre 1884, des notions de sciences physiques et naturelles font partie des programmes de l'enseignement primaire ; depuis cette époque également, des questions sur les sciences physiques et naturelles sont exigées à l'examen oral du brevet élémentaire de capacité.

Dès lors ont surgi de toutes parts des ouvrages spéciaux à la préparation de ces matières. Nous avons cru mieux faire d'attendre, et nous vous présentons seulement maintenant le fruit de notre travail personnel, et, — pourquoi le cacherions-nous ? — l'expérience tirée des essais des autres. Nous avons attendu que cet enseignement fût bien assis, nous avons voulu voir jusqu'à quelle limite on pouvait sagement le pousser ; enfin nous avons voulu *enseigner notre livre*, avant de vous le livrer. L'expérience est faite, elle a réussi, nous vous la soumettons.

Dans cet ouvrage, comme dans ceux que nous avons publiés antérieurement, notre *Arithmétique*, par exemple, nous avons voulu faire un livre qui répondît d'une façon aussi absolue que possible à l'idée généralement adoptée de ce que doit être « le livre. » Il est, et ne doit être que le résumé de la leçon du maître ;

ce sont les notes, mises en ordre et corrigées, que doit prendre l'élève pendant le cours; il ne doit rien enlever à l'originalité de la leçon qui conservera sa libre allure; il n'enserrera pas l'enseignement du maître qui doit trouver tous ses développements dans ses souvenirs et dans ses remarques personnelles; mais il sera un guide sûr pour l'élève, un résumé très étendu pouvant s'adapter à tout enseignement.

En *physique*, nous avons exposé les principales lois, celles d'où découlaient les applications les plus pratiques et d'un usage journalier.

En *chimie*, après avoir indiqué les propriétés importantes des corps, nous nous sommes attaché surtout aux usages qu'on en pouvait tirer dans l'économie domestique.

Et toujours nous avons suivi une méthode rigoureuse : le surmenage étant moins dans la quantité des matières à retenir, que dans la façon dont elles sont enseignées.

Mais l'innovation importante, celle sur laquelle nous appelons tout particulièrement l'attention des professeurs : c'est le principe que nous avons suivi, de *présenter partout et toujours des figures théoriques* à côté des figures perspectives. Nous avons en effet disséqué tous les appareils pour n'en présenter à l'élève que la partie seulement utile à la démonstration du principe physique, — le reste regardant seulement le mécanicien. — Nous avons fait les figures que le professeur trace au tableau dans son enseignement, les figures que l'élève doit reproduire, — même sans connaître le dessin, — chaque fois qu'il fait un devoir ou qu'il est interrogé.

Notre expérience de l'enseignement nous a prouvé

qu'il y avait là une lacune à combler, que l'élève ne comprend pas le fonctionnement des mécanismes simples; qu'il ne sait pas comment tiennent les diverses parties qui composent l'appareil. Et d'ailleurs, comment le saurait-il ! le plus généralement, le livre lui présente des figures, — très belles, c'est vrai, — mais dont il ne voit que l'extérieur, souvent agrémenté, quelquefois même n'étant que le sujet accessoire d'un paysage ou d'une banale scène d'intérieur.

Nous avons montré à l'élève, dans notre livre, ce qu'il y avait à l'intérieur de l'appareil, nous le lui avons ouvert pour qu'il voie son fonctionnement; nous le lui avons simplifié pour qu'il le comprenne. Toutes les figures théoriques qu'il a sous les yeux, il peut les faire, il doit, et nous l'exigerons, les reproduire à tout examen; il fera ainsi véritablement preuve d'intelligence.

Le dessin des figures n'est pas toujours très pur dans ses traits, tant mieux ! et si l'on eût voulu nous écouter, il eût été plus rapidement fait encore. Mais, paraît-il, cela aurait nui à la beauté de l'ouvrage, et éditeur et dessinateur s'y sont opposés. Tels qu'ils sont cependant, les dessins n'effrayeront pas l'élève par leur difficulté de détails et nous ne les verrons pas reculer devant leur reproduction. Nous y gagnerons un enseignement meilleur et plus sérieux, nous aurons ainsi atteint le but que nous nous étions proposé.

AVIS POUR LA QUATRIÈME ÉDITION

C'est presque à regret que nous avons ajouté, dans cette nouvelle édition, la notation et les équations chimiques. Nous avions cru, et nous persistons à le croire encore, que ce langage indispensable pour les chimistes devait rester ignoré de l'enseignement primaire : non pas que sa difficulté soit grande, mais parce que, lorsqu'elle est vaincue, elle ne nous apprend rien d'utile à nous, je le répète, qui faisons de l'enseignement primaire. Mais si nous avons dû parler ce langage des chimistes, pour lequel ils ne sont pas encore d'accord, c'est que, dans certains examens de l'enseignement primaire, nous avons vu que les quelques aspirants qui, pour faire montre de mémoire, le parlaient, étaient très favorablement accueillis; et nous ne voulons pas que les élèves que nous guidons soient moins bien favorisés.

Cependant, malgré tout le soin que nous avons apporté à la présentation de la notation et des équations, nous engageons les maîtres à ne faire aborder ces questions qu'à leurs élèves les plus avancés, et seulement à partir de la 2e année d'étude de notre livre.

PHYSIQUE

NOTIONS PRÉLIMINAIRES

Définition. — La physique est une science qui a pour objet : 1° l'étude des *propriétés générales des corps ;* 2° l'étude des *phénomènes* qui ne sont que des modifications *non essentielles* et *non permanentes* de la nature des corps inertes.

Exemples de phénomènes physiques. — Si nous prenons une barre de fer et que nous la chauffions, nous la verrons augmenter de longueur, elle se dilatera, voilà un phénomène ; mais cette augmentation de longueur n'a pas changé la nature du fer, en outre, elle ne durera pas toujours : la *dilatation* est donc un phénomène physique.

Prenons de l'eau dans un vase et portons-la à l'ébullition, à l'aide de la chaleur. Cette eau va émettre un abondant brouillard blanc, de la vapeur ; mais encore ici, la modification, si elle est plus profonde que dans le phénomène précédent, n'est ni essentielle ni permanente ; et la preuve que nous n'avons, dans la vapeur, que de l'eau sous un autre état, c'est que si nous interposons au milieu de cette vapeur une plaque de verre froide, l'eau réapparaîtra sous forme de gouttelettes liquides : la *vaporisation* est encore un phénomène physique.

Constitution physique des corps. — Les corps,

sous quelque état qu'ils se présentent, sont formés de
matière Mais cette matière qui constitue les corps
n'est compacte qu'en apparence.

Ils ne doivent être regardés que comme la réunion
de parties excessivement petites de matière, séparées
les unes des autres par des espaces appelés *pores*. Les
parties de matière dont la réunion forme les corps se
nomment *molécules*. Les molécules d'un corps, quoique n'étant pas soudées les unes aux autres, restent
cependant presque au contact, grâce à une force particulière d'attraction à laquelle on a donné le nom de
cohésion.

Les corps *simples* sont ceux dont on ne peut tirer
qu'une seule sorte de matière. On les appelle encore
éléments : comme le soufre, le cuivre, le mercure,
l'oxygène.

Les corps *composés* sont ceux qui renferment plusieurs espèces de matières : comme l'argent monnayé;
l'eau, formée d'oxygène et d'hydrogène; l'air, formé
d'oxygène et d'azote.

États des corps. — Les corps se présentent à nous
sous trois états. Les uns sont *solides,* d'autres *liquides,*
d'autres *gazeux*.

Dans les corps solides, la cohésion ou l'attraction
des molécules entre elles est plus ou moins considérable; il faut déployer un certain effort pour rompre la
cohésion; effort d'autant plus considérable que le corps
est plus solide.

Dans un corps liquide, la cohésion est faible, l'attraction moléculaire est nulle; le corps s'écrase sous son
poids; il prend la forme des vases dans lesquels on le
place.

Chez les gaz, la cohésion est non seulement nulle,

mais elle se transforme en répulsion. Un volume quelconque de gaz tend à occuper la totalité de l'espace dans lequel on l'enferme.

On voit alors que l'état d'un corps ne dépend que de l'écartement plus ou moins considérable qui existe entre ses molécules.

Mais si un corps que nous connaissons habituellement sous l'état solide, par exemple, est soumis à l'influence d'un agent capable d'écarter ses molécules, ce solide se rapprochera de plus en plus de l'état liquide, deviendra même liquide et enfin gazeux si le même agent ne cesse d'intervenir. C'est, en effet, ce que nous observons journellement pour l'eau, que la chaleur peut transformer de glace en eau liquide, puis en vapeur ou gaz.

Tous les corps, comme l'eau, peuvent théoriquement passer par ces trois états. Il suffit, pour les corps qui jusqu'alors se sont montrés réfractaires à cette modification, de trouver les procédés convenables.

Les causes qui peuvent transformer un corps solide en liquide, ou un liquide en gaz sont l'élévation de la température ou la diminution de pression.

Les liquides et les gaz sont appelés des *fluides*.

1° PROPRIÉTÉS GÉNÉRALES DES CORPS.

Certaines propriétés peuvent être communes à tous les corps; ce sont alors des propriétés générales. Celles-ci sont :

L'*étendue*, l'*impénétrabilité*, la *divisibilité*, la *porosité*, la *compressibilité*, l'*élasticité*, la *mobilité*, l'*inertie*.

L'*étendue* est la propriété que possèdent tous les corps, à tous les états, d'occuper une place dans l'es-

pace. Cette propriété est évidente; un corps ne peut
exister sans occuper de place. Et la place qu'il occupe,
il ne peut être que seul à l'occuper, deux corps ne
pouvant pas être simultanément à la même place. C'est
ce qu'on entend en disant que les corps sont *impéné-
trables*. Un bâton qu'on plonge dans l'eau ne pénètre
pas l'eau; il écarte les molécules de l'eau pour se loger;
où se trouve le bâton ne se trouve pas l'eau.

L'*impénétrabilité* est donc la propriété qu'ont les
corps d'occuper une place exclusivement à tout autre
corps.

Par *divisibilité* on entend la propriété que possèdent
les corps de pouvoir être partagés en plusieurs parties.
Théoriquement un corps est divisible à l'infini; il est
toujours facile de concevoir que, dès qu'un corps
existe, il est possible d'en prendre des parties. Mais
pratiquement la division a une limite. La portion de
matière indivisible physiquement s'appelle *atome*.

La *porosité* est la propriété que les corps possèdent
d'avoir des pores ou intervalles entre leurs molécules.
Cette propriété résulte de l'hypothèse qui a été faite
de la constitution des corps.

Les pores sont visibles dans l'éponge, les pierres à
filtrer, etc.

Les liquides sont poreux aussi : si, à un certain volume d'eau, on ajoute de l'alcool et qu'on agite le mélange, le volume qu'on trouvera après agitation sera
inférieur à la somme des deux volumes mélangés;
l'alcool a donc occupé une partie des intervalles laissés
entre les molécules de l'eau.

Par *compressibilité*, on entend la propriété qu'ont les
corps de pouvoir occuper, sous l'influence d'une pression, un volume moindre. Cette propriété est une con-

séquence de la porosité; puisque les corps ont des pores on conçoit la possibilité de restreindre le volume de ces pores.

Les gaz sont très facilement comprimés; certains solides le sont assez facilement; le liège, les éponges; d'autres le sont plus difficilement : le fer, l'or; ils le sont cependant sous l'influence du martelage.

Les liquides sont très peu compressibles. Dans la pratique on considère l'eau comme incompressible.

L'*élasticité* est la propriété que possèdent les corps de reprendre leur forme ou leur position dès que la force qui la leur avait fait perdre a cessé d'agir. Une bille que l'on jette sur une surface dure se déforme et s'aplatit un peu; puis manifeste son retour à l'état sphérique en s'élevant au-dessus du corps résistant qui l'avait déformée.

Les solides sont plus ou moins élastiques : l'acier l'est beaucoup; le plomb, très peu.

La *mobilité* est la propriété que les corps possèdent de pouvoir occuper successivement différentes places dans l'espace sous l'influence d'une puissance étrangère au corps. Mais ils possèdent tous aussi la propriété de ne pouvoir se déplacer d'eux-mêmes, propriété appelée *inertie*.

Si donc un corps est passé de l'état de repos à l'état de mouvement, c'est qu'un agent extérieur a agi sur lui; cet agent est une *force*.

FORCE

Une *force* est tout ce qui produit ou qui modifie u mouvement.

Une force est déterminée lorsqu'on connaît son *point*

d'application, sa direction, son intensité. En physique on

Fig. 1.

représente une force par une flèche qui commence au point d'application A et dont la longueur varie proportionnellement à l'intensité (fig. 1).

Il est presque toujours possible de remplacer plusieurs forces qui agissent sur un corps par une seule qui produirait le même effet. Cette force qui remplacerait les autres se nomme *résultante;* les autres sont les *composantes.*

La résultante de plusieurs forces agissant sur un corps, en ligne droite et dans une même direction, est égale à la somme des composantes et agit du côté des composantes.

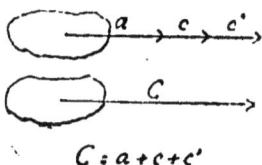

$C = a + c + c'$

Fig. 2.

Il est évident que si, à une voiture, se trouvent attelés un âne, un chien, une chèvre, nous pourrons remplacer ces animaux par un cheval de même force que celle de l'âne a + celle du chien c + celle de la chèvre c'. Le cheval C sera la résultante (fig. 2).

La résultante de deux forces agissant en ligne droite et dans des directions opposées est égale à la différence des composantes et agit du côté de la plus grande composante.

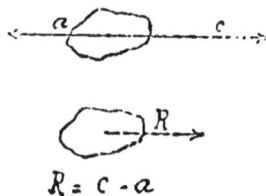

$R = c - a$

Fig. 3.

Si un cheval et un âne sont attelés l'un en avant, l'autre en arrière de la voiture et tirent chacun de leur côté, la voiture se déplacera du côté du cheval, mais avec une force égale à celle du cheval moins celle de l'âne (fig. 3).

Enfin, si les deux forces agissent dans des directions différentes Ac, Ac', le corps n'ira ni dans l'une, ni dans l'autre direction, mais sa direction se rapprochera de celle de la plus grande et d'autant plus que l'autre sera plus petite. Elle peut être dans ce cas représentée *en direction et en intensité par la diagonale du parallélogramme construit sur les deux forces. La résultante est* AR (fig.4).

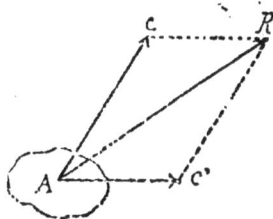

Fig. 4.

Qu'entendez-vous par phénomènes physiques? Citez des exemples. — Comment sont constitués les corps? — Sous quels états se présentent-ils? — Définissez les solides, les liquides, les gaz. — Le même corps peut-il passer par les 3 états? Exemples. — Nommez et définissez les propriétés générales des corps. — Qu'est-ce qu'une force? — Quelles sont ses qualités? — Qu'appelez-vous résultante? — Comment la trouve-t-on dans les 3 cas principaux?

CHAPITRE PREMIER

PESANTEUR

La *pesanteur* est la force qui sollicite tous les corps à tomber vers le centre de la terre. Si quelques-uns, la fumée, les ballons, paraissent ne pas subir son influence, c'est parce que, placés au milieu d'autres qui tendent avec plus d'énergie vers la terre, ils en sont repoussés comme plus légers.

Le pesanteur agit de la même façon, avec une égale intensité sur tous les corps, quels que soient leur poids et leur volume.

Si plusieurs corps de même poids, mais de volumes différents, tombant d'une même hauteur, n'arrivent pas au sol en même temps, c'est que la résistance de l'air agit inégalement sur eux parce qu'ils présentent d'autant plus de prise à la résistance que leur surface est plus grande.

Si les corps ont même volume mais des poids différents, ce sont les corps les plus pesants qui toucheront le sol les premiers, car ils peuvent résister plus facilement à l'action de l'air.

Mais si nous abandonnons *dans le vide* des corps de volumes et de poids différents *ils tomberont tous avec la même vitesse.*

Expérience du tube de Newton. — Pour vérifier que dans le vide tous les corps tombent avec la même vitesse, on prend un tube de verre d'environ deux mètres de longueur, terminé par deux garnitures métalliques: l'une porte un robinet qui permet de maintenir le vide produit par la machine pneumatique (fig. 5).

On introduit d'abord dans le tube des corps de poids différents : une balle de plomb, une plume, un morceau de liège; puis on fait le vide dans l'appareil. Si on retourne brusquement le tube, on remarque que les corps s'accompagnent pendant toute la durée de leur chute, ce qui vérifie le principe énoncé plus haut.

Direction de la pesanteur. — La direction de la pesanteur en un lieu est le prolongement d'un rayon de la terre passant par ce lieu. Cette direction est indiquée par *un fil à plomb*. Un fil à plomb est un poids quelconque suspendu à l'extrémité d'un fil. La direction du fil est celle que le corps aurait suivie s'il n'avait été arrêté dans sa chute

Fig. 5.

par la résistance du fil. Cette direction de la pesanteur s'appelle *verticale;* la direction perpendiculaire à celle-ci est dite *horizontale.*

Il est facile de voir que deux fils à plomb tendus à des points différents ne donnent pas des directions parallèles : leur prolongement devant en effet se rencontrer au centre de la terre (fig. 6).

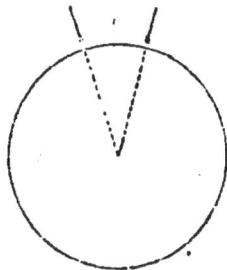
Fig. 6.

Espace parcouru par un corps tombant dans l'atmosphère. — L'espace parcouru par un corps pendant une seconde est ce qu'on appelle sa *vitesse.* La vitesse d'un corps qui tombe est d'autant plus grande que ce corps tombe de plus haut; et l'espace qu'il parcourt, en tombant, augmente avec le temps qu'il met à tomber, en suivant la loi formulée dans l'égalité suivante (si l'on ne tient pas compte de la résistance de l'air) :

$$e = a \times t^2,$$

e signifiant l'espace, exprimé en mètres; *a* une quantité invariable égale à 4,9; *t* le temps exprimé en secondes.

Si l'on veut connaître la hauteur d'une tour, il suffira de noter bien exactement le nombre de secondes qui se sera écoulé entre le moment où vous aurez abandonné une pierre à elle-même et le moment où elle aura touché le sol : soit cinq secondes. En appliquant la formule précédente vous trouverez :

$$\text{Espace} = 4,9 \times 5^2 = 122^m,50$$

La tour a 122^m,50 de hauteur.

Centre de gravité. — Le centre de gravité d'un

1.

corps est le *point d'application de la résultante* des forces de la pesanteur qui agissent sur ce corps (fig. 7).

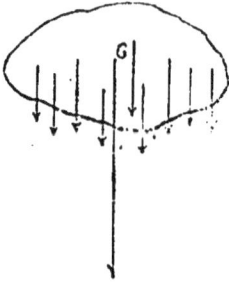

Fig. 7.

Le centre de gravité d'un corps homogène et de forme géométrique est le même que son centre de figure. Le centre de gravité d'une baguette de fer (considérée comme ligne) est son milieu; d'un cercle ou d'une sphère, son centre, etc.

PENDULE

Le pendule est un corps pesant, une boule A (fig. 8), suspendu à l'extrémité d'un fil OA fixé en O.

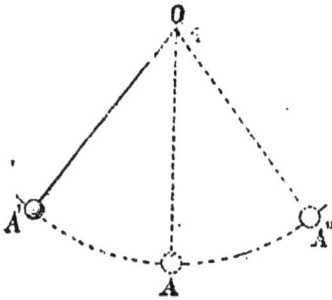

Fig. 8.

Lorsque l'appareil est en équilibre, son fil est vertical, c'est un fil à plomb. Mais si l'on vient à l'écarter de sa position d'équilibre pour lui faire prendre la position OA' et qu'on l'abandonne à lui-même, on verra la boule décrire un arc de cercle en se dirigeant vers A, dépasser cette position à cause de sa vitesse acquise pendant cette petite chute, remonter en A″ pour redescendre en A, remonter en A′ et indéfiniment ainsi, si l'on admet que le mouvement se produit dans le vide et qu'en O n'existe aucun frottement. Mais à cause de la résistance de l'air et des frottements au point de suspension, le pendule s'arrêtera au bout d'un certain temps.

Le mouvement de la boule pour passer de A′ en A″

s'appelle *oscillation*; et l'angle AOA' est *l'amplitude* de
l'oscillation

Toutes les fois que l'amplitude ne dépasse pas 5 degrés, *la durée des oscillations d'un pendule reste constante*. Ainsi, si l'on laisse marcher un pendule pendant
5 minutes, il fera le même nombre d'oscillations pendant la 2ième minute que pendant la 5ième, quoique l'amplitude ait diminué à tout instant pour devenir nulle à
la fin de la 5ième minute.

Cette constance du mouvement pendulaire, *l'isochro-
nisme* des mouvements du pendule, comme on l'appelle,
est utilisée dans les horloges et dans les pendules
d'appartements. Le mouvement de chute du poids dans
les horloges, le mouvement de détente du ressort dans
les pendules qui tous deux sont des mouvements variés,
sont régularisés par l'adjonction d'un pendule.

LEVIER

Un levier est une machine simple formée d'une tige
rigide mobile autour d'un point fixe nommé *point
d'appui*.

Cette machine permet de soulever de pesants fardeaux en déployant peu d'efforts; le fardeau à soulever
ou l'obstacle à vaincre s'appelle *résistance*; l'effort qu'il
faut déployer prend le nom de *puissance*. On appelle
bras du levier les distances qui séparent le point d'appui
de la résistance et de la puissance.

Pour que le levier soit en équilibre il faut que le produit de la puissance par son bras de levier soit égal au
produit de la résistance par son bras. Ainsi (fig. 9)
pour que la résistance R soit soulevée par la puissance
P, il faut que $\mathrm{P} \times \mathrm{AP} = \mathrm{R} \times \mathrm{AR}$.

On voit alors que, dans ce cas particulier, la puissance P pourra être d'autant plus faible, pour soulever la résistance R, que le bras AP sera plus grand (AR ne changeant pas).

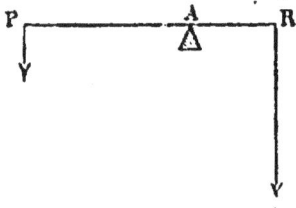

Les leviers sont de 3 genres; ils diffèrent suivant la position du point d'appui par rapport à la puissance et la résistance.

Fig. 9.

1er genre. — Dans le levier du 1er genre (fig. 9) le point d'appui A est placé entre la puissance P et la résistance.

En prenant un grand bras de puissance (fig. 10) par

Fig. 10.

rapport au bras de la résistance, l'ouvrier peut facilement déplacer un bloc de pierre qu'il n'aurait pas pu ébranler seulement sans le secours du levier.

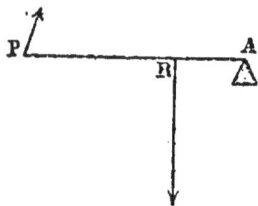

D'autres leviers du premier genre sont : la balance ordinaire et les ciseaux de la couturière.

Fig. 11.

2e genre. — Dans le levier du second genre, la résistance est placée entre le point d'appui et la puissance (fig. 11).

Cette fois (fig. 12) l'ouvrier agit de bas en haut pour soulever son fardeau.

Fig. 12.

Outre cette pince, les leviers du second genre sont les avirons des bateaux : le point d'appui est l'eau, la résistance est le bord du bateau, la puissance, le batelier; puis le casse-noisettes, la brouette, etc...

3e *genre*. — Enfin dans ce levier, c'est la puissance (fig. 13) qui se trouve située entre

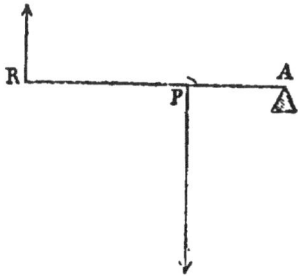

Fig. 13.

Fig. 14.

le point d'appui et la résistance.

Dans ce cas, il n'est pas employé à accroître l'effort, mais à accélérer la vitesse.

Nous en trouvons un exemple dans la pédale du rémou- leur : (fig. 14) un léger mouvement de son pied fait mou- voir rapidement l'extrémité de sa pédale dont le mou- vement est transmis par une corde à la roue de pierre.

Un autre levier du 3e genre est la pincette de notre foyer.

BALANCE

Le *poids* d'un corps est l'*intensité de la résultante* des forces de la pesanteur qui agissent sur ce corps; il est égal à l'effort qu'il faut déployer pour empêcher ce corps de tomber. Le corps est d'autant plus pesant qu'il tend avec plus d'énergie vers la terre.

Balance. — La balance est un instrument qui sert à comparer le poids des corps à celui qui a été pris pour unité.

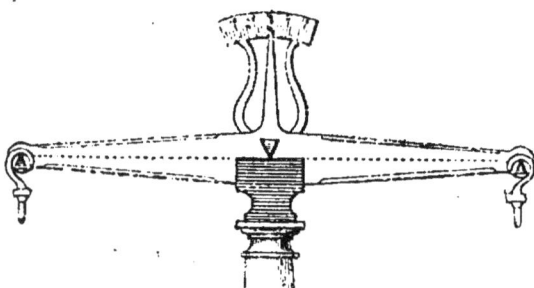

Fig. 15.

Elle se com- pose (fig. 15) essentiellement d'une barre de cuivre ou de fer, appelée *fléau*, traversée en son mi- lieu par un prisme triangulaire en acier appelé *couteau*. Une arête vive de ce couteau repose sur deux petits plans de matière très dure, d'acier ou d'a- gate supportés par le *pied* de la ba- lance (fig. 16). A l'extrémité de chaque bras du fléau est suspendu un *plateau*. Une aiguille est fixée perpendiculai- rement au fléau, en son milieu et mo-

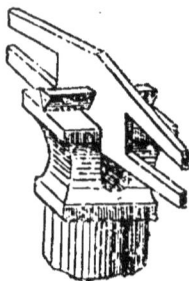

Fig. 16.

pile avec lui; elle se meut devant un cadran fixe sup-
porté par le pied de la balance. Ce cadran est réglé de
telle sorte que l'aiguille se trouve en regard du 0 lorsque
le fléau est horizontal, c'est-à-dire *en équilibre*.

Fig. 17. — Balance de précision

Une bonne balance doit réunir les deux qualités
suivantes : elle doit être *exacte* et *sensible* (fig. 17).

Une balance est exacte, quand ses plateaux étant
chargés de poids égaux quelconques, le fléau se tient
horizontal. Cette qualité exige que les deux bras du
fléau soient rigoureusement égaux, et que l'axe de
suspension soit sur la verticale qui passe par le centre
de gravité du fléau.

Une balance est sensible, quand le plus petit poids
placé dans un des plateaux suffit pour rompre l'horizon-
talité du fléau. Cette qualité exige que les bras du fléau
soient très longs et cependant le plus légers possible.

Pesées. — Avec une balance exacte et sensible, on
obtient le poids d'un corps en plaçant dans un des
plateaux le corps à peser et dans l'autre des poids

marqués en nombre suffisant pour établir l'équilibre.
La lecture de la somme de ces poids donne le poids
du corps.

Il est difficile de conserver des balances rigoureusement exactes, la moindre oxydation suffit pour les
fausser. Mais une balance perd plus difficilement sa
sensibilité.

Avec une balance inexacte, mais sensible, on peut
obtenir très exactement
le poids d'un corps à
l'aide de la *double pesée
de Borda*.

Fig. 19.

On place alors le corps
à peser C (fig. 19) dans
l'un des plateaux, et
dans l'autre on met des corps pesants quelconques S,
sable, grains de plomb, etc., jusqu'à parfait équilibre. On retire ensuite
le corps (fig. 20) et on le
remplace par des poids
marqués P. Lorsque
l'équilibre est rétabli, la
lecture de ces poids
donne le poids exact du

Fig. 20.

corps. En effet, nous avons bien en P la valeur de la
résistance
qu'a présenté
le plateau au
corps à peser
qui s'y trou-
vait placé,
dans la pre-
mière pesée.

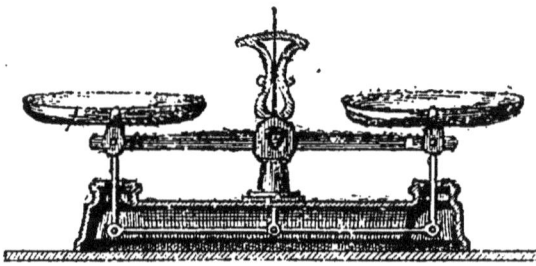

Fig. 21.

Différentes espèces de balances. — La balance de *Roberval* (fig. 21) diffère de celle que nous venons de décrire en ce que les plateaux se trouvent maintenus par 2 tiges au-dessus du fléau qu'on dissimule dans une boîte.

Cette balance est surtout employée par les débitants de tabac, et pour de faibles pesées.

On emploie, pour peser de lourds fardeaux, la *balance de Quintenz* ou

Fig. 22.

bascule (fig. 22), en usage dans les gares des chemins de fer.

QUESTIONNAIRE

Qu'est-ce que la pesanteur? — Agit-elle sur tous les corps? — Quelle est sa direction? et par quel instrument est-elle indiquée? — Les corps tombent-ils avec la même vitesse dans l'air? et dans le vide? Montrez-le. Comment calcule-t-on l'espace parcouru par un corps qui tombe? Exemples. — Qu'appelez-vous centre de gravité d'un corps? Est-il toujours le même que le centre de figure? — Qu'est-ce qu'un pendule? — Qu'appelle-t-on oscillation, amplitude? — Quelle est la loi des oscillations d'un pendule? — A quoi sert le pendule? — Qu'est-ce qu'un levier? — Quelle condition doit remplir un levier pour être en équilibre? — En combien de genres les leviers sont-ils divisés? — Qu'est-ce qui distingue les genres? — Qu'appelle-t-on poids d'un corps? à quoi est-il égal? — A l'aide de quel instrument le trouve-t-on? — De quoi se compose essentiellement une balance? — Quelles qualités doit-elle réunir? — Ces qualités exigent quelles dispositions? — Comment effectuez-vous la double pesée de Borda.

CHAPITRE II

PRESSE HYDRAULIQUE.

Principe de Pascal. — *Quand on exerce une pression sur une masse liquide limitée, cette pression se*

*transmet dans.tous les sens, avec une égale intensité sur
des surfaces égales, et avec une intensité proportionnelle
aux surfaces sur des surfaces inégales.*

En effet, prenons une masse d'eau M limitée (fig. 23)
et pratiquons dans son
enveloppe une ouverture
AB d'une certaine largeur,
qu'on pourra boucher
avec un piston mobile.
Lorsqu'on fera pénétrer le
piston AB dans l'ouvertu-
re, un certain nombre de
molécules, 1.000.000 par
exemple, le toucheront. Si

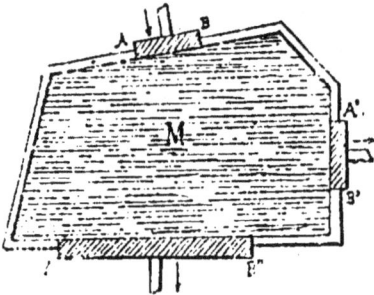

Fig. 23.

l'on presse sur le piston avec une force de 1 kilogramme,
chaque molécule recevra une poussée de $\dfrac{1^k}{1.000.000}$
qu'elle transmettra aux molécules voisines (l'eau pouvant être supposée incompressible) et ainsi de proche
en proche. Considérons maintenant une surface A'B'
égale à la première ; elle sera touchée par le même
nombre de molécules 1.000.000 qui arrivent chacune,
animée d'une force de $\dfrac{1^k}{1.000.000}$; leur somme aura
donc pour effet de faire sortir le piston qui boucherait
A'B' avec la force de 1 kilogramme.

Prenons ensuite une surface A"B" trois fois plus
grande que la première ; elle sera touchée par 3 millions de molécules pressant chacune avec la force ini-
tiale $\dfrac{1^k}{1.000.000}$: elle recevra donc une poussée de
3 kilogrammes.

Ce qui démontre le principe. On voit alors qu'un

effort de 1 kilogramme sur le piston AB a produit un effet de 3 kilogrammes sur le piston A″B″.

Presse hydraulique. — La presse hydraulique (fig. 24) est fondée sur le principe de Pascal et a été

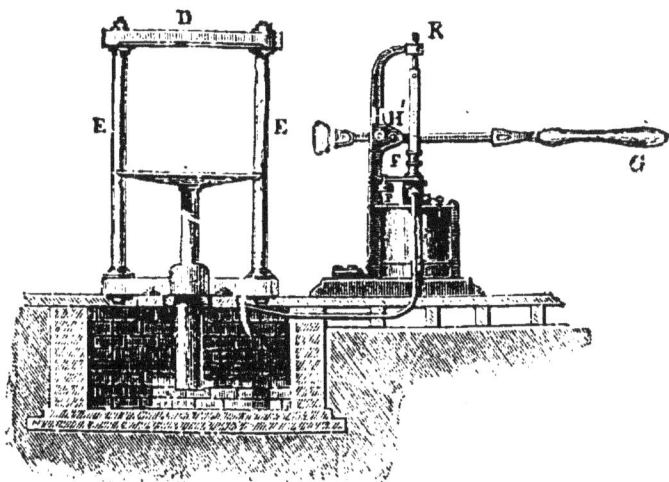

Fig. 24.

inventée par lui. Elle se compose essentiellement (fig. 25) d'un gros corps de pompe très épais portant à sa partie inférieure un tuyau qui le fait communiquer avec la partie inférieure d'un plus petit corps de pompe. Du fond du petit corps de pompe part un tuyau d'aspiration qui plonge dans l'eau d'un réservoir ; sa partie supérieure est munie d'une soupape qui s'ouvre de bas en haut.

Dans le gros corps de pompe se meut un piston plein à tête évasée ; en regard de ce piston se trouve une plate-forme solidement fixée au sol par des colonnes en fonte ; c'est entre cette plate-forme et la tête du piston que l'on comprimera les objets. Dans l'épaisseur du gros corps de pompe, et vers la partie supérieure, se

trouve pratiquée une cavité circulaire dans laquelle on
fait pénétrer une voûte en cuir gras (fig. 26) appelé
cuir embouti. Les
parois extérieures
de ce cuir tou-
chent d'une part
le piston, d'autre
part l'épaisseur
du corps de
pompe.

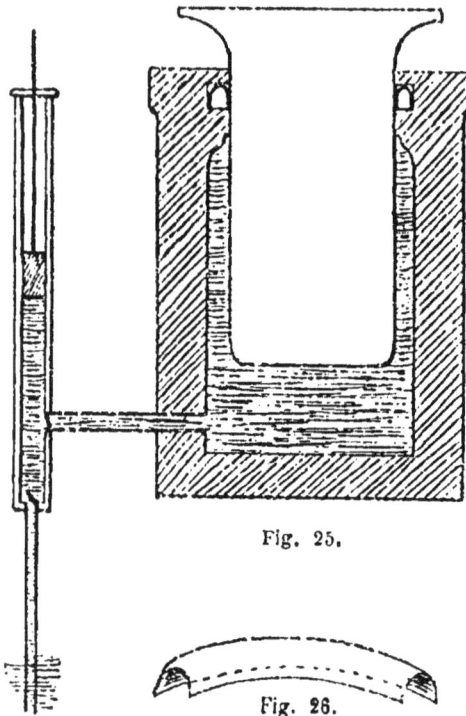

Supposons
maintenant l'ap-
pareil complète-
ment plein d'eau.
Si la surface du
gros piston est
1 000 fois plus
grande que la
surface du petit,
toute pression de
1 kilogramme
exercée sur l'eau
par ce petit piston poussera le gros avec une force de
1 000 kilogrammes (moins le poids du piston), en vertu
du principe de Pascal. Et c'est avec cette pression que
seront comprimés les corps placés entre les deux plates-
formes.

Le cuir embouti a pour effet d'empêcher l'eau de
s'échapper, entre le piston et le corps de pompe, lorsqu'elle est soumise à ces pressions considérables ; en
effet si elle parvient à se loger dans la cavité circulaire, elle presse les parois du cuir qui ferment d'autant mieux que l'eau est plus pressée.

Usages. — Cet appareil, modifié suivant les opérations auxquelles il est destiné, sert à comprimer les
objets embarrassants pour leur faire occuper moins de
place : par exemple les fourrages et les balles de laine
et de coton qui encombreraient un navire sans le
charger suffisamment ; à extraire les liquides contenus
dans certains fruits ou racines ; au pressurage du raisin, des olives, des graines oléagineuses, des betteraves,
des cannes à sucre, etc. Pour extraire des fleurs leurs
huiles odorantes, celles-ci sont comprimées entre des
toiles graissées, l'huile reste dans la graisse, d'où on la
sépare ensuite, ou qu'on emploie directement à la fabrication des pommades.

Cette presse est surtout employée pour soulever des
fardeaux pesants. Son usage a précédé l'emploi des
plaques tournantes pour le changement de voie des
wagons dans les gares. On s'en est servi pour pousser
à la mer de très gros navires. Elle est employée à l'essai
de la résistance des métaux.

C'est avec la pression de la presse hydraulique qu'on
a pu, il y a quelques années, liquéfier certains gaz qui
jusqu'alors avaient résisté au changement d'état.

VASES COMMUNIQUANTS.

Principe. — **Les surfaces libres d'un liquide dans
plusieurs vases communiquants sont dans un
même plan horizontal.** — On vérifie ce principe en
versant de l'eau (fig. 27) dans un vase A qui communique avec deux autres B et C. Cette eau se maintiendra
constamment à la même hauteur dans les trois vases.

Les **jets d'eau** sont une application du principe des
vases communiquants ; on y trouve toujours un réser-

voir contenant de l'eau (fig. 28) communiquant avec un bassin. Le réservoir est élevé au-dessus du bassin.

Si l'on ouvre le robinet, l'eau jaillira et devra s'élever jusqu'au niveau de

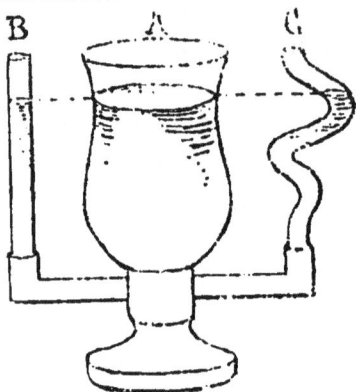

Fig. 27.

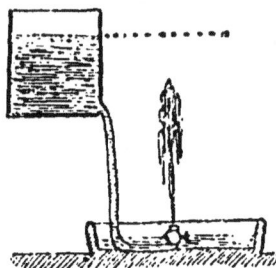

Fig. 28.

l'eau dans le réservoir. Mais la résistance de l'air, et le propre poids des gouttelettes qui retombent sur celles qui s'élèvent sont autant de causes qui nuisent à l'élévation du liquide.

Puits artésiens. — Le sol supérieur de notre globe est formé de couches déposées par les eaux (fig. 29), couches qui étaient primitivement horizontales. Des bouleversements géologiques survenant, elles ont été contournées et

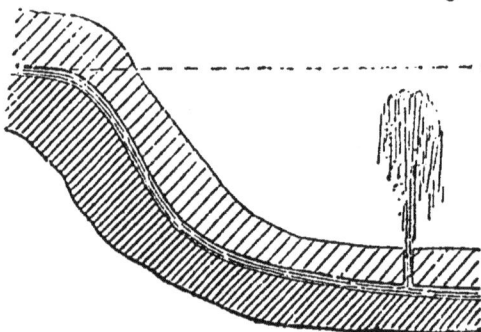

Fig. 29.

présentent en certaines régions l'aspect de la figure ci-contre. Parmi ces couches, les unes sont perméables à l'eau, les autres imperméables. Supposons que nous ayions en présence une couche perméable au-dessus

d'une couche imperméable. La pluie après être tombée
sur le sol pénètre la couche perméable, mais s'arrête
à la couche imperméable; elle formera à la surface de
celle-ci une nappe d'eau souterraine qui suivra tous
ses contours. Si nous perçons un trou de sonde et que
nous atteignions une partie inférieure du cours d'eau
souterrain, l'eau s'en échappera et jaillira verticalement
pour atteindre théoriquement son niveau le plus élevé.
Nous aurons ainsi un puits artésien.

L'eau de ces puits est généralement plus chaude que
l'eau ordinaire, car elle peut venir d'une grande pro-
fondeur. Ainsi l'eau du puits de Grenelle, à Paris, est
à une température d'environ 27°.

Niveau d'eau. — Le niveau d'eau (fig. 30), se
compose d'un tube en fer-blanc
recourbé à angle droit à ses
deux extrémités dans lesquelles s'emboîtent deux cylindres
de verre. Le tout est porté par
un pied à trois branches. On
introduit de l'eau dans le tube
par l'un des cylindres de verre
jusqu'à ce que ceux-ci soient
à moitié pleins. La ligne qui

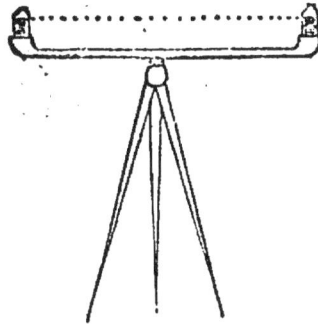

Fig. 30.

passerait par les deux niveaux sera horizontale, en
vertu du principe des vases communiquants.

Cet instrument est surtout employé dans les opéra-
rations de nivellement, et toutes les fois qu'on désire
connaître la hauteur relative de deux points. Soit par
exemple à chercher de combien de mètres B (fig. 31)
est plus élevé que A. Aux 2 points A et B sont fixés en
terre 2 montants verticaux; entre ces points le niveau
d'eau est installé. L'opérateur placé d'abord en C fait

une visée suivant CD indiquée par les 2 niveaux de l'eau, et prévient un aide d'élever ou d'abaisser une plaque métallique appelée mire se mouvant sur le montant fixé en A, jusqu'à ce que son rayon visuel passe par E milieu de la mire. L'opérateur placé ensuite en D

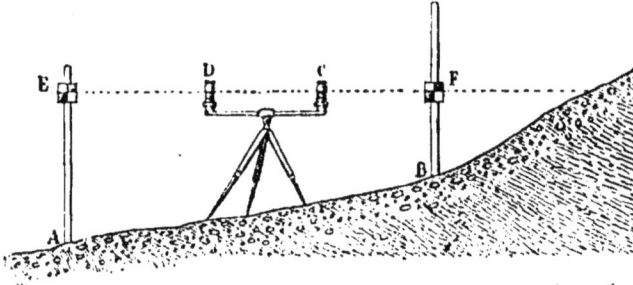

Fig. 31.

fait la même opération suivant DC et fait arrêter la mire qui se meut sur le montant B quand son rayon visuel passe par le centre F de cette nouvelle mire. On mesure AE, puis BF; et la hauteur demandée est égale à

$$AE - BF.$$

PRINCIPE D'ARCHIMÈDE.

Principe. — **Tout corps plongé dans un liquide reçoit une poussée verticale de bas en haut égale au poids du liquide déplacé par le corps.** — On démontre ce principe à l'aide d'une balance hydrostatique (fig. 32) (qui ne diffère des autres que parce qu'elle est munie d'une crémaillère qui peut élever ou abaisser

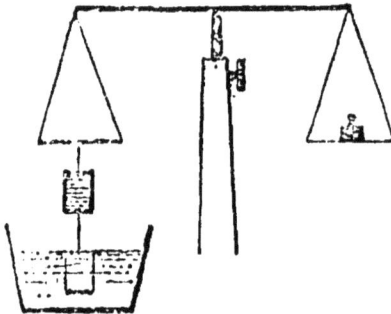

Fig. 32.

le fléau à volonté). On a un système de deux cylindres, l'un plein, et l'autre creux et ouvert, de volumes absolument identiques : le cylindre plein peut entrer à frottement dans le cylindre creux. On accroche les deux cylindres sous l'un des plateaux de la balance en mettant le creux en dessus. On place dans l'autre plateau des corps pesants quelconques jusqu'à ce que l'équilibre soit établi dans l'air, autrement dit on fait la *tare*. A l'aide de la crémaillère, on fait descendre le fléau de manière à plonger complètement le cylindre plein dans l'eau d'un vase. On remarque que, dès que ce cylindre a touché l'eau, l'équilibre a été rompu au profit de la tare ; la rupture d'équilibre annonce *une poussée verticale de bas en haut*. Pour en avoir la valeur, on verse de l'eau dans le cylindre creux et l'on voit que l'équilibre est rétabli lorsqu'il en est complètement rempli. Donc la perte de poids où la poussée due à l'immersion est bien *égale au poids d'un volume d'eau égal au volume du corps*.

Ce principe explique la facilité avec laquelle **on** soulève, dans l'eau, des poids relativement **considérables**, qu'on ne pourrait soulever dans l'air.

Tout corps qu'on plonge dans un liquide se trouve donc soumis à l'influence de deux forces contraires : sa pesanteur ou son poids, et la poussée de l'eau.

1° Si le poids du corps immergé (fig. 33) est plus fort que la poussée, et par conséquent si le corps pèse plus qu'un égal volume d'eau, le corps sera entraîné par la résultante des deux forces vers le fond du vase. C'est ce qui arrive

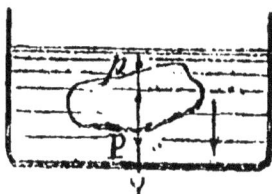

Fig. 33.

pour la pierre, un morceau de fer, etc., immergés.

2º Si le poids du corps est égal à la poussée (fig. 34), c'est-à-dire si le corps pèse autant que le même volume d'eau, le corps restera immobile au sein de la masse liquide. Car les deux forces égales et de sens contraire annulent leurs effets.

Fig. 34.

3º Si maintenant le corps pèse moins qu'un égal volume d'eau (fig. 35), la poussée sera supérieure à son poids, elle soulèvera le corps dans la masse liquide et le fera émerger au-dessus de l'eau jusqu'à ce que le volume d'eau déplacé soit assez faible pour que son poids égale le poids total du corps; c'est ce qu'on énonce en disant que :

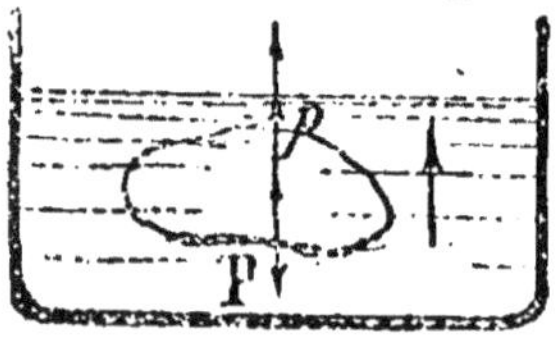

Fig. 35.

Tout corps qui flotte pèse autant que le liquide qu'il déplace

Ce qui explique pourquoi le fer flotte quand on lui a donné une forme qui lui permet de déplacer un poids d'eau supérieur à son propre poids; ce qui n'arrive pas pour du fer en masse.

DENSITÉ. — La densité d'un corps est le quotient du poids de ce corps par le poids d'un égal volume d'eau.

Soit D la densité d'un corps, P son poids, P' le poids d'un égal volume d'eau. La définition nous donne.

$$D = \frac{P}{P'}.$$

Si nous prenons pour terme de comparaison un volume d'eau dont le poids soit l'unité de poids, le centimètre cube par exemple, dont le poids en eau est de 1 gramme, la formule précédente devient

$$D = \frac{P}{1} \qquad \text{ou} \qquad D = P.$$

Lorsque la densité se présente sous cette dernière forme on l'appelle poids spécifique. *Le poids spécifique d'un corps est donc le poids de l'unité de volume de ce corps;* à la condition que nous employions des unités concordantes : c'est-à-dire que lorsque nous envisagerons des décimètres cubes le poids soit exprimé en kilogrammes, et que lorsqu'on prendra pour unité le centimètre cube, son poids représente des grammes.

Cette seconde définition est commode pour les calculs.

Ainsi lorsqu'on dit que la densité du plomb est 11, cela signifie que le quotient du poids d'un volume quelconque de plomb, par le poids d'un égal volume d'eau est 11; ou plus simplement que 1 centimètre cube de plomb pèse 11 grammes.

DÉTERMINATION DES DENSITÉS.

Solides. — Pour trouver la densité d'un corps, il faut connaître : son poids P, puis le poids P' d'un égal volume d'eau.

On commence par le peser en employant la double pesée de Borda. On a ainsi P.

Le corps est ensuite suspendu à l'extrémité d'un fil très léger attaché au crochet d'un plateau de la balance hydrostatique. On établit la tare dans l'air (fig. 36). On fait descendre ensuite le

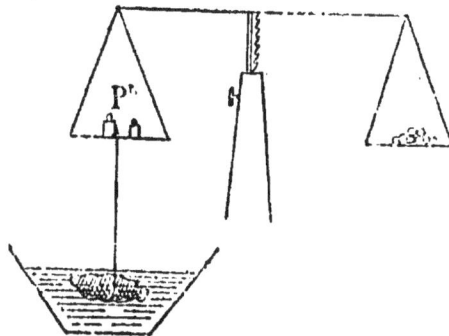

Fig. 36.

fléau de manière à immerger le corps dans l'eau d'un

vase. L'équilibre est rompu au profit de la tare et pour
le rétablir on met des poids marqués dans le plateau
porteur du corps suspendu. Ces poids qu'il faut ajou-
ter représentent le poids P' d'un égal volume d'eau
(principe d'Archimède).

On trouve facilement alors :

$$D = \frac{P}{P'} \cdot$$

On emploie encore, pour trouver la densité des solides, l'appareil dit *aréomètre* à volume constant et à
poids variable de *Nicholson*
(fig 37). Cet aréomètre est en
laiton, il se compose d'un
cylindre creux terminé par
2 cônes; le cône supérieur
est surmonté d'une tige portant un point de repère *a* et
soutenant un plateau; au-
dessous du cône inférieur
est accroché un petit panier
métallique. Si l'on veut trouver la densité d'un minerai,
par exemple, on plonge l'appareil dans l'eau pure, puis
on dépose un petit fragment
du minerai sur le plateau su-

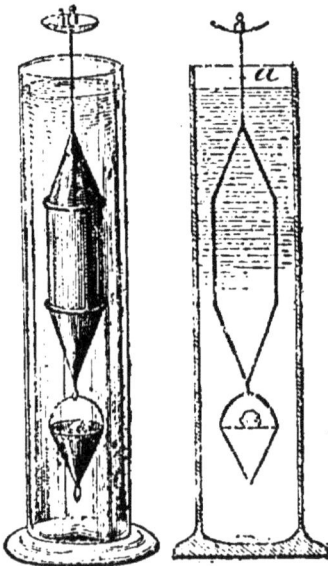

Fig 73

périeur; on ajoute au plateau de la grenaille de plomb
en quantité suffisante pour établir l'affleurement jusqu'au repère *a*. On retire ensuite le minerai qu'on remplace par des poids marqués qui doivent de nouveau
rétablir l'affleurement. Ces poids représentent P le poids
du fragment de minerai.

Les poids marqués seuls étant enlevés, on retire l'appareil de l'eau, l'on dépose dans le panier inférieur le morceau de minerai et l'on replonge l'aréomètre qui, cette fois, n'affleure plus en *a*, puisque le minerai immergé reçoit une poussée égale au poids de l'eau qu'il déplace. Pour avoir la valeur de cette poussée, c'est-à-dire le poids d'un égal volume d'eau, on dépose sur le plateau des poids marqués jusqu'à parfait affleurement ; ces nouveaux poids sont P' poids d'un *égal* volume d'eau. La densité sera encore :

$$D = \frac{P}{P'}.$$

Liquides. — On prend un flacon à col étroit sur lequel se trouve indiqué un point de repère *a* (fig 38).
On fait la tare du flacon vide. On l'emplit alors jusqu'au point *a* du liquide dont on cherche la densité, on le pèse, ce poids fournit P. Ce flacon vidé, lavé, séché, est alors rempli de nouveau, jusqu'à la division *a*, d'eau bien pure. Le poids qu'on obtient après cette nouvelle pesée est P'.

Fig. 38.

La densité s'obtient alors en appliquant cette formule :

$$D = \frac{P}{P'}.$$

On peut encore trouver la densité d'un liquide en faisant emploi de la balance hydrostatique. Sous l'un des plateaux de la balance on accroche, par un fil, une boule de verre lestée de telle sorte qu'elle puisse enfoncer dans tous les liquides (fig. 39) ; puis on établit sa tare dans l'air. On fait ensuite descendre le fléau de la balance, de telle sorte que la boule plonge dans le liquide, dont on cherche la densité; l'équilibre est aussitôt rompu; pour le rétablir, on met des poids marqués dans le plateau porteur de la boule; ils représentent P, le poids du liquide déplacé par la boule.

Enlevant ces poids marqués, la même expérience est recommencée en remplaçant le liquide précédent par de l'eau. Les nouveaux poids, placés dans le plateau pour rétablir l'équilibre, sont P′ le poids d'un égal volume d'eau.

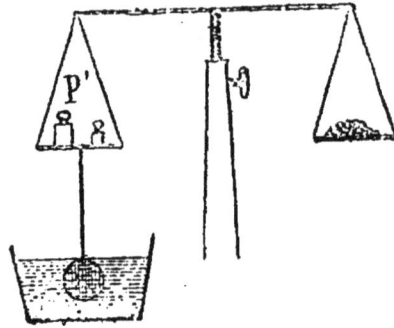

Fig. 39.

D'où l'on tire
$$D = \frac{P}{P'}.$$

DENSITÉ DE QUELQUES CORPS.

Solides.

Platine écroui. . . .	23,00	Fer	7,97
Or.	19,25	Étain.	7,29
Plomb	11,35	Zinc	7,12
Argent	10,37	Verre.	2.50
Cuivre	8,88	Glace.	0,94
Arsenic.	8,31	Liège.	0,24

Liquides.

Mercure	13,59	Eau distillée.	1,00
Acide sulfurique . .	1,84	Vin de Bordeaux . .	0,994
Lait.	1,03	Alcool absolu	0,792
Eau de mer	1,03		

ARÉOMÈTRES DE BAUMÉ.

Les aréomètres de Baumé sont des instruments
(fig. 40) qui ne donnent pas le poids spécifique
des liquides, mais qui donnent, en revanche, des
indications sur le degré de densité auquel est
parvenue une dissolution. Ces aréomètres ont une
forme à peu près constante, ils ne varient que
dans la graduation. Ils se composent d'un tube
en verre étroit, c, à l'extrémité duquel se trouvent deux ampoules de verre, a, b, l'une plus
grosse que l'autre.

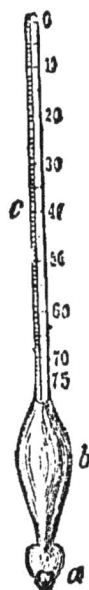

Fig. 40.

**Graduation des aréomètres pour les liqui-
des plus denses que l'eau.** — On prend une
éprouvette à pied, qu'on remplit d'eau pure et
on y plonge l'aréomètre à graduer (fig. 41).
Par l'extrémité du tube qui est alors ouverte
on fait glisser dans l'ampoule inférieure ou des
grains de plomb ou du mercure en quantité
suffisante pour que la tige presque tout entière
enfonce dans l'eau; on n'en laisse émerger que 1 ou
2 centimètres. On grave 0 au point
d'affleurement et on ferme l'ouverture à la lampe d'émailleur.

On fait ensuite dans l'éprouvette
une dissolution de 15 parties de sel
marin et de 85 parties d'eau en
poids; on y plonge l'instrument qui
y enfonce moins (principe des corps
flottants) que dans la première
épreuve, à l'endroit où l'affleurement a lieu, on grave 15.

L'intervalle de ces deux points 0,

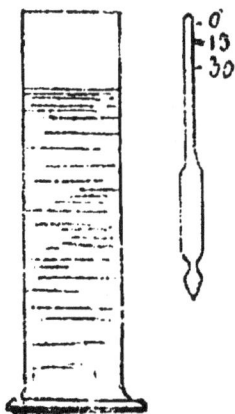

Fig. 41

15 est divisé en 15 parties égales, et les divisions sont prolongées autant que le permet la longueur de la tige.

Les appareils ainsi gradués sont nommés, suivant leurs usages : *pèse-sels, pèse-acides, pèse-sirops, pèse-lait.*

Graduation des aréomètres pour les liquides moins denses que l'eau. — On fait une dissolution de 10 parties de sel marin et de 90 parties d'eau. L'appareil, plongé dans cette dissolution, est lesté de telle sorte que l'affleurement ne se fasse, cette fois, qu'à la naissance de la tige. On note ce point *a* sans le numéroter (fig. 42). On fait ensuite plonger l'appareil dans de l'eau pure; il y enfonce plus, on marque 0 à l'affleurement. On porte la distance 0*a* au-dessus du 0 autant que le permet la longueur de la tige et l'on divise chaque intervalle en 10 parties égales.

Fig. 42.

Les appareils ainsi gradués servent de *pèse-esprits, pèse-éthers.*

ALCOOMÈTRE CENTÉSIMAL DE GAY-LUSSAC

L'alcoomètre est un aréomètre qui fut demandé à Gay-Lussac par l'État, dans le but de permettre aux employés des octrois d'apprécier, par une simple lecture, la richesse alcoolique des alcools pour la perception des droits. Une graduation spéciale était nécessaire, car l'alcool et l'eau se pénètrent mutuellement suivant des lois inconnues.

Graduation. — On commence par lester l'appareil de telle sorte que, plongé dans l'eau pure, l'affleurement ne se produise qu'à la naissance de la tige où l'on grave 0. Puis on prend une éprouvette dont la moitié inférieure est partagée en 20 parties de volumes rigoureusement égaux qui sont marqués 5, 10, 15, 20... 100; elle peut être fermée par un bouchon de verre usé à l'émeri (fig. 43).

L'appareil étant bien sec, on y introduit de l'alcool absolu jusqu'à la hauteur du trait 5; puis on verse de l'eau distillée jusqu'à la division 100. On bouche, on agite l'éprouvette, et on laisse reposer, jusqu'à ce que tout le liquide soit redescendu. Si le liquide affleure encore au degré 100, on débouche et on y plonge l'alcoomètre à graduer; ce nouveau liquide, étant plus léger que l'eau, laissera enfoncer plus profondément l'alcoomètre; à l'affleurement on marquera 5. On graduera

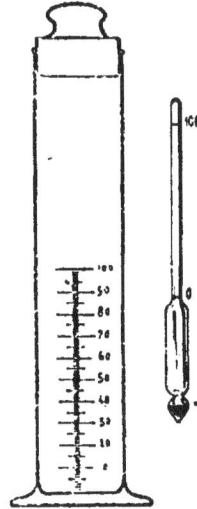

Fig. 43.

ensuite l'appareil en employant des quantités d'alcool 2, 3, 4, etc. fois plus grandes; en observant que si, après l'agitation, le niveau du liquide ne revenait pas à hauteur du point 100 il faudrait l'y faire revenir par l'addition d'une petite quantité d'eau distillée. Ainsi, pour obtenir le degré 40, on mettra dans l'éprouvette 40 volumes d'alcool absolu et une quantité d'eau suffisante pour faire 100 volumes après agitation et addition d'eau pour compenser la contraction subie.

QUESTIONNAIRE

Énoncez et démontrez le principe de Pascal. — De quoi se compose une presse hydraulique? — Quels sont ses usages? — Énoncez le principe des vases communiquants. — Quelles sont ses applications? — Expliquez la formation des puits artésiens. — A quels usages est employé le niveau d'eau? — Donnez une idée d'une opération de nivellement. — Énoncez le principe d'Archimède. — Comment le démontre-t-on? — Quels cas peuvent se présenter lorsqu'on vient à abandonner un corps dans l'eau? — Énoncez le principe des corps flottants. — Qu'appelez-vous densité d'un corps? et poids spécifique? — Comment trouve-t-on la densité d'un solide, 1° par la balance, 2° par l'aréomètre? — Comment trouvez-vous la densité d'un corps liquide, 1° par la méthode du flacon, 2° par la balance? — À quoi servent les aréomètres de Baumé? — Il en existe de combien de sortes? — En quoi varient-ils? — Comment les gradue-t-on? — Pourquoi a-t-on dû faire une graduation spéciale pour l'alcool? — Quelle est cette graduation?

CHAPITRE III

PESANTEUR DE L'AIR

L'air est pesant. Cette propriété, la pesanteur, avait été refusée aux gaz par les premiers physiciens; et ce n'est que vers le milieu du dix-septième siècle, après les expériences de Galilée et de Torricelli, qu'on fut amené à considérer les gaz comme des corps pesants.

Galilée prit un ballon de verre d'une dizaine de litres de capacité, muni d'un robinet. Il fit, à l'aide d'une machine pneumatique, le vide dans le ballon et le pesa après en avoir fait la tare. Ouvrant ensuite le robinet pour permettre à l'air d'emplir le ballon, il obtint après pesée un poids supérieur à celui qu'avait accusé la première pesée. Il dut en conclure que l'air est pesant. *1 litre d'air pèse en effet* 1^{gr},293.

On montre encore la pesanteur de l'air au moyen d'expériences connues sous les noms d'*hémisphères de Magdebourg, crève-vessie*, etc...

Hémisphères de Magdebourg. — Ce sont deux demi-sphères creuses, en métal, dont les bords peuvent s'appliquer exactement l'un sur l'autre (fig. 44). L'une porte une garniture à robinet qu'on peut visser sur la machine pneumatique; les deux sont munies d'un anneau. Si l'on retire l'air contenu dans les hémisphères, il pourra arriver, si le volume de la sphère est assez considérable, que deux personnes tirant en sens opposés ne parviendront pas à les séparer. C'est qu'alors la pression atmosphérique qui s'exerce en tous sens sur la sphère (fig. 45) n'est plus équilibrée par *la force élastique* de l'air qui se trouvait précédemment dans les hémisphères. Mais vient-on à rétablir cette poussée

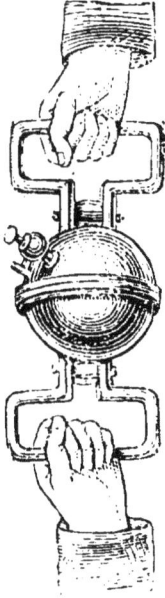

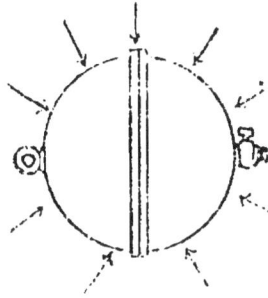

Fig. 44.

Fig. 45.

intérieure en laissant pénétrer l'air par le robinet qu'on ouvre, il devient facile de les séparer.

Crève-vessie. — On prend un cylindre de verre (fig. 46), et l'on ferme une de ses extrémités par une forte membrane de vessie tendue; on la place ensuite, par l'autre extrémité, sur la platine d'une machine pneumatique. Si la membrane est en ce moment tendue plane, c'est que l'air enfermé dans le cylindre y est avec sa propre pression qui est égale à la pression extérieure, et que sa force élastique qui agit de bas en haut sur la membrane, fait équilibre à la pression

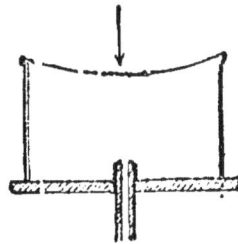

Fig. 46.

atmosphérique qui agit de haut en bas. Mais dès qu'on commence à faire le vide dans le cylindre, la vessie se creuse de plus en plus; car la pression atmosphérique restant constante est de moins en moins équilibrée par la pression de l'air intérieur qui diminue de plus en plus. Il arrivera même un moment où elle cédera sous la pression extérieure. La membrane se crève et l'air qui vient frapper contre les parois du vase fait entendre un bruit assez violent.

Cette pression de l'air que les physiciens antérieurs à 1650 croyaient nulle est cependant considérable. On évalue que chaque mètre carré pris sur la surface de la terre supporte, du fait de la pression atmosphérique, 10.336 kilogrammes.

C'est donc environ un poids de 20.000 kilogrammes que chaque homme supporte de ce fait. Si nous ne sommes pas écrasés sous ce poids, c'est que nous sommes également pressés en tous sens et que les liquides et les gaz qui remplissent l'organisme réagissent sur les vaisseaux qui les contiennent avec une force équivalente.

Avant Torricelli, on expliquait les phénomènes dus à la pression atmosphérique : comme l'ascension de l'eau dans les pompes, en disant que *la nature avait horreur du vide.*

Mais vers 1643, des puisatiers de Florence voulant élever l'eau de l'Arno, à l'aide de pompes, dans des bassins placés à une assez grande hauteur, s'aperçurent qu'elle ne pouvait être aspirée au delà d'une hauteur de $10^m,33$; et que la nature laissait très bien un vide au-dessus de cette limite. L'ancienne explication ne put satisfaire Torricelli.

Il prit alors un tube de verre d'environ 1 mètre de

longueur, fermé à l'une de ses extrémités (fig. 47); il
l'emplit de mercure, et après en avoir bouché avec le
doigt l'extrémité ouverte, il retourna
le tube qu'il plongea dans une cuvette
contenant du mercure. Retirant le
doigt il vit alors le mercure descendre
instantanément et s'arrêter à une
hauteur d'environ 76 centimètres au-
dessus du niveau du mercure dans la
cuvette.

Ainsi, alors que l'eau pouvait se
maintenir dans un tube privé d'air
jusqu'à une hauteur de 10^m,33, le
mercure ne pouvait atteindre que
0^m,76; d'autres liquides se mainte-

Fig. 47.

naient à des hauteurs d'autant plus grandes, qu'ils
étaient moins pesants.

Il en conclut que la seule force qui maintenait les
liquides dans les tubes privés d'air est la pression
atmosphérique qui s'exerce sur la surface libre du
liquide; et que la pression atmosphérique avait pour
valeur le poids de la colonne liquide maintenue dans
le tube. C'est ainsi que, dans son expérience, une colonne
de 76 centimètres de mercure faisait équilibre à la
pression atmosphérique tout entière, et que les 10^m,33
d'eau des fontainiers de Florence faisaient équilibre
à cette même pression atmosphérique. La vérification
est d'ailleurs facile à faire : En effet, s'il est vrai que
c'est une pression qui maintient élevés les liquides
dans des tubes privés d'air, ils devront s'élever d'autant
plus que les liquides sont moins pesants. Or en divi-
sant la hauteur de l'eau par celle du mercure dans ces
tubes, on trouvera la densité du mercure :

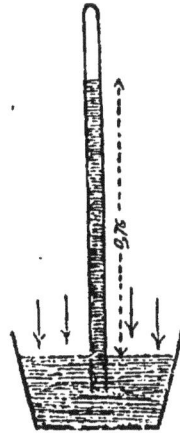

$$\frac{10,33}{0,76} = 13,59.$$

Pascal répéta l'expérience sous une autre forme. Il dit, en effet, que si c'est à la pression atmosphérique qu'on attribue le maintien du mercure dans le tube de Torricelli, plus on s'élèvera dans l'atmosphère et moins la hauteur du mercure devra être grande dans le tube. Il installa trois tubes de Torricelli, l'un au pied du Puy-de-Dôme, un autre à mi-côte et le troisième au sommet du mont. Au même moment, les témoins placés auprès de ces tubes ayant mesuré la hauteur du mercure dans chacun d'eux, relevèrent : pour le sommet 627 millimètres et au pied 710.

Cette expérience était absolument concluante.

C'est bien la pression atmosphérique non équilibrée qui fait pénétrer dans une carafe, dont l'air a été en partie chassé par du papier en combustion, un œuf dur dépouillé de sa coquille;

Qui empêche le liquide de s'échapper d'un tonneau plein de vin par une petite ouverture unique faite dans son fond;

Qui maintient le liquide dans la pipette et le tâte-vin, alors que rempli du liquide une ouverture est maintenue bouchée avec le doigt;

Qui fait élever l'eau dans un tube dont on aspire l'air avec la bouche, etc.

BAROMETRE

Le baromètre est un instrument qui sert à peser la pression atmosphérique, qui, pour un même lieu, varie à tout instant.

Les résultats de la pesée atmosphérique ne s'expri-

ment pas en kilogrammes; l'appareil les accuse en
hauteur du mercure. On dit que la pression atmosphérique est de 76 centimètres, pour dire qu'elle équivaut
au poids d'une colonne de mercure qui aurait 76 centimètres de hauteur.

Cette pression qu'exerce l'atmosphère sur une portion quelconque de la surface de la terre s'appelle *une
atmosphère*. Une pression qui serait capable de maintenir une colonne de mercure trois fois plus haute que
celle du tube de Torricelli, serait une pression de trois
atmosphères, etc.

Baromètre à cuvette. — Le baromètre à cuvette
est une modification peu sensible du tube de Torricelli
(fig. 48). Il se compose d'un tube de verre
de 90 centimètres environ de longueur. Ce
tube est d'abord rempli de mercure que l'on
purge d'air en le chauffant dans le tube jusqu'à l'ébullition. Le tube retourné est placé
par son extrémité ouverte dans le mercure
d'une cuvette à large diamètre. Le tout est
ensuite dressé le long d'une planchette que
l'on maintient verticale. Une graduation en
centimètres et millimètres est portée sur la
planche, le long du tube; et le zéro de cette
graduation part du niveau libre du mercure
dans la cuvette.

Pour faire la lecture de la pression atmosphérique, il suffit de voir quelle division de

Fig. 48.

l'échelle se trouve exactement en regard du niveau du
mercure dans le tube.

La *lecture* ainsi faite fournira cependant très rarement la valeur exacte de la pression atmosphérique.
Car le zéro de l'échelle est fixe, tandis que le niveau

libre du mercure dans la cuvette est à tout instant variable, et par conséquent rarement en face du zéro.

On a donc tantôt une valeur trop forte, lorsque le niveau est au-dessus du zéro; tantôt une valeur trop faible, lorsque le niveau est au-dessous du zéro. C'est dans le but d'atténuer cette cause d'erreur qu'on donne à la cuvette un grand diamètre (fig. 49), dans la partie qu'occupe le niveau libre du mercure.

Baromètre de Fortin. — Le baromètre de Fortin (fig. 51) a ce double avantage : de supprimer l'erreur de lecture signalée dans le baromètre à cuvette ; et d'être portatif.

La cuvette du baromètre de Fortin est cylindrique. Elle consiste en un cylindre de verre (fig. 50) dont le fond mobile est formé par une peau de chamois. Une vis qui s'engage dans la garniture métallique extérieure est terminée par une pièce en bois qui vient maintenir le fond de la peau de chamois. On peut ainsi, selon

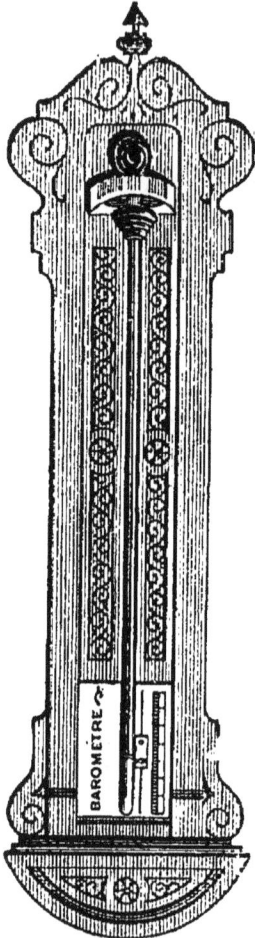

Fig. 49.

Fig. 50.

qu'on tourne la vis dans un sens ou dans un autre,
élever ou abaisser à volonté le niveau libre du mercure. Une tige d'i-
voire fixe traverse
le couvercle de
cette boîte cylin-
drique, et indique,
par sa pointe, le 0
de la graduation.
Il suffit alors, lors-
qu'on désirera
obtenir la valeur
de la pression
atmosphérique, de
soulever ou d'a-
baisser le niveau
du mercure de la
cuvette jusqu'au
contact de la pointe
d'ivoire, puis de
lire le nombre des
millimètres qui
correspond au ni-
veau du mercure
dans le tube.

**Baromètre à si-
phon.** — Le ba-
romètre à siphon
se compose de
deux branches en
verre d'inégale

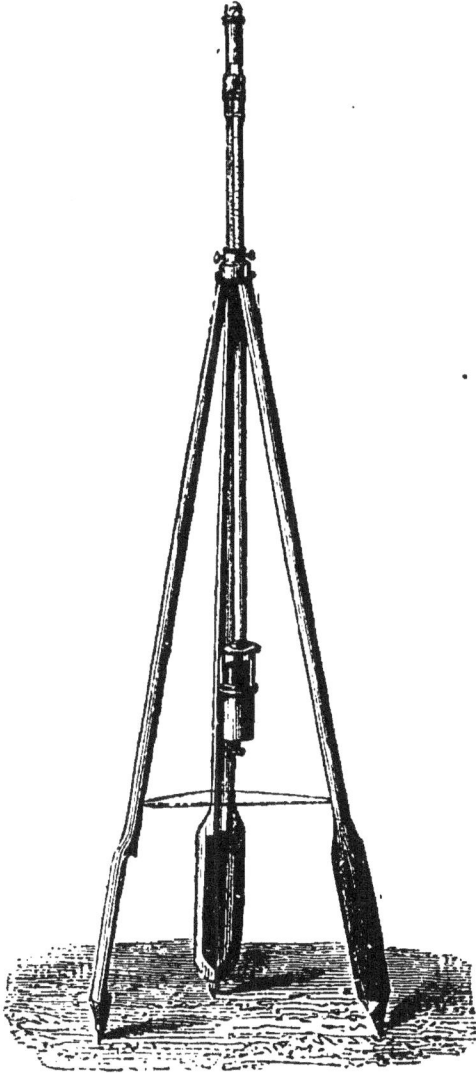

Fig. 51.

longueur (fig. 52), la plus petite ouverte, la plus
grande fermée. On remplit ce baromètre de mercure

purgé d'air, puis on le dresse le long d'une planche
verticale. Les deux niveaux ne sont évidemment pas
dans un même plan horizontal, puisque la pression
atmosphérique qui s'exerce en *n* est remplacée par une colonne mercurielle dans la
grande branche en *m*.

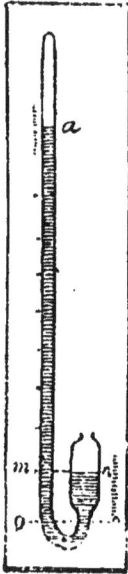

Une double graduation se trouve portée
sur la planche; l'une, en regard de la petite
branche, l'autre en regard de la grande.
Le 0 de ces graduations est sur une même
ligne horizontale et correspond à la partie
inférieure du tube, en un endroit où le
mercure ne pourra jamais descendre.

La pression atmosphérique qui s'exerce
en *n* a pour valeur la pression mercurielle
qui s'exerce en *m* situé sur une même ligne
horizontale. Or cette dernière pression est
égale à

Fig. 53.

$$0a - 0m \text{ ou } 0a - 0n :$$

o*a* se trouve sur la graduation de la grande branche,
o*n* se trouve sur la graduation de la petite.

La pression sera donc obtenue en faisant la différence entre la hauteur du mercure dans la grande
branche et celle du mercure dans la petite, toutes deux
au-dessus du 0.

Ainsi, si $0a = 879$ millimètres et $0n = 113$ millimètres, la pression atmosphérique sera donc $879 - 113 =$
766 millimètres.

Baromètre à cadran. — Le baromètre à cadran
n'est autre qu'un baromètre à siphon dissimulé derrière
sa planche (fig. 53). Sur le mercure de la petite branche
flotte une petite masse de fer maintenue par un fil qui
s'enroule sur la gorge d'une poulie. L'autre extrémité

du fil maintient un contrepoids. L'axe de la poulie porte une aiguille qui se meut en avant de la planche, et dont la pointe se promène le long d'un cadran divisé. On voit facilement que lorsque la pression augmentera, elle fera descendre le mercure dans la petite branche, lequel mercure entraînera son flotteur qui, tirant sur le fil fera mouvoir poulie et flèche dans un certain sens. Si la pression atmosphérique diminue, le mouvement inverse se produira. Le cadran de ce baromètre est gradué par comparaison avec un autre baromètre. Ainsi quand un baromètre voisin du baromètre à cadran à graduer indique une pression de 760 millimètres, on marque en regard de la pointe de la flèche 760 millimètres, etc.

En outre, on a remarqué que certaines modifications de la pression atmo-

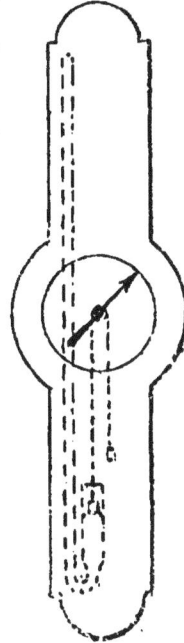

Fig. 53.

sphérique étaient habituellement suivies de changements d'états de l'atmosphère au point de vue de sa pureté, de son calme, etc. Ainsi une diminution progressive de la pression est suivie de pluie; une augmentation lente de pression est suivie de beau temps, une brusque descente de la colonne mercurielle précède le grand vent. On trouve alors au-dessus des graduations du baromètre à cadran les indications : très sec, beau fixe, etc., qui correspondent aux hauteurs suivantes :

Très sec	785mm	Pluie ou vent	749mm
Beau fixe	776	Grande pluie	740
Beau temps	767	Tempête	731
Variable	758		

Il est important de faire remarquer que ces indications relatives à la prévision du temps sont souvent en défaut, qu'elles n'indiquent que des probabilités et non des certitudes.

Baromètre métallique. — Il existe encore une autre espèce de baromètre appelé *baromètre anéroïde* (fig. 54).

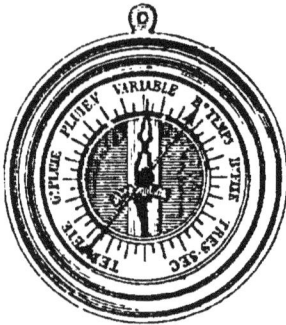

Fig. 54.

C'est une boîte cylindrique en cuivre à parois minces, fermée de toutes parts et munie sur une face d'un couvercle de verre. Un vide partiel est fait dans cette caisse. Dès que la pression atmosphérique vient à se modifier, elle fait plus ou moins fléchir le fond de la boîte, et ce sont ces flexions qu'un mécanisme simple communique à une aiguille mobile sur un cadran.

Quand la pression atmosphérique augmente, l'aiguille marche de gauche à droite; si elle diminue, la boîte tend à revenir à sa forme première, entraînant l'aiguille de droite à gauche.

La graduation du cadran se fait par comparaison avec un baromètre de Fortin ou un baromètre à cadran déjà gradué avec soin. On place pour cela le baromètre étalon et le baromètre à graduer en un même lieu : et si le baromètre de Fortin, par exemple, accuse une hauteur mercurielle de 763 millimètres, on marque 763, en regard de l'aiguille, sur le cadran qu'il s'agit de graduer; si un autre jour le baromètre étalon accuse 770 millimètres, on marquera 770 en regard de l'aiguille. L'intervalle compris entre les deux points sera divisé en 7 parties égales et chacune de ces parties sera portée au delà de 770 et en deçà de 763.

Les baromètres anéroïdes de Vidie ou de Bourdon présentent de grands avantages au point de vue de la solidité et de la facilité de transport, mais les indications qu'ils fournissent sont trop peu rigoureuses pour qu'on puisse s'en servir dans les opérations de la mesure des hauteurs; ils sont, en revanche, très suffisants pour la prévision relative du temps.

USAGES DU BAROMÈTRE.

Le baromètre, en outre des probabilités qu'il donne sur la prévision du temps, est employé pour la *mesure des hauteurs*.

Pascal a, en effet, vérifié que plus on s'élève dans l'atmosphère et plus la hauteur mercurielle s'abaisse dans le tube. Il doit évidemment en être ainsi, puisqu'on laisse au-dessous de soi une colonne d'air qui n'a plus d'action sur le niveau libre du mercure de la cuvette.

Le problème revient à chercher le poids du mercure par rapport à l'air.

Or le mercure pèse 13,59 fois plus que l'eau; l'eau pèse 772 fois plus que l'air; donc le mercure pèse 13,59 × 772 ou 10.491 fois plus que l'air.

Une colonne de 1 mètre de mercure fera donc équilibre à 10.491 mètres d'air; ou 1 millimètre de mercure fera équilibre à 10ᵐ,491 d'air.

Alors, chaque fois qu'on s'élèvera dans l'atmosphère et que le mercure accusera une diminution de hauteur de 1 millimètre dans le baromètre, c'est qu'on se sera élevé de 10ᵐ,491; et d'autant de fois 10ᵐ,491 que la colonne mercurielle aura baissé de millimètres.

Pour mesurer une montagne à l'aide du baromètre,

on devra observer la hauteur de la colonne mercurielle au pied, soit 762 millimètres, et au sommet de la montagne, soit 754 millimètres ; faire la différence exprimée en millimètres de ces deux nombres, et multiplier cette différence par $10^m,491$, soit $762 - 754 = 8$ millimètres.

La montagne a $10^m,491 \times 8 = 83^m,928$.

Ce calcul ne peut être considéré comme assez exact que pour les petites hauteurs. En effet, le raisonnement précédent suppose que l'air possède dans toute sa masse une égale densité, alors que réellement il est d'autant moins dense qu'il est plus élevé.

On se trouve alors obligé de faire des corrections indiquées par une formule assez compliquée, lorsqu'on veut mesurer des hauteurs un peu considérables.

MANOMÈTRE

Le *manomètre* est un instrument servant à mesurer la force élastique ou pression de la vapeur ou d'un gaz quelconque. Il y en a de 3 sortes : le *manomètre à air libre*, le manomètre à *air comprimé* et le manomètre *métallique*. Le premier est complètement abandonné.

La construction du manomètre à air comprimé est fondée sur la *loi de Mariotte* qui s'énonce ainsi : *les volumes occupés par une même masse gazeuse sont en raison inverse des pressions qu'elle supporte* (si la température reste constante). Ce qui signifie que si une masse gazeuse quelconque occupe un certain volume sous la pression atmosphérique, par exemple, et qu'on veuille lui faire occuper un volume deux fois moindre, il faudra lui faire supporter une pression de deux atmosphères ; que si l'on veut lui faire occuper un volume cinq fois moindre, on devra la comprimer avec une pression égale à celle de cinq atmosphères, etc.

Pour démontrer la loi de Mariotte, on prend un tube de verre recourbé, assez semblable au baromètre à syphon, fixé sur une planchette graduée en centimètres le long des branches. (fig. 55.) La grande branche a au moins 2 mètres et est ouverte; la petite peut avoir 20 centimètres et est fermée.

On fait pénétrer du mercure dans la courbure, de telle sorte que les 2 niveaux se trouvent sur un même plan horizontal AB. Nous allons alors vérifier la loi sur le volume d'air enfermé en BC; si nous prenons ce volume pour unité de volume, et pour unité de pression celle qui réagit sur B, c'est-à-dire une pression égale à la pression atmosphérique, puisque B et A sont sur un même plan horizontal, nous aurons :

1 volume supportant 1 atmosphère

Pour faire diminuer le volume de l'air contenu en BC, nous le comprimons en versant du mercure dans la grande

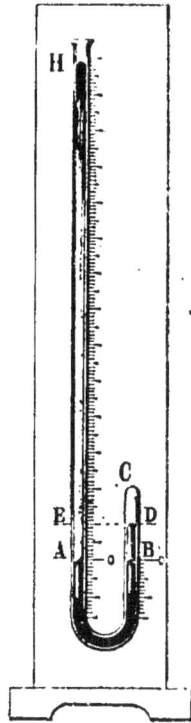

Fig. 55.

branche; à tout instant, le volume de l'air diminue, d'une part, et le mercure s'élève d'autre part, mais bien inégalement. En effet, cessons de verser le mercure quand le volume BC est devenu DC, moitié de BC, et mesurons la pression que l'air enfermé reçoit : pour cela, voyons quelle colonne de mercure s'élève au-dessus de E placé sur le même plan horizontal que D; nous trouvons alors une hauteur de mercure EH égale à celle qu'accuse un baromètre voisin dans son tube, c'est-à-dire 1 atmosphère de mercure, ce qui n'empêche pas l'atmosphère de peser encore sur le mercure en H, soient donc 2 atmosphères pesant en E, c'est-à-dire en D. De sorte que, quand le volume est devenu

$\frac{1}{2}$, c'est comprimé par 2 atmosphères.

On vérifierait de même que pour faire occuper à l'air $\frac{1}{3}$ du volume qu'il occupait primitivement, il faudrait verser dans le tube 2 fois la hauteur du mercure dans le tube barométrique, et remarquer qu'au-dessus presse l'atmosphère; par conséquent, le volume est $\frac{1}{3}$ du vol. primitif quand la pression est 3 atmosphères, et ainsi de suite, si l'on veut pousser plus loin la vérification.

On voit bien que ces nombres $\frac{1}{2}$, $\frac{1}{3}$, $\frac{1}{4}$, qui représentent les volumes occupés successivement par l'air, sont en raison inverse des nombres 2, 3, 4 représentant les pressions correspondantes.

On peut présenter en formule la loi de Mariotte. Soient V le volume d'un gaz sous la pression H, et V′ le volume du même gaz sous la pression H′; en vertu de la loi, on peut écrire :

$$\frac{V}{V'} = \frac{H'}{H}$$

Le manomètre dans lequel la vapeur fait comprimer de l'air, appelé manomètre à *air comprimé*, se compose d'un tube de verre à fortes parois contenant de l'air, fermé à l'une de ses extrémités, et plongeant, par l'autre, dans le mercure contenu dans une cuvette her-

métiquement fermée (fig. 56). Une
tubulure latérale traverse la cuvette
et vient déboucher au-dessus du mercure; elle peut être mise extérieure-
ment en communication avec un gé-
nérateur de vapeur. Lorsque la vapeur arrive dans la cuvette, elle presse
sur son mercure et en refoule une
partie dans le tube. Plus la force élastique de la vapeur sera forte et plus
le mercure s'élèvera dans le tube, et
plus le volume de l'air comprimé diminuera, en suivant la loi de Mariotte. Le calcul suffit pour graduer
le tube.

Les manomètres les plus généralement employés sont les *manomètres
métalliques*. (fig. 57.) Ils se composent
d'un tube métallique à parois peu
épaisses et dont la section est une

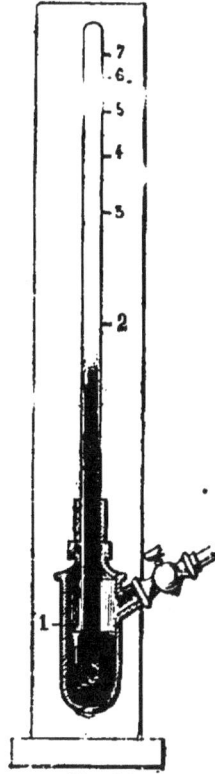

Fig. 56.

ellipse très allongée. Ce tube enroulé deux fois sur
lui-même est terminé par une aiguille qui se meut le
long d'un cadran. Il
communique d'autre
part avec la chau-
dière à vapeur. Lors-
que la vapeur arri-
vera dans le tube,
plus sa pression sera
forte et plus elle
écartera les spires et
fera mouvoir l'ai-
guille dans un cer-

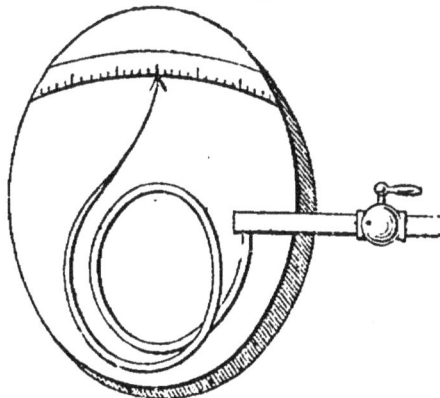

Fig. 57.

3

tain sens; plus la pression sera faible, plus les spires se contracteront et plus l'aiguille s'éloignera de sa position précédente. Ce manomètre peut être gradué par comparaison avec un manomètre à air comprimé.

L'air est-il pesant? — L'a-t-on toujours cru? — Quelles expériences fait-on pour montrer la pesanteur de l'air? — Pourquoi l'atmosphère ne nous écrase-t-elle pas sous son poids? — En quoi consiste l'expérience de Torricelli? — Jusqu'à quelle hauteur le mercure s'élève-t-il dans le tube privé d'air? et si c'est de l'eau? — De quoi se compose un baromètre à cuvette? — Comment est-il gradué? — En quoi consiste l'erreur de lecture? — Quel baromètre supprime cette cause d'erreur? grâce à quelle disposition? — Comment est gradué un baromètre à siphon? où est le zéro? comment fait-on la lecture? — Comment est gradué le baromètre à cadran? — Sur quel principe est fondée la construction du baromètre à anéroïde? — Quels sont les usages du baromètre? — A quelle hauteur d'air 1 millimètre de mercure fait-il équilibre? Comment ce nombre est-il trouvé? — Le calcul de la mesure des hauteurs ainsi fait est-il exact? pourquoi? — Énoncez et démontrez la loi de Mariotte. — A quoi sert un manomètre? — Quels sont les différents genres de manomètres? — Comment sont-ils gradués?

CHAPITRE IV

MACHINE PNEUMATIQUE

La machine pneumatique (fig. 58) est un instrument qui sert à raréfier l'air dans un récipient. Elle a été inventée par Otto de Guéricke, bourgmestre de Magdebourg.

Depuis son invention, elle a subi de nombreuses modifications. Elle se compose essentiellement (fig. 59) d'un corps de pompe A dans lequel se meut un piston B percé d'une ouverture munie d'une soupape C s'ouvrant

d bas en haut. Du fond du corps de pompe part un
tuyau qui va déboucher sur une petite table circulaire

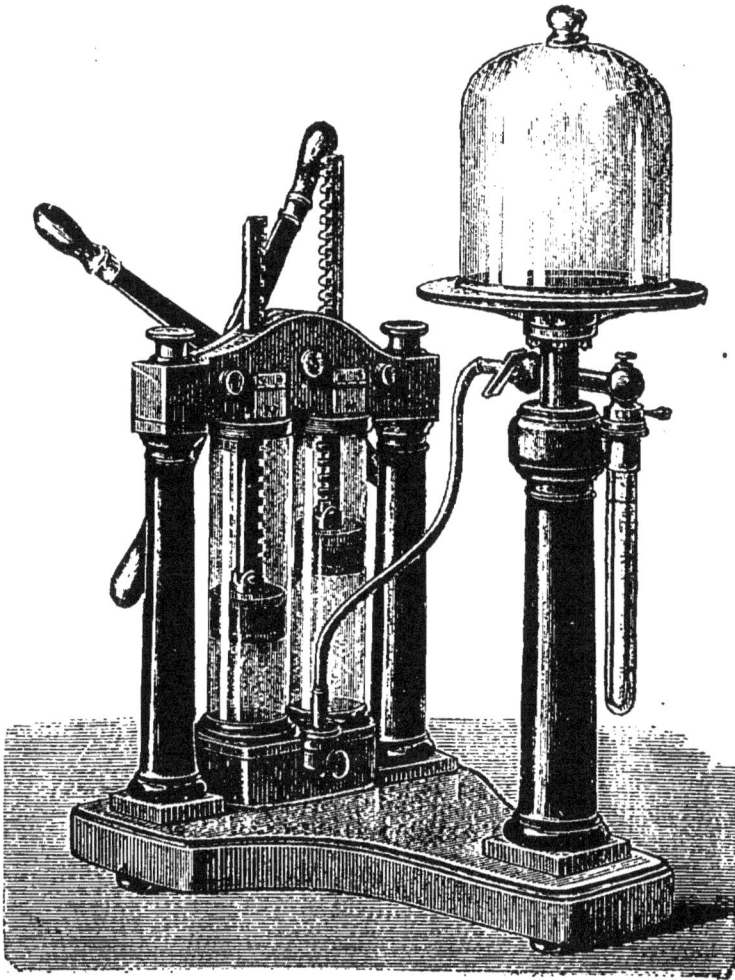

Fig. 58.

qu'il traverse. C'est sur cette table P, qu'on nomme la
platine, que se placent les récipients desquels on désire
retirer l'air. La communication de ce tuyau avec le
corps de pompe peut être maintenue ouverte ou fermée

par un tampon S fixé à l'extrémité d'une tige de fer
qui traverse le piston à frottement dur; l'autre extrémité de la tige qui traverse le couvercle du corps de
pompe porte deux arrêts transversaux qui empêche-
ront la tige de dép..sser certaines limites dans sa
montée ou dans sa descente.

Pour faire fonctionner cette pompe, supposons
d'abord le piston en haut de sa course : de l'air à la
pression normale se trouve dans la cloche, le tuyau de
communication et le corps de pompe. Si nous abaissons le piston (fig. 59), l'ouverture s se ferme par suite
du frottement de la tige dans le piston; l'air du corps

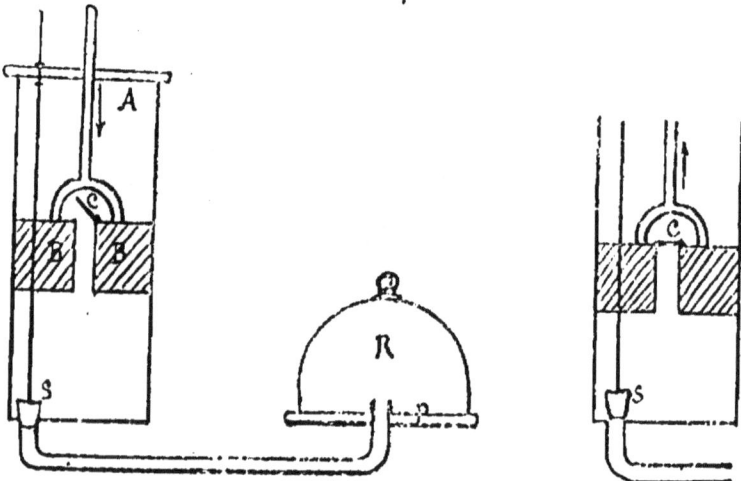

Fig. 59.   Fig. 60.

de pompe va se trouver de plus en plus comprimé et
acquérir une force élastique assez grande pour ouvrir
la soupape c et s'échapper; et lorsque le piston sera
arrivé au bas de sa course, tout l'air du corps de
pompe aura disparu. L'air à la pression normale n'occupe donc plus que le tuyau et le récipient.

.Soulevons le piston (fig. 60). la soupape c se trouve

être fermée sous son poids et sous celui de la pression atmosphérique; mais l'ouverture *s* s'ouvre par suite du frottement de la tige de son tampon. L'air du tuyau de communication et du récipient va maintenant occuper les trois espaces primitifs; il deviendra de ce fait plus rare, il sera raréfié dans le récipient.

Si nous abaissons une seconde fois le piston, l'ouverture *s* se ferme; la soupape *c* s'ouvre poussée par l'air que le piston comprime au-dessous de lui, et au bas de sa course il a chassé l'air une fois raréfié qui l'emplissait.

Soulevons de nouveau le piston, la soupape *c* est fermée, l'ouverture *s* se débouche, et l'air raréfié déjà une fois en R se raréfie de nouveau en se répandant dans les trois espaces.

En continuant ainsi les mouvements alternatifs du piston, on raréfie de plus en plus l'air du récipient, en s'approchant de plus en plus du vide absolu.

Les machines actuellement en usage sont munies de deux corps de pompe accouplés et communiquant par un tuyau unique avec la platine, ce qui rend plus rapide l'opération (voy. fig. 58). Et la disposition des pistons est telle que lorsque l'un d'eux s'élève, l'autre s'abaisse, ce qui rend moins pénible le fonctionnement de la machine.

Usages. — Nous avons eu déjà occasion de nous servir de la machine pneumatique : pour répéter l'expérience de Newton relative à la chute des corps dans le vide; l'expérience de Galilée sur la pesanteur de l'air; pour faire celle des hémisphères de Magdebourg, du crève-vessie, etc. Nous aurons encore l'occasion de nous en servir dans des expériences postérieures.

On peut constater que l'air est nécessaire à la combustion : si l'on place une bougie allumée sous le récipient d'une machine pneumatique, on la voit bientôt pâlir et s'éteindre dès qu'on retire l'air.

L'air est aussi indispensable à la respiration : un oiseau ou un mammifère quelconque placés sous le récipient d'une machine y meurent rapidement. Les autres animaux, quoique résistant plus longtemps à cette privation d'air, y meurent infailliblement aussi.

POMPES.

Les pompes sont des instruments destinés à élever les liquides et plus particulièrement l'eau.

Les pompes, de formes très variées, peuvent être ramenées à deux types principaux : *la pompe aspirante*, et *la pompe aspirante et foulante.*

Pompe aspirante. — La pompe aspirante (fig. 61) se compose d'un *corps de pompe* A en fonte, dans lequel se meut un *piston* B muni d'une *soupape* c s'ouvrant de bas en haut; du fond du corps de pompe part un *tuyau d'aspiration* D, qui plonge dans l'eau qu'on désire élever. La communication entre le tuyau d'aspiration peut être maintenue ouverte ou fermée à l'aide d'une soupape s s'ouvrant de bas en haut. A la partie supérieure du corps de pompe se touve un *tuyau de déversement.*

Pour faire fonctionner la pompe, supposons d'abord le piston au bas de sa course. De l'air à la pression normale

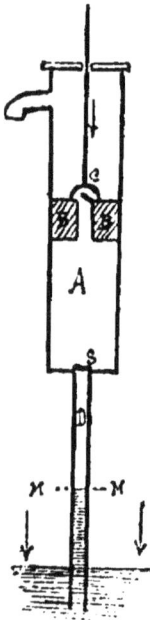

Fig. 61.

occupe le tuyau de communication; et l'eau qui se trouve dans ce tuyau y est au même niveau que l'eau du réservoir.

Soulevons le piston : la soupape c reste fermée sous son poids et sous celui de l'air atmosphérique, la soupape s s'ouvrira poussée par l'air du tuyau de communication dont la force élastique n'est lus équilibrée, puisque le piston laisse le vide au-dessous de lui.

L'air du tuyau D va donc se répandre dans les deux espaces D et A, par conséquent se raréfier; il ne fera plus équilibre à la pression atmosphérique qui s'exerce sur le niveau libre de l'eau dans le réservoir. Cette pression poussera donc dans le tuyau de communication une quantité d'eau qui remplacera l'air disparu. L'eau s'élèvera par exemple en M.

Abaissons le piston, nous trouvons la soupape s fermée sous son poids; l'air se comprime de plus en plus entre le piston et e fond du corps de pompe, il acquiert, à un certain moment, une force élastique suffisante pour soulever la soupape c et s'échapper. Tout l'air du corps de pompe aura donc disparu lorsque le piston sera arrivé au bas de sa course.

Soulevons-le de nouveau : la soupape c est fermée, la soupape s va s'ouvrir poussée par l'air qui reste dans le tuyau de communication et qui se répandra en partie dans le corps de pompe. Cette quantité d'air qui s'échappe du tuyau D va de nouveau être remplacée par de l'eau poussée par la pression atmosphérique.

Au bout d'un certain nombre de coups de piston, la totalité de l'air de la pompe aura été chassée et nous trouverons de l'eau dans le corps de pompe. A pa tir de ce moment, toutes les fois que le piston descendra, il laissera passer au-dessus de lui par sa soupape c

l'eau qu'il avait au-dessous; et chaque fois que le piston s'élèvera, il soulèvera cette eau qui s'échappera
par le tuyau de déversement, et appellera au-dessous
de lui une nouvelle quantité d'eau qui emplira tout
l'appareil.

Nous avons vu, qu'en théorie, la pression atmosphérique était capable de pousser l'eau jusqu'à une hauteur de 10^m,33 dans des tubes privés d'air. Mais, quelle
que soit la bonne construction des pompes, il sera
difficile d'aspirer l'eau, dans la pratique, à une hauteur
supérieure à 8 mètres.

Toutes les fois qu'il sera nécessaire de dépasser
cette limite, on aura recours à la pompe aspirante et
foulante.

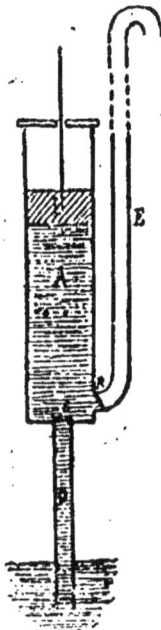

Pompe aspirante et foulante. —
Cette pompe est formée d'un corps de
pompe (fig. 62) dans lequel se meut un
piston plein; d'un tuyau d'aspiration D
et de la soupape *s* de même disposition
que celle de la pompe aspirante. Mais
de la partie inférieure du corps de pompe
part un *tuyau d'élévation* E muni d'une
soupape R s'ouvrant de gauche à droite
(dans la disposition indiquée par la
figure).

Supposons le corps de pompe rempli
d'eau à la suite d'opérations analogues à
celles que nous avons décrites dans la
pompe aspirante, avec cette différence
toutefois, que l'air, au lieu de s'être
échappé par la soupape du piston, s'est
échappé par la soupape R.

Fig. 62.

Si nous abaissons le piston, l'eau pressée poussera

la soupape R et viendra occuper une partie du tuyau
d'élévation E. Lorsque le piston s'élèvera, la soupape
R se fermera poussée par l'eau du tuyau d'élévation et
la soupape s s'ouvrira pour laisser passage à la quantité d'eau qui va emplir le corps de pompe. A sa descente, le piston poussera dans le tuyau d'élévation
l'eau du corps de pompe et l'eau qui s'y trouvait déjà.

On voit ainsi la possibilité, à l'aide de ces pompes,
d'élever l'eau à toutes les hauteurs; il suffira de disposer d'une force capable de refouler la colonne d'eau
qui devient de plus en plus haute à chaque descente
du piston.

C'est à l'aide de ces pompes que la Ville de Paris
distribue l'eau dans les quartiers les plus élevés et aux
étages supérieurs des maisons de ces quartiers.

Pompe foulante. — Il existe
un autre genre de pompe :
la *pompe foulante.* Puisque
cette pompe doit seulement
refouler l'eau, il est nécessaire qu'elle soit plongée au
sein de la masse liquide; par
conséquent, le tuyau d'aspiration de la pompe précé-
dente devient inutile. Cette
pompe (fig. 63) ne se compose, en effet, que d'un corps
de pompe A plongeant en
partie dans l'eau, muni à sa
partie inférieure d'une soupape S s'ouvrant de bas en

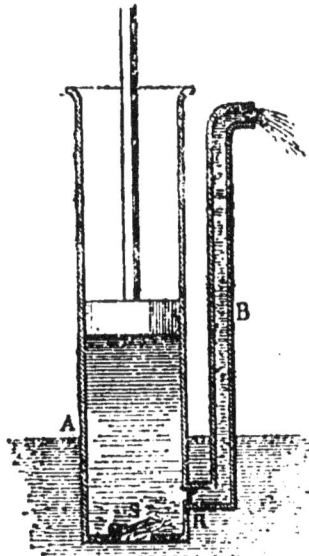

Fig. 63.

haut, et d'un tuyau d'élévation B communiquant avec
le corps de pompe grâce à une soupape R s'ouvrant

3.

ici, de gauche à droite. Il nous paraît inutile de décrire son fonctionnement, il est le même que celui que nous avons indiqué plus haut à propos de la pompe aspirante et foulante.

SIPHON.

Le siphon est un tube recourbé à branches inégales. Il sert à faire passer le liquide d'un vase qu'on ne veut pas déplacer dans un autre vase placé plus bas.

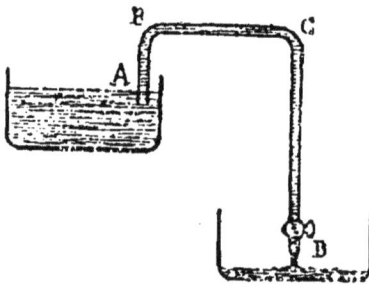

Fig. 64.

Pour le faire fonctionner, on place la petite branche dans le liquide à siphonner et l'ouverture de la grande branche au-dessus du vase dans lequel on désire recevoir le liquide (fig. 64); on *amorce* le siphon, c'est-à-dire qu'on l'emplit du liquide à siphonner. A partir du moment où il est amorcé, l'écoulement du liquide se produit seul, et du vase le plus élevé vers le vase le plus bas.

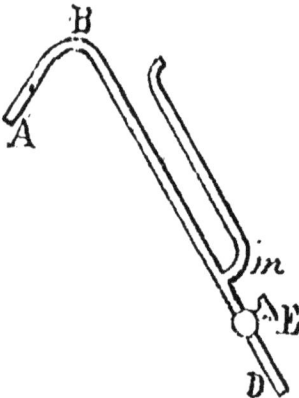

L'amorçage se fait de façons différentes qui varient suivant la nature des liquides à siphonner.

Si le liquide n'est pas dangereux à absorber et non corrosif, il suffira de l'aspirer avec la bouche qu'on placera en D. Dans le cas contraire,

Fig. 65.

on aspire avec la bouche par un tube latéral qui part
de l'extrémité de la grande branche (fig. 65). Quand
on sent que le liquide approche de l'ouverture *m*, on
cesse d'aspirer, on ouvre le robinet E, et le liquide
continue de couler.

QUESTIONNAIRE

A quoi sert la machine pneumatique? — Par qui inventée?
— Quelles sont ses parties essentielles? — Comment fonctionne-
t-elle? — Quels sont ses usages? — Décrivez la pompe aspirante
et indiquez son fonctionnement. — Jusqu'à quelle hauteur
maximum peut-on élever l'eau avec la pompe aspirante? —
Pourquoi? — Donnez la description de la pompe aspirante et
foulante, faites-la fonctionner. — En quoi diffère la pompe
foulante de la précédente? — Qu'est-ce qu'un siphon? à quoi
sert-il? — En quoi consiste l'amorçage? comment le fait-on?

CHAPITRE V

AÉROSTATS.

Le principe d'Archimède relatif à la poussée que reçoivent les corps plongés dans les liquides peut se
généraliser, et s'appliquer aussi bien aux gaz qu'aux
liquides; nous l'énoncerons ainsi :

*Tout corps plongé dans un fluide reçoit une poussée
verticale de bas en haut, égale au poids du fluide déplacé
par le corps.*

Une des conséquences de ce principe est de nous
montrer que nous commettons une erreur, lorsqu'après
avoir pesé un corps dans l'air, nous croyons avoir
obtenu son poids exact. Ce poids obtenu n'est que le
poids apparent du corps pesé ; son *poids absolu* est égal
à son poids apparent augmenté de sa poussée. La pesée

serait exacte si les poids marqués avaient même volume
que le corps pesé; mais chaque fois qu'il n'en sera pas
ainsi, nous n'aurons dans l'air que le poids apparent du
corps. Cependant, cette erreur est si faible que, pour
les pesées faites sur des liquides et surtout sur des
solides, nous pourrons constamment la négliger.

Baroscope. — On rend sensible la différence entre
le poids absolu et le poids apparent des corps à l'aide
du *baroscope* (fig. 66). Aux
extrémités des bras du
fléau d'une petite balance
on suspend une grosse
sphère métallique creuse
et une petite sphère pleine,
elles sont réglées de telle
sorte que, dans l'air, elles
se fassent équilibre. On
place le baroscope sous
la cloche de la machine
pneumatique et l'on fait
le vide. On voit alors la
grosse boule l'emporter

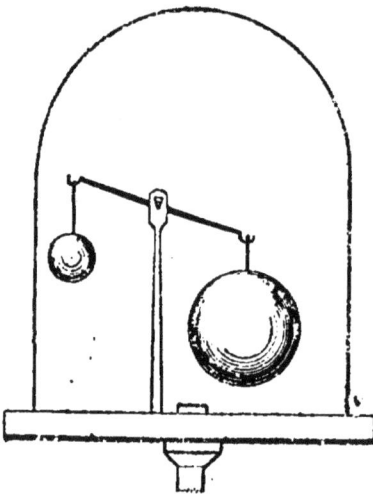

Fig. 66.

en poids sur la petite; son poids est maintenant plus
fort qu'il ne l'était dans l'air : c'est que la grosse boule
recevait alors une poussée supérieure à celle de la
petite; ce que nous indique d'ailleurs le principe
d'Archimède.

Montgolfières. — Nous avons vu qu'un bouchon de
liège abandonné au sein d'une masse liquide s'élevait
jusqu'à sa surface, poussé par cette force que nous
apprend à évaluer le principe d'Archimède.

Or, si dans l'atmosphère nous plaçons un corps dont
le poids soit inférieur à celui du volume d'air qu'il

déplace, il agira à l'instar du bouchon placé dans l'eau, et s'élèvera jusqu'à ce qu'il ait rencontré une couche d'air dont la densité ait assez diminué pour qu'il y puisse flotter.

Fig. 67.

Ce sont ces corps complexes qui, placés dans l'air et s'y élevant après avoir déplacé un poids supérieur au leur, ont reçu le nom de *ballons* ou d'*aérostats*. La force avec laquelle ils s'élèvent se nomme *force ascensionnelle;* elle est égale à la poussée diminuée du poids du ballon.

Les aérostats les premiers inventés, le furent par les frères Montgolfier, fabricants de papier à Annonay, qui firent leurs premiers essais en 1783. Ces ballons, appelés *montgolfières* (fig. 67), étaient des cages d'osier recouvertes de papier; un orifice largement ouvert à la partie inférieure permettait de chasser en partie l'air froid de l'intérieur, grâce à sa dilatation obtenue en faisant du feu sous cet orifice au moyen de substances produisant plus de fumée que de feu, pour éviter d'enflammer l'appareil. Malgré les dangers qu'offrent de pareilles expériences, Pilatre de Rozier, le marquis d'Arlandes, Blanchard et de nombreux voyageurs exécutèrent ces périlleuses ascensions qui coûtèrent la vie à quelques-uns d'entre eux.

Le physicien Charles, ayant eu connaissance des essais des frères Montgolfier, mais sans indication sur la nature du gaz employé, répéta l'expérience en décembre 1783 avec un ballon rempli d'hydrogène et formé de toile fine rendue à peu près imperméable à l'hydrogène à l'aide d'un enduit particulier.

On a réservé plus spécialement à ces derniers appareils le nom d'*aérostats*.

AÉROSTATS.

Disposition actuelle. — On emploie comme étoffe la soie coupée en forme de fuseau et cousue par ses bords; le tout est recouvert d'un vernis. A la partie supérieure se trouve une soupape s'ouvrant de dehors en dedans et dont on peut tirer la tige au moyen de cordes qui traversent tout l'appareil et viennent s'attacher dans la nacelle, à portée de la main de l'aéronaute. Le ballon (fig. 68) se termine à la partie inférieure par une sorte de boyau par lequel on introduit le gaz.

Le gaz généralement employé est celui qu'on fabrique pour l'éclairage, car l'hydrogène se conserve difficilement dans ces enveloppes de soie gommée; cependant on paraît devoir revenir à son emploi

Le gaz d'éclairage étant moins léger que l'hydrogène exige que le ballon ait un volume beaucoup plus grand pour obtenir la même force ascensionnelle.

Un filet recouvre les deux tiers supérieurs du ballon; une partie des cordes, descendant de ce filet, supportent *la nacelle*, tandis que celles qui ont servi à retenir l'appareil avant le départ, flottent librement dans l'air.

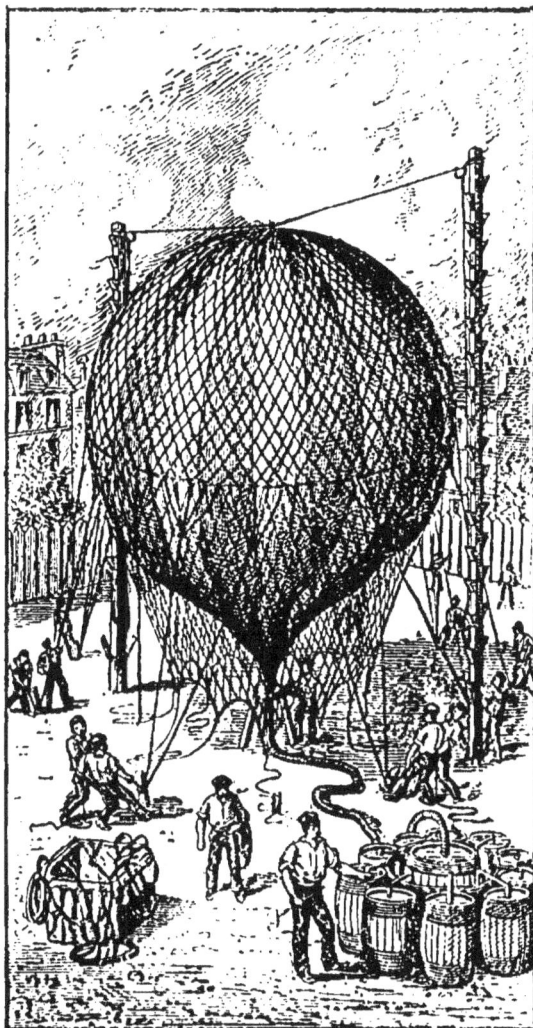

Fig. 68.

Un certain nombre de sacs de sable fin, qui constituent le *lest*, sont disposés autour de la nacelle pour être jetés en temps opportun.

Enfin, *le* ballon ne doit pas être complètement gonflé au départ, car au fur et à mesure qu'il s'élève, la pression extérieure diminuant, la pression intérieure augmente d'autant, et le ballon se gonfle.

Pour savoir s'il monte, l'aéronaute consulte son baromètre, qui lui fournit non seulement le sens du mouvement vertical que le ballon possède, mais encore, après calcul, la hauteur à laquelle il est parvenu. Mais il suffit, quand on ne cherche qu'à savoir si l'on monte ou non, d'attacher aux bords de la nacelle une longue banderole qui, à cause de la résistance de l'air, est toujours en retard sur le mouvement du ballon. Quand l'extrémité de la banderole est dirigée vers le haut, c'est que le ballon descend; dans le cas contraire, il monte.

Moyen de s'élever ou de descendre. — Pour s'élever, il faut augmenter la force ascensionnelle; on n'a qu'un moyen : c'est de diminuer le poids du ballon en jetant peu à peu du lest. Pour descendre, il faut diminuer la force ascensionnelle, ce qu'on fait en réduisant le volume du ballon : en laissant échapper, à l'aide de la soupape, le gaz qui le gonfle.

Direction. — Jusque dans ces dernières années, on n'était maître des mouvements du ballon que dans le sens vertical; on ne connaissait d'autre moyen de se diriger, que celui qui consistait à monter ou à descendre, jusqu'à ce qu'on ait trouvé un courant d'air qui vous menât dans une direction voisine de celle dans laquelle on désirait aller. Mais, grâce aux travaux de deux officiers français, MM. Krebs et Renard, la navigation aérienne est un problème à peu près résolu.

Calcul de la force ascensionnelle. — Prenons pour exemple un ballon comme ceux qui servent de jouets aux enfants et que nous supposerons gonflé avec de l'hydrogène.

PROBLÈME. — *Un petit ballon, gonflé avec de l'hydro-gène, a un diamètre de 30 centimètres; son enveloppe, ses grelots, sa corde ont un poids total de 6 grammes. On demande la valeur de sa force ascensionnelle, sachant que la densité de l'hydrogène est 0,0692.*

SOLUTION.

Volume d'une sphère.. $\dfrac{4 \times 3,1416 \times \text{rayon}^3}{3}$

Et dans ce problème, en prenant le décimètre pour unité :

Volume du ballon.... $\dfrac{4 \times 3,1416 \times 1,5^3}{3} = 14,^{d3}10372.$

Poids de l'air déplacé.. $1^{gr},293 \times 14,10372 = 18^{gr},236.$

Poids de l'hydrogène... $1^{gr},293 \times 0,0692 \times 14,10372 = 1^{gr},262.$

Poids total du ballon.. $1,262 + 6 = 7^{gr},262.$

Force ascensionnelle... $18,236 - 7,262 = 10^{gr},974.$

QUESTIONNAIRE

Généralisez le principe d'Archimède. — Un corps pèse-t-il autant dans l'air que dans le vide? pourquoi? — En quoi consiste l'expérience du baroscope? — Faites l'historique des ballons. — Pourquoi les montgolfières s'élevaient-elles? — Comment sont disposés les ballons actuels? — Qu'appelez-vous force ascensionnelle? — A quoi est-elle égale? faites-en un calcul. — Comment peut-on se diriger en ballon?

CHAPITRE VI

CHALEUR

La chaleur est un agent qui produit sur les animaux une sensation caractéristique. Elle produit sur la plupart des corps que la physique étudie une augmentation de volume appelée *dilatation* ; puis un *changement d'état*.

La *température* d'un corps est l'état de ce corps au point de vue de la chaleur ; sa température est d'autant plus élevée qu'il nous paraît plus chaud.

DILATATION.

La dilatation que la chaleur fait subir aux corps peut se vérifier à l'aide de nombreuses expériences.

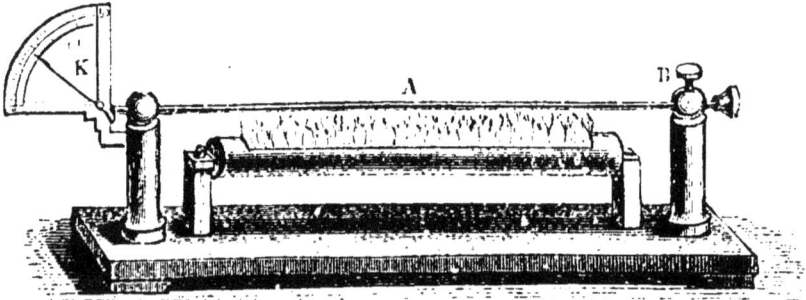

Fig. 70.

1° **Dilatation des solides**. — Pour montrer la dilatabilité des corps dans *le sens de la longueur*, on façonne, en tige cylindrique, le corps sur lequel on désire opérer. Cette tige A (fig. 70) traverse deux colonnes verticales ;

elle est fixée à l'aide d'une vis dans l'une de ces colonnes B, et peut glisser librement dans l'autre. L'extrémité libre de la tige vient buter contre la petite branche d'un levier légèrement coudé, mobile autour du sommet de son angle. La grande branche du levier, en forme d'aiguille K, se meut dans un cadran divisé dont une des parties supporte l'axe du levier. Une caisse métallique pouvant contenir de l'alcool se trouve maintenue sous la tige. Cet appareil est connue sous le nom de *pyromètre à cadran*.

Si l'on enflamme l'alcool, la tige s'échauffe, et l'on voit l'aiguille se déplacer lentement devant le cadran, ce qui prouve que la tige s'allonge et pousse la petite branche du levier.

Vient-on à éteindre l'alcool, l'aiguille revient progressivement vers sa position première.

Les corps ne se dilatent pas seulement dans le sens de la longueur, ils se dilatent réellement *dans tous les sens*. On le vérifie à l'aide de l'anneau de *S'Gravesande* (fig. 71).

Dans un anneau peut passer tout juste une sphère de métal lorsqu'elle est froide. Mais si on vient à la chauffer en la laissant quelques instants dans la flamme d'une lampe à alcool, elle ne peut plus traverser l'anneau. La laisse-t-on refroidir, elle repasse de nouveau.

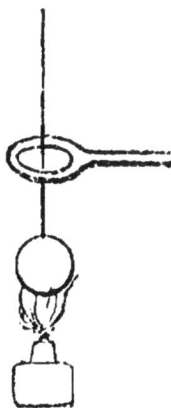

Fig. 71.

2° **Dilatation des liquides.** – La dilatation des liquides est bien plus facile à observer que celle des solides. Dans un tube de verre terminé par une ampoule, on verse de l'eau colorée (fig. 72) jusqu'à une certaine hauteur qu'on marque sur le tube. Si l'on plonge l'ampoule dans de l'eau chaude, on voit le niveau du liquide s'élever; et cette fois la dilatation est bien apparente.

3° **Dilatation des gaz.** — On prend un ballon de verre muni d'un tube deux fois recourbé. Dans la partie courbe *ab* (fig. 73) on verse un liquide coloré. Une masse d'air se trouve donc emprisonnée dans le ballon ; si l'on vient à prendre le ballon dans ses mains, la chaleur de la peau sera suffisante pour dilater l'air du ballon qui manifestera sa dilatation en refoulant le liquide dans la branche ouverte.

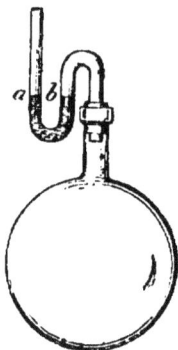

Fig. 72.   Fig. 73.

Ces expériences sont suffisantes pour montrer d'abord que les corps se dilatent; puis, que les gaz sont éminemment dilatables, et que les liquides sont beaucoup plus dilatables que les solides.

La densité d'un corps diminue lorsque sa température augmente. — Prenons le mercure pour exemple. Si nous emplissons de mercure froid un décimètre cube et que nous le pesions, nous trouverons 13ᵏ,587. Mais si nous venons à chauffer ce décimètre cube rempli, le mercure se dilatera, et une certaine quantité de ce liquide s'échappera du vase, de sorte que ce décimètre cube toujours rempli contiendra nécessairement moins de molécules de mercure que lorsqu'il était froid : il pèsera moins alors; sa densité a donc diminué. Telle est la raison pour laquelle on prend une température uniforme : le 0 du thermomètre, à laquelle on fait toutes les évaluations de densités.

THERMOMÈTRE

Le thermomètre est un instrument qui sert à mesurer la température des milieux dans lesquels il se trouve placé (fig. 74).

Puisque les corps, sous les trois états, se dilatent sous l'influence de la chaleur, ils pourraient tous servir à mesurer, par leur augmentation de volume, la quantité de chaleur qu'ils ont empruntée.

Mais les solides ont généralement été écartés parce qu'ils sont trop peu dilatables; on n'a pu songer à utiliser les gaz parce qu'ils le sont trop. On a conservé les liquides, et parmi eux, on a choisi le mercure parce que c'est un métal, et que comme tel, il se met rapidement en équilibre de température avec les milieux au sein desquels on le place.

Choix du tube. — Pour construire un thermomètre à mercure, on prend un tube de verre percé d'un canal capillaire (aussi fin qu'un cheveu) rigoureusement cylindrique. A l'une des extrémités du canal, on souffle un réservoir qui devra rester, et à l'autre extrémité une boule munie d'une pointe effilée et ouverte qui servira seulement pendant le remplissage.

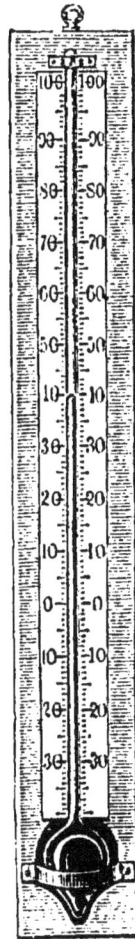

Fig. 74.

Remplissage. — On ne peut pas songer à verser le mercure dans le tube, car il est si étroit qu'il n'y a pas place et pour un courant descendant de mercure et pour un courant ascendant d'air.

On chauffe le réservoir, et lorsqu'une certaine quantité d'air a été chassée par la dilatation, on plonge dans un bain de mercure la pointe effilée du tube. A mesure que l'air intérieur se refroidit, il se contracte, et la pression atmosphérique fait pénétrer dans la boule une certaine quantité de mercure. Puis on redresse l'instrument. Un petit volume de mercure s'engage dans la partie supérieure du tube (fig. 75) et comprime l'air qui ne peut s'échapper à cause de la capillarité du canal. Maintenant le tube légèrement incliné, on chauffe le réservoir, l'air se dilate, acquiert une force élastique assez grande pour faire remonter le mercure du tube et pour s'échapper par bulles à travers le mercure de l'entonnoir. On laisse ensuite refroidir; une certaine quantité de mercure pénètre dans le réservoir et y remplace l'air chassé. On répète ainsi plusieurs fois cette opération, jusqu'à ce que le réservoir et le tube soient remplis aux trois quarts de mercure chaud.

Fig. 75.

Enfin, on fait bouillir le mercure, pour chasser toutes traces d'air, en plaçant le tube entouré de charbons sur une grille inclinée. On laisse refroidir, et le liquide doit remplir complètement le réservoir et une partie de sa tige.

On détache d'un trait de lime l'entonnoir du tube, et on porte le thermomètre à une température un peu supérieure à celle qu'il ne devra pas dépasser selon l'usage auquel on le destine. C'est alors qu'on ferme l'extrémité à la lampe d'émailleur, un peu au dessous du niveau que vient d'atteindre le mercure.

Graduation. — Pour graduer l'appareil, on prend pour points fixes deux températures faciles à obtenir et toujours constantes. La première est celle de la *glace fondante*.

On plonge le thermomètre dans une masse de glace pilée (fig. 76) renfermée dans un vase à fond percé. On transporte le tout en un endroit où la fusion puisse se produire. Lorsque la colonne de mercure est devenue stationnaire, on marque au diamant un trait où le mercure s'arrête : c'est le zéro du thermomètre.

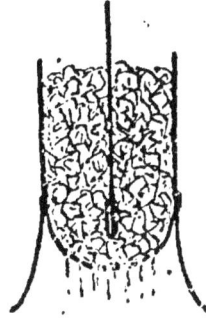

Fig. 76.

Pour obtenir le second point fixe, on emploie une caisse cylindrique qu'on place sur un fourneau (fig. 77).

Le fond de la caisse contient de l'eau qu'on porte à l'ébullition grâce au fourneau ; la vapeur qui se dégage monte dans une cheminée centrale et se répand ensuite, avant de s'échapper au dehors, dans une double enveloppe.

Le thermomètre est introduit dans la cheminée centrale et s'y trouve enfoncé de telle sorte que son réservoir touche presqu'à l'eau sans y plonger.

Lorsque l'eau de la caisse est portée à l'ébullition et que la vapeur enveloppe de toutes parts le thermo-

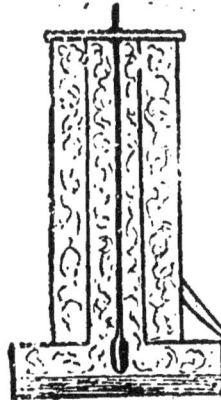

Fig. 77.

mètre, on marque d'un trait le point où s'arrête la colonne mercurielle, c'est le *degré* 100 ; il correspond à la température de la vapeur d'eau bouillante. Ces deux points fixes déterminés, on divise leur intervalle en cent parties égales, et chacune de ces divisions portée au-dessus et au-dessous du 0 est un *degré* de thermomètre.

La température d'un milieu sera de 18 degrés si la colonne mercurielle du thermomètre s'y arrête à la 18ᵉ division; elle serait de — 5 degrés (moins 5) si elle s'arrêtait à la 5ᵉ division au-dessous du zéro.

Limites d'emploi du thermomètre a mercure. — Le mercure entrant en ébullition à 357 degrés et se solidifiant à — 40, ne peut fournir des indications calorifiques au delà de ces températures; et même, pour les températures voisines de ses changements d'état, ses indications seront erronées. On ne devra donc s'en servir que pour évaluer les températures comprises entre — 35 et + 350 degrés.

Thermomètre à alcool. — Lorsqu'on veut évaluer des températures moyennes comme celle que la chaleur solaire communique à la surface de la terre dans nos climats, ou des températures très basses, on emploie le thermomètre à alcool. L'alcool, coloré avec de l'orseille, remplace le mercure du tube précédent.

Le zéro du thermomètre à alcool se détermine comme celui du thermomètre à mercure, mais le degré 100 n'existe pas dans ce thermomètre, car l'alcool entre en ébullition vers 78 degrés. Pour obtenir un autre point de la graduation, on plonge un thermomètre à mercure gradué avec un thermomètre à alcool qu'il s'agit de graduer dans de l'eau chauffée. Si le thermomètre à mercure marque 45°, on inscrit aussi 45 à l'endroit où l'alcool s'arrête dans son tube; on l'a ainsi gradué par comparaison. Cet intervalle compris entre 0 et 45 est divisé en quarante-cinq parties égales, et la division est continuée au-dessous du 0 et au-dessus de 45.

Comme l'alcool n'a pas encore pu être congelé, il peut servir à l'évaluation des plus basses températures connues, et jusqu'à des températures voisines de 75 degrés au-dessus de zéro.

DIVERSES ÉCHELLES THERMOMÉTRIQUES.

Le thermomètre le plus généralement employé en France est le *thermomètre centigrade,* celui que nous venons de graduer, qui contient 100 degrés entre la température de la glace fondante et celle de la vapeur d'eau bouillante. Mais on a longtemps fait usage en France de *l'échelle de Réaumur.* Dans ce thermomètre Réaumur (fig. 78), l' 0 correspond aussi au zéro de l'échelle centigrade, mais en regard du degré 100 du thermomètre centigrade on trouve 80 au thermomètre Réaumur. De sorte que 100° centigrades valent 80° Réaumur.

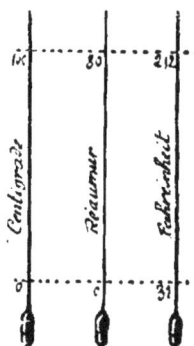

Fig. 78.

Dans l'échelle Fahrenheit, employée en Angleterre et dans les contrées du nord de l'Europe, en regard du 0 centigrade on trouve le degré 32 et en regard du 100 la division 212.

De sorte que (fig. 78) :

100° centigrades valent 80° Réaumur et (212—32) 180° Fahrenheit,
ou 5° centigrades = 4° Réaumur = 9° Fahrenheit.

PROBLÈME I. — **Quel degré marque le thermomètre centigrade lorsqu'on trouvera 77 au thermomètre Fahrenheit?**

4

Lorsque l'échelle Fahrenheit marque 32°, on trouve 0° au thermomètre centigrade, il est donc nécessaire de ramener l'échelle Fahrenheit au même point de départ.

Dans ce problème, il y a $77 - 32 = 45$ degrés Fahrenheit au-dessus du 0° centigrade.

9° Fahrenheit valent 5° centigrades ; 45° Fahrenheit valent $\dfrac{5 \times 45}{9} = 25°$.

Le thermomètre centigrade marquera 25 degrés.

PROBLÈME II. — **Quel degré marque le thermomètre Fahrenheit lorsqu'il y a 13 degrés au thermomètre centigrade?**

5° centigrades valent 9° Fahrenheit ; 13° centigrades valent $\dfrac{9 \times 13}{5} = 23°,4$.

Le thermomètre Fahrenheit marquera donc 23°,4 au-dessus de la division qui correspond au 0° centigrade, soit :

$$23°,4 + 32° = 55°,4.$$

PRINCIPALES APPLICATIONS PRATIQUES DES DILATATIONS. — On laisse un léger intervalle entre les rails d'un chemin de fer pour permettre au fer de se dilater sans se déformer sous l'influence de la chaleur.

Les feuilles de zinc ou de plomb employées pour les couvertures des maisons ne sont clouées que par un côté.

Les plaques de tôle servant à la construction des bateaux sont assemblées à l'aide de boulons chauffés au rouge.

Le charron fait chauffer son anneau de fer qui entoure la roue, pour qu'après refroidissement les pièces de bois qui la composent soient fortement assemblées.

On chauffe légèrement le col d'un flacon pour permettre d'enlever le bouchon de verre qui résiste, etc.

QUESTIONNAIRE

Quels sont les effets de la chaleur sur les corps? — Comment montre-t-on la dilatation des solides? des liquides? des gaz? — Quels sont les plus dilatables? — Comment varie la densité d'un corps quand sa température change? — Qu'est-ce qu'un thermomètre? — Quels corps pourrait-on choisir pour en faire? — Pourquoi s'est-on arrêté au mercure? — Comment remplit-on le tube? — Comment s'effectue la graduation? — Entre quelles limites peut-on employer le thermomètre à mercure? — Dans quel cas emploie-t-on le thermomètre à alcool? — Quelles sont les différentes échelles thermométriques? — Quel degré indique le thermomètre Fahrenheit lorsque le thermomètre centigrade accuse 18°? — Quelle est la température indiquée par le thermomètre centigrade, lorsque plongé dans l'eau chaude le thermomètre Fahrenheit marque 105 degrés?

CHAPITRE VII

CHANGEMENTS D'ÉTAT DES CORPS.

Nous avons vu, dans les notions préliminaires, qu'un liquide ne différait d'un solide que par une plus faible cohésion de la part de ses molécules. Or la chaleur, ayant pour effet de dilater les corps, c'est-à-dire d'éloigner leurs molécules, détruit leur cohésion et par suite peut transformer un solide en un liquide, et un liquide en un gaz. C'est en effet ce qui se produit.

Lorsqu'on soumet un corps solide à l'action de la chaleur, il passe à l'état liquide au bout d'un certain temps qui dépend de la nature du corps. On dit alors que le corps fond, qu'il a subi le phénomène de la *fusion*. Ce phénomène a donné lieu aux deux lois suivantes ·

1° *Tout corps susceptible de fondre, le fait à une température déterminée;*

2° *La température reste la même pendant toute la durée du phénomène.*

Si, d'après cette seconde loi, le corps qui fond ne change pas de température pendant toute la durée de la fusion, malgré la chaleur que ne cesse de produire le foyer, c'est que cette chaleur même est absorbée par le *changement d'état du corps*. Ainsi tout corps, pour *passer de l'état solide à l'état liquide* ou de l'état liquide à l'état de gaz, *absorbe de la chaleur*. Inversement, tout corps qui passera de l'état *gazeux à l'état liquide* ou de l'état liquide à l'état solide, *restituera de la chaleur*.

Le retour de l'état liquide d'un corps à l'état solide s'appelle *solidification*.

Il est évident que les lois de la solidification sont identiques à celles de la fusion, et que la température de solidification d'un corps est la même que celle de sa fusion.

TEMPÉRATURE DE FUSION DE QUELQUES CORPS.

Fer.	1500°	Soufre.	110°
Or.	1250	Cire	68
Argent.	1000	Phosphore	44
Cuivre.	950	Suif	33
Zinc.	400	Glace.	0
Plomb.	320	Mercure.	— 40

CHANGEMENTS DE VOLUME QUI ACCOMPAGNENT LA FUSION OU LA SOLIDIFICATION.

Il résulte des expériences précédentes que tout corps qu'on refroidit diminue de volume, il en sera de même par conséquent pour tout corps qui passera de l'état

liquide à l'état solide, puisque pour que cette modification ait lieu il faut une diminution de température ;
et si le volume diminue, la densité augmente, comme
nous l'avons vu. Telle est la loi générale.

Maximum de densité de l'eau. — L'eau présente
une exception à cette règle ; voici, en effet, ce qu'on remarque, lorsque dans un ballon de
verre, dont le col est prolongé par
un tube, on place de l'eau à la température de 15° par exemple, jusqu'à la
hauteur *a* (fig. 79) : si l'on plonge le
tout dans un mélange de neige et de
sel marin, qui permet d'obtenir une
température un peu inférieure à 0°,
le niveau de l'eau dans le tube *descend* lentement, puis s'arrête en *b*
lorsque sa température a atteint celle
qu'on a reconnu être 4°, enfin remonte jusqu'en *c*,
endroit où un petit glaçon se forme et flotte sur l'eau.

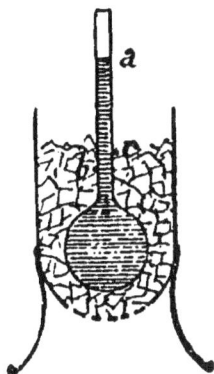

Fig. 79.

Ainsi donc l'eau a suivi la règle générale en se refroidissant de 15° à 4°. *Mais de 4° à 0° elle s'est dilatée comme
si on l'avait chauffée.* C'est donc à la température de 4
degrés que cette masse liquide a occupé le volume le
plus faible, que ses molécules ont tenu dans le plus petit
espace, qu'elle a été le plus dense ; c'est à cette température qu'elle possède *son maximum de densité.*

Puisque la glace est plus légère que l'eau (sa densité est 0,9), elle surnage sur celle-ci. Il est heureux
qu'il en soit ainsi, car si l'eau des rivières ou des lacs
augmentait de poids par la solidification, la glace, aussitôt formée, irait au fond du lac et l'eau de la surface,
en contact avec l'air froid se congèlerait à son tour,
puis descendrait ; de sorte qu'à la suite d'un froid un

peu prolongé, toutes les masses d'eau seraient congelées en totalité, d'où l'impossibilité de l'existence des animaux aquatiques. Tandis que, en réalité, dans les rivières un peu profondes et les lacs, les régions voisines du fond descendent rarement à une température inférieure à 4 degrés.

Mais (toute médaille a son revers), l'eau augmente de volume en se solidifiant ; et c'est ce qui explique *les effets désastreux de la gelée sur les plantes*. Les liquides contenus dans les vaisseaux se congèlent et en brisent les tissus qui se décomposent ensuite. Cependant plusieurs causes retardent leur congélation : d'abord la sève n'est pas de l'eau pure, c'est une dissolution saline, et ces liquides gèlent à une température plus basse ; elle n'est pas en contact immédiat avec l'air ; elle est renfermée dans des tubes capillaires, et est presque immobile en hiver, toutes causes qui retardent sa solidification.

Certaines pierres poreuses *dites pierres gélives*, employées à tort dans des constructions, absorbent l'eau de l'atmosphère qui, en se congelant, désagrège la pierre et la fait se déliter.

Cette *force d'expansion* de la glace est considérable ; elle est telle que le physicien Hall a pu, en Norvège, faire éclater des canons de pistolet et des bombes en les exposant pleins d'eau à un froid assez prolongé. Telle est la cause du bris des vases pleins d'eau exposés aux froids de l'hiver, de la rupture des conduites d'eau des pompes, etc.

ÉBULLITION. — VAPORISATION.

Si l'on soumet un liquide à l'action de la chaleur, on verra bientôt des bulles se former vers la surface

chauffée (ordinairement le fond du vase), s'élever dans
la masse, puis venir crever à l'air ; en outre, un bouil-
lonnement se produira. Ce phénomème prend le nom
d'*ébullition*, et la formation des vapeurs qui causen
l'ébullition prend le nom de *vaporisation*. L'ébullition
est soumise aux deux lois suivantes :

1° Tout corps susceptible d'entrer en ébullition le
fait à une température déterminée *sous une pression
déterminée ;*

2° La température reste constante pendant toute la
durée de l'ébullition *si la pression reste constante.*

Ainsi le thermomètre qu'on plongera dans de l'eau
bouillante (sous la pression normale : 760^{mm}) marquera
constamment 100 degrés quel que soit le temps pendant
lequel on prolonge l'ébullition. La chaleur que fournit
constamment le foyer doit être employée à changer
l'eau d'état, à la faire transformer en vapeur. C'est
d'ailleurs ce que nous avions déjà remarqué au moment
de la liquéfaction. *Ainsi de l'eau chauffée à l'air libre et
sous notre pression normale, ne pourra jamais dépasser
la température de* 100 *degrés.*

La pression, qu'une cause extérieure peut exercer sur
un liquide chauffé, a une influence considérable sur son
ébullition ; en effet, *la température d'ébullition d'un liquide sera d'autant plus basse que la pression sera plus
faible.* C'est ainsi que, dans le vide, sous le récipient de
la machine pneumatique, on pourra obtenir de l'eau relativement froide, bouillant, à 15 degrés seulement. Sur
des montagnes élevées, où règne par conséquent une
pression atmosphérique atténuée, la température d'é-
bullition de l'eau a lieu normalement plus bas que 100° :

A Quito (2,900 mètres) l'eau bout à environ 90° ; sur
le mont Blanc (4,800 mètres), à 84°.

INVERSEMENT. — *La température d'ébullition d'un liquide sera d'autant plus élevée, que la pression qu'on
exercera sur sa surface sera plus considérable.*

Ainsi l'eau n'entrera en ébullition qu'à 121° sous une
pression de deux atmosphères. On peut obtenir de l'eau
chaude à 200° par exemple, en employant la marmite
de Papin.

Marmite de Papin. — Elle se compose d'une chaudière C à pa-
rois très épais-
ses, en fonte
ou en cuivre
(fig. 80 et 81),
surmontée
d'un couver-
cle qu'on peut
fortement
maintenir par
une vis. Une
soupape de
sûreté fermée
par un levier
est adaptée au
couvercle.

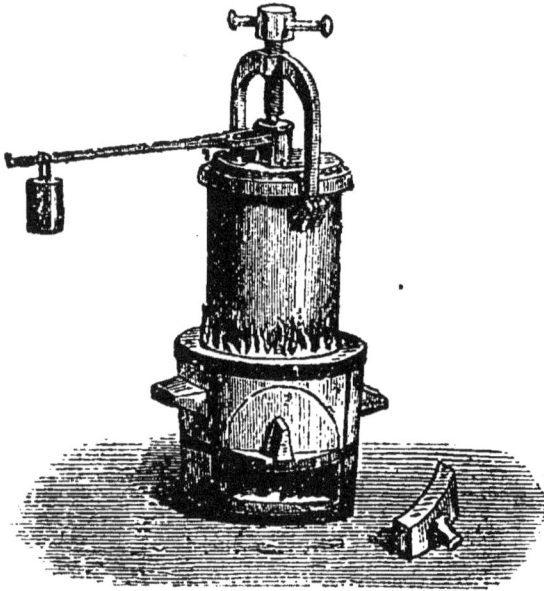

Fig. 80

Lorsqu'on
chauffe l'eau qu'on a placée dans la marmite, la vapeur
formée ne pouvant s'échapper exerce sa pression sur
la surface du liquide, empêche son ébullition, arrête
son changement d'état et par conséquent absorbe pour
elle-même la chaleur du foyer.

On peut alors avoir une eau aussi chaude qu'on le
désire si l'on suppose l'appareil infiniment résistant.

La marmite de Papin est utilisée pour extraire la

gélatine contenue dans les os, gélatine servant à la fabrication de la colle forte ; "car elle n'est complètement soluble que dans une eau plus chaude que 100 degrés.

Force élastique de la vapeur. — La tension de la vapeur d'eau, ou comme on dit *sa force élastique* peut être considérable ; c'est elle qui cause le mouve· ment dans tous les moteurs à vapeur; c'est elle que mesure le manomètre.

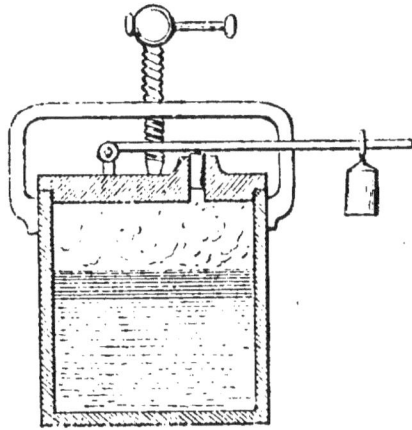

Fig. 81.

VAPORISATION. — ÉVAPORATION.

Par ces deux mots : vaporisation, évaporation, on entend le passage de l'eau à l'état de vapeur.

Dans la *vaporisation*, le changement d'état est accompagné de l'ébullition et la formation des vapeurs s'effectue sous forme d'un brouillard visible.

Dans l'*évaporation*, l'action est lente, elle s'effectue par la surface du liquide, elle n'est pas visible.

Ainsi, de l'eau chauffée sur un foyer se vaporise, et de l'eau placée dans une assiette et qui a disparu progressivement s'est évaporée.

Froid produit par l'évaporation. — Toute évaporation, comme toute vaporisation, absorbe de la chaleur; il faut alors, pour qu'un liquide s'évapore, qu'il emprunte de la chaleur aux corps environnants, qu'il les refroidisse. En effet, *toute évaporation produit du*

4.

froid. Et le froid produit sera d'autant plus intense que le corps qui s'évapore a plus de tendance à changer d'état, qu'il est plus *volatil.* Ainsi de l'éther, de l'alcool versés sur la main produiront une sensation de froid très sensible en s'évaporant. L'évaporation est même, quand elle est vivement activée, la source la plus puissante de refroidissement que l'on connaisse aujourd'hui ; c'est par son aide seul qu'on a pu atteindre des températures de — 110° à — 120°. C'est elle qu'on emploie pour produire industriellement la glace.

Les causes qui favorisent l'évaporation sont : une température élevée, un air sec, le renouvellement de l'air.

En effet, plus la température est élevée et plus les vapeurs formées sont abondantes ; en outre, plus l'air est sec, et plus il est éloigné de sa saturation, plus donc il peut recueillir de vapeur ; enfin, l'air doit se déplacer afin que les couches déjà saturées de vapeur puissent être remplacées par d'autres en contenant moins.

De là le danger de s'exposer, en sueur, à un courant d'air, à cause du froid qui résulte de l'évaporation de la sueur dans cet air renouvelé.

C'est encore au renouvellement de l'air et à l'évaporation qu'elle produit qu'on doit la sensation de fraîcheur qui accompagne le mouvement de l'éventail qu'on agite devant son visage.

L'industrie tire un grand parti du froid produit par l'évaporation, par exemple, dans la fabrication artificielle de la glace. Dans presque tous les appareils fondés sur ce principe, on liquéfie d'abord un gaz sous pression considérable ; on obtient alors un liquide éminemment volatil ; on cesse ensuite de le comprimer, et il s'évapore rapidement en produisant autour de lui un froid intense qu'on utilise pour congeler de l'eau.

On peut boire, en été, de l'eau très fraîche en la plaçant dans des vases en terre poreuse nommés *alcarazas*, et en exposant ce vase dans un courant d'air. Une petite partie de l'eau traverse le vase, vient à sa surface où elle s'évapore en refroidissant celle qui reste à l'intérieur.

MACHINES A VAPEUR.

La vapeur est un des moteurs les plus puissants et les plus précieux pour l'industrie ; et partout, aujourd'hui, on peut voir établis les appareils qui reposent sur son action. Ces *machines à feu*, comme on les appela longtemps, peuvent atteindre des puissances considérables, avec un mouvement aussi régulier et une précision plus grande que ceux que pourraient fournir soit les moteurs animés, soit les moteurs électriques ou tout autre moteur.

Principe des machines à vapeur. — Dans toutes les machines de ce genre, la vapeur envoyée par une *chaudière* agit sur un *piston* qui se meut dans un *cylindre*, alternativement de l'une à l'autre extrémité. La vapeur détermine le mouvement de va-et-vient du piston, en agissant alternativement sur l'une ou l'autre de ses faces.

Ainsi soit AA, un cylindre vertical dans lequel peut se mouvoir un piston plein T ; le cylindre communique d'une part avec une chaudière à vapeur par les conduits EE', d'autre part, avec un condensateur O, par les tuyaux DD'.

Supposons qu'on ouvre les robinets R, C' (fig. 82) et qu'on ferme les robinets R', C ; la vapeur de la chaudière arrivera dans la partie supérieure du cylindre, tandis que la vapeur, s'il s'en trouvait préalablement dans sa partie inférieure, passera dans le condensateur où elle disparaîtra liquéfiée. Le piston T pressé par sa face supérieure descendra puisque sa face inférieure ne supporte aucune pression.

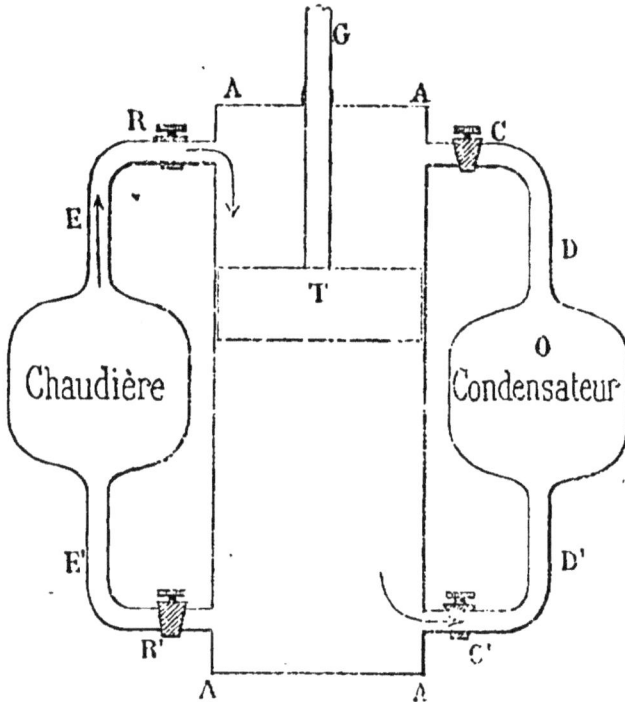

Fig. 82.

Si, maintenant, nous fermons les robinets R, C', et que nous ouvrions les robinets R', C, la vapeur qui se trouve au-dessus du piston s'échappe dans le condensateur par D, où elle disparaît; mais la vapeur de la chaudière arrive par le conduit E', pénètre dans le cylindre, presse sur la face inférieure du piston et l'élève puisque rien ne presse plus sa face supérieure.

Le piston descendra de nouveau lorsqu'on ouvrira R, C', et qu'on fermera R', C; puis il remontera si l'on ouvre R', C, et qu'on ferme R, C'. On voit ainsi, qu'il suffit d'ouvrir et de fermer en temps opportun les différents robinets, pour faire agir le piston dans un sens ou dans l'autre.

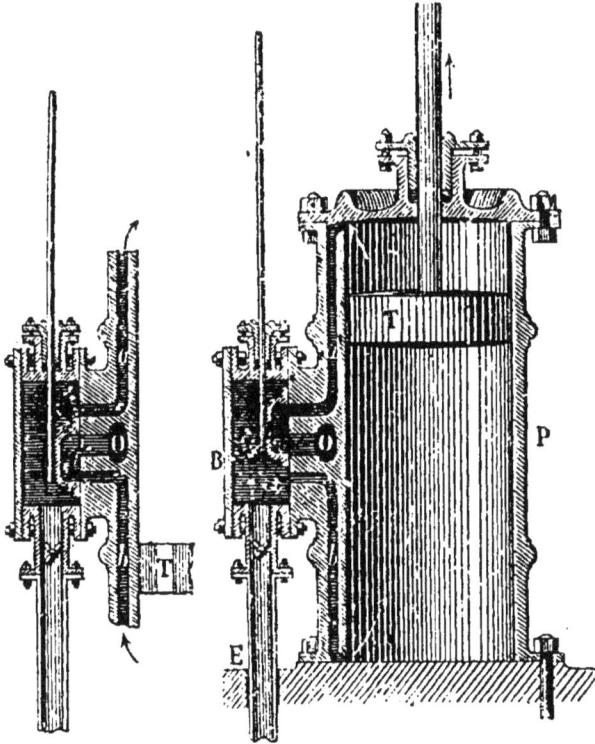

Fig. 84.   Fig. 83.

Dans les machines à vapeur, on emploie actuellement un moyen beaucoup plus simple que celui que nous venons de décrire, pour déterminer l'accès et le départ de la vapeur.

Le cylindre P (fig. 83) communique avec une boîte rectangulaire B au moyen de deux conduits a, b. Cette boîte, nommée boîte à vapeur, communique en outre avec la chaudière, par le tuyau E. Le cylindre peut communiquer avec le condensateur dont l'ouverture est en O, tantôt par le conduit *a*, tantôt par *b*. Enfin, une petite boîte métallique *t*, appelée *tiroir*, s'appuie constamment par son bord sur la face du cylindre, et peut fermer, tantôt *a*, tantôt *b*.

Lorsque le tiroir est élevé (fig. 83) la vapeur amenée par le conduit E dans la boîte à vapeur passe dans la partie inférieure du cylindre par le conduit *b*, tandis que celle qui pouvait se trouver dans la partie supérieure s'échappe dans le condensateur par *a*. Le piston s'élève donc en poussant sa tige.

Lorsque le tiroir est abaissé (fig. 84), la vapeur du cylindre s'échappe dans le condensateur par *b*, et la vapeur de la chaudière entre dans le cylindre par *a* pour presser sur la face supérieure du piston et l'abaisser en entraînant sa tige.

Ici encore, les mouvements alternatifs du tiroir amèneront les mouvements de va-et-vient du piston et de sa tige.

Nous venons de voir le moyen employé pour communiquer, à l'aide de la vapeur, un mouvement rectiligne du piston; la mécanique transforme ce mouvement en un mouvement de rotation continue; elle fait même en sorte que le piston serve, par son mouvement, à élever ou abaisser le tiroir.

On emploie généralement, pour transformer le mouvement rectiligne de la tige du piston en mouvement rotatoire, la disposition facilement rendue compréhensible dans la machine horizontale ci-contre (fig. 85). On guide la tige du piston, pour éviter de la fausser, par un coulisseau qui glisse sur des pièces fixes dispo-

sées parallèlement. La tête de la tige est articulée
directement avec la bielle E d'une roue V. On voit
bien alors que le mouvement rectiligne du piston est
capable de faire tourner une roue autour de laquelle
peut être enroulée une courroie qui transmettra le
mouvement à distance.

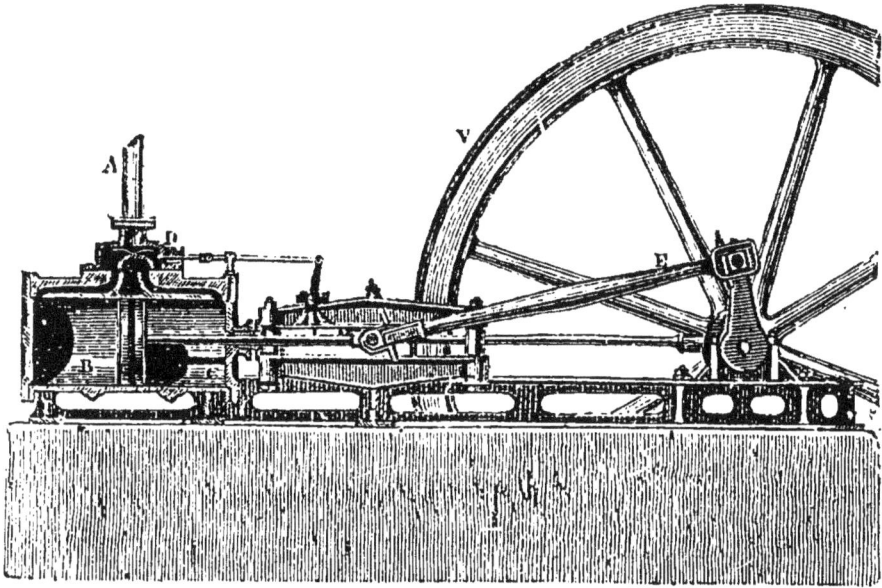

Fig. 85.

La machine à vapeur, servant sur les chemins de fer
à traîner des wagons, prend le nom de *locomotive*
(fig. 86). Elle se compose d'une grosse chaudière cylindrique, qui, à cause de sa disposition intérieure, est
appelée *chaudière tubulaire*. Celle-ci est traversée par
une centaine de tubes dans lesquels circulent la flamme
et les gaz chauds qui s'échappent du foyer, de sorte
que l'eau est échauffée en tous les points de sa masse,
ce qui rend sa vaporisation plus rapide. La chaudière
est supportée par six roues d'inégal rayon. Au-dessous,

et sur le côté de la chaudière, ordinairement en avant de la première roue de droite, se trouve le cylindre

Fig. 86.

qui contient le piston. Enfin, la fumée s'échappe par une *cheminée* qui reçoit, en outre de la fumée envoyée par le foyer, la vapeur qui vient d'agir sur le piston.

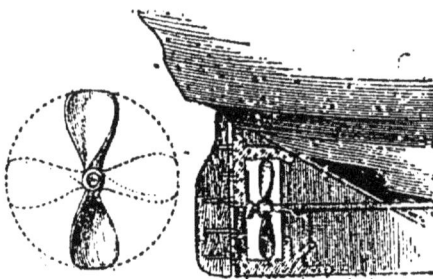

Fig. 87.

Dans les *bateaux à vapeur*, la bielle fait tourner horizontalement une tige cylindrique sur laquelle se trouve montée une espèce de grande vis appelée hélice (fig. 87). Cette hélice, en tournant, presse sur l'eau et pousse le bateau dans un sens ou dans l'autre, suivant le mouvement imprimé à l'hélice même.

HYGROMÈTRE.

L'air atmosphérique contient toujours une quantité plus ou moins grande de vapeur d'eau qui provient de l'évaporation des eaux de la mer, des lacs, des rivières, de la respiration des animaux, etc.

L'air est plus ou moins *humide* selon qu'il contient plus ou moins de vapeur d'eau; l'état *hygrométrique* de l'air est l'état de l'air au point de vue de son humidité.

Un assez grand nombre de substances tant minérales qu'organiques absorbent facilement la vapeur d'eau . le sel de cuisine, la potasse, etc., les membranes animales, etc. : on les dit substances *hygroscopiques*.

L'hygromètre est un instrument qui sert à mesurer le degré d'humidité de l'atmosphère; nous ne décrirons ici que l'hygromètre à cheveu, de Saussure.

Cet hygromètre se compose d'un cadre rectangulaire en cuivre. Le côté supérieur est traversé par une vis terminée par une pince. Cette pince tient un cheveu blond de femme (trempé quelques instants dans l'éther pour le dégraisser), et l'autre extrémité s'enroule sur la gorge d'une poulie très mobile dont l'axe supporte une aiguille se mouvant le long d'un cadran. Le cheveu est maintenu tendu par un petit poids fixé à son extrémité (fig. 88).

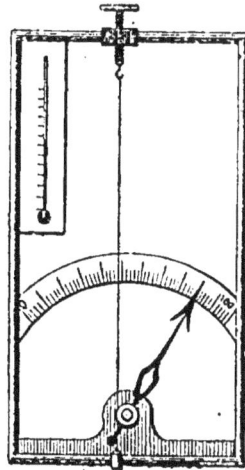

Fig. 88.

Pour graduer le cadran, on commence par régler la longueur du cheveu, en élevant ou en abaissant la vis, de sorte que, dans une atmosphère ni trop, ni trop peu humide, l'ai-

guille se tienne vers le milieu du cadran. Puis on suspend l'hygromètre à graduer au milieu d'une cloche
dont le fond est couvert d'eau et dont les parois sont
fortement mouillées. L'air de la cloche devient extrêmement humide, le cheveu s'allonge alors, fait mouvoir
la poulie et son aiguille; à l'endroit où elle s'arrête
on grave 100. On porte ensuite l'instrument dans une
autre cloche bien sèche, contenant une coupelle d'acide
phosphorique anhydre, et on expose le tout au soleil;
l'atmosphère de la cloche se dessèche, le cheveu se
raccourcit, l'aiguille se meut en sens contraire du mouvement précédent; à l'endroit où elle s'arrête, on grave
0. L'intervalle de 0 à 100 est divisé en 100 parties égales.

Sont encore des hygromètres, ces figurines représentant généralement un capucin se recouvrant de son
capuchon à l'approche de la pluie et se décoiffant au
temps sec. Un boyau de chat dissimulé derrière la
figurine s'allonge à l'humidité et se raccourcit à la
sécheresse et fait mouvoir le capuchon grâce à un jeu
de petites poulies.

QUESTIONNAIRE

Que signifie ce mot fusion? — Quelles sont les 2 lois de la
fusion? — Comment expliquez-vous la seconde loi? — Quel
changement de volume accuse la solidification? — Est-ce
général? — Quel corps important n'obéit pas complètement à
cette loi? — Dans quelles limites? — Qu'entendez-vous par
maximum de densité de l'eau? — A quelle température ce
maximum est-il atteint? — La glace est-elle plus légère que
l'eau? est-ce heureux? — Indiquez les effets de la gelée sur les
plantes? — Qu'entendez-vous par force d'expansion de la
glace? — Quels sont ses effets? — Énoncez les lois de l'ébullition. — Quelle est l'influence de la pression sur l'ébullition? —
Décrivez la marmite de Papin. — Quels sont ses usages? —
Quelle différence y a-t-il entre ces 2 mots : évaporation, vaporisation? — Citez des exemples de froid produit par l'évaporation. — Qu'est-ce qu'un hygromètre? — Comment est-il gradué?

— Quel est le principe du mouvement dans la machine à vapeur? — Quelles sont les pièces essentielles d'une machine à vapeur? — A quoi sert le tiroir? — Quelle disposition permet de transformer le mouvement rectiligne en mouvement curviligne? — Qu'entendez-vous par chaudière tubulaire? quels sont ses avantages?

CHAPITRE VIII

METÉOROLOGIE

La météorologie est l'étude des phénomènes naturels qui ont pour seule cause des actions physiques, comme la rosée, la pluie, le vent, les orages, etc.

Rosée. — Lorsque les corps qui sont à la surface du sol ont cessé de recevoir la chaleur du soleil, ils se refroidissent, la nuit, en rayonnant leur chaleur à travers l'atmosphère. Le refroidissement qu'ils en éprouvent se communique aux couches d'air environnantes et donne lieu, si le refroidissement est assez grand, à la condensation de la vapeur que cet air contient toujours. Les gouttelettes d'eau se déposent sur le sol et sur les plantes qui le recouvrent, et constituent ce qu'on appelle la *rosée.*

La rosée ne se dépose pas également sur tous les corps, elle est d'autant plus abondante que le corps se refroidit plus facilement.

En outre, c'est par les nuits calmes du printemps et de l'automne, où la température entre le jour et la nuit est plus différente, que le dépôt de rosée est plus abondant.

C'est un dépôt de rosée qui se forme sur votre carafe lorsque, l'été, vous remontez l'eau fraîche de la cave.

Le *serein* est une petite pluie très fine qui se produit

par un ciel très pur, quelque temps après le coucher du soleil, dans les soirées d'automne. Il est produit par la condensation de la vapeur d'eau de l'atmosphère au moment où le soleil disparaissant produit brusquement un léger abaissement de température.

Gélée blanche, givre. — Lorsque le refroidissement produit par le rayonnement nocturne est capable de faire descendre à 0° la température des corps, la vapeur qui s'est déposée d'abord en rosée se congèle et produit sur le sol une nappe blanche connue sous le nom de *gelée blanche*. C'est ce phénomène qu'on remarque souvent au commencement du printemps et à la fin de l'automne, et qui produit, au printemps surtout, de si funestes effets. Il suffirait, pour préserver les plantes de ces accidents, d'empêcher leur rayonnement en les recouvrant d'un léger voile ou de faire, comme dans certains vignobles, des nuages artificiels obtenus en brûlant des matières résineuses. Ces nuages factices, voisins de la plante, empêchent son refroidissement en s'opposant à la déperdition de sa propre chaleur.

Si le dépôt de rosée a été abondant et l'abaissement de température considérable, l'eau se prend en glace autour des branches d'arbres et produit alors ces féeriques effets de *givre*, d'aspect si saisissant en forêt.

BROUILLARDS. — NUAGES.

Les brouillards proviennent de la condensation de la vapeur d'eau dans les régions voisines du sol. Ils se produisent ordinairement à l'automne quelque temps après le coucher du soleil. Ils sont fréquents le matin sur les rivières et dans les lieux marécageux, parce que l'eau, à ce moment, a une température plus élevée que l'air qui l'environne et que celui-ci condense la vapeur émise par l'eau.

Les brouillards contiennent l'eau à l'état de vésicules creuses dont l'enveloppe seule est une pellicule liquide, c'est ce qui leur permet de flotter dans l'air, ce qui n'arriverait pas si l'eau y était à l'état de gouttelettes. Ces ballons de vapeur s'emparent, dans leur condensation, de toutes les impuretés de l'air, ce qui les rend si malsains et si épais, surtout dans les grands centres manufacturiers, à Londres, par exemple.

Nuages. — Les nuages sont des brouillards qui se forment dans les hautes régions de l'atmosphère, où la température est notablement plus basse que sur le sol. Les nuages restent suspendus, ou bien parce que la vapeur qui les forme y est à l'état vésiculaire, ou plutôt parce qu'elle y est en si fines gouttelettes et de poids si faible qu'elle y peut flotter.

PLUIE — NEIGE.

Lorsque les gouttelettes d'eau des nuages viennent à se réunir, elles peuvent acquérir un poids qui ne permet plus leur suspension, elles tombent alors et constituent la pluie. La pluie est le résultat d'une plus grande condensation de la vapeur des nuages, causée par une diminution de température ou une augmentation de pression.

Mais si la température vient à descendre à 0°, la vapeur se prend en une masse floconneuse, la *neige*, formée de cristaux étoilés.

VENTS.

Les vents sont des déplacements d'air plus ou moins

rapides qui s'effectuent dans l'atmosphère. Leur cause commune est la différence de température entre deux lieux qui peuvent communiquer. Ainsi soit AB (fig. 89) une partie du sol qui, pour une cause quelconque, soit échauffée sans que les régions voisines reçoivent de chaleur. L'air qui touche AB s'échauffera, par suite se dilatera et s'élèvera ; nous aurons ainsi produit un courant ascendant. Mais cet air qui s'élève doit être remplacé, il le sera en effet par celui qui vient des régions froides : d'où production d'un nouveau courant sur le sol allant des régions froides vers la partie chauffée. En outre, l'air chauffé qui s'est élevé ne le fera pas indéfiniment ; à une certaine hauteur il s'épanchera sur les couches voisines en formant un double courant allant, dans les régions élevées, de la partie chauffée vers les parties froides.

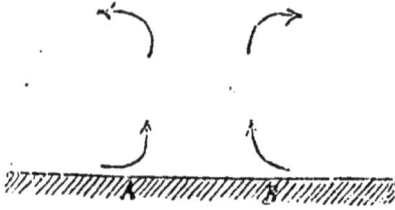

Fig. 89.

Et c'est toujours ce que nous trouverons dans la formation des vents : un courant d'air allant, sur le sol, de la région froide vers la région plus chaude : mais un courant inverse dans les parties élevées de l'atmosphère.

Telle est la cause qui produit les vents *alizés* qu'on doit toujours trouver soufflant sur le sol, des pôles vers l'équateur.

On voit que le vent sera d'autant plus rapide que le changement de température aura été plus sensible et plus brusque.

Brise de mer. — Sur les côtes de la mer, on remarque d'une façon à peu près régulière deux courants inverses se produire dans l'air pendant l'espace d'une journée.

Vers 9 heures du matin, au moment où la chaleur solaire est assez forte, elle échauffe le sol, et cela plus vite que l'eau, de sorte qu'un courant d'air venant de la mer vers la terre commencera à se produire. La différence de température augmentera jusque vers deux heures après-midi, et avec elle la force de la brise; puis diminuera pour être à peu près nulle au coucher du soleil. On aura ressenti pendant tout ce temps la *brise de mer* (fig. 90).

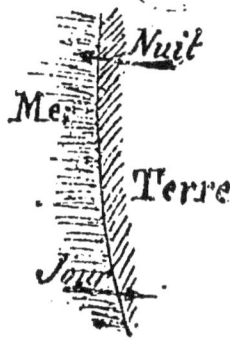

Fig. 90.

Mais pendant la nuit, la terre se refroidit plus vite que l'eau, un courant inverse va donc se produire dans l'air : un courant venant de terre et formant alors la *brise de terre*, insensible peu après le coucher du soleil, augmentant d'intensité vers le milieu de la nuit pour cesser au lever du soleil.

QUESTIONNAIRE

Comment expliquez-vous le phénomène de la rosée? — Se dépose-t-elle également sur tous les corps? — A quelles époques de l'année est-elle plus abondante? Pourquoi? — Quand se produit le serein. — Comment se produit la gelée blanche? — Comment peut-on préserver les plantes de son action? — Quand se produit-il un brouillard? — Sous quel état l'eau est-elle contenue dans le brouillard? — Comment sont formés les nuages? — Quand la pluie se produit-elle? et la neige? — Expliquez la formation des vents? — Un vent souffle toujours sur le sol, de quelle région vers quelle autre? — Comment expliquez-vous les brises régulières qui soufflent au bord de la mer?

CHAPITRE IX

DISTILLATION

Toutes les fois qu'un liquide tient en dissolution un corps solide, si l'on fait évaporer cette liqueur, le liquide seul disparaîtra, et l'on verra peu à peu le solide se déposer en affectant généralement des formes géométriques appelées *cristaux*.

C'est ainsi qu'on recueille le sel de cuisine en faisant évaporer, soit de l'eau de la mer dans des *marais salants*, soit l'eau qui s'échappe de certaines sources salées.

Si l'on fait pénétrer la vapeur qui s'échappe d'une dissolution chauffée dans un récipient refroidi, cette vapeur repassera à l'état liquide, se *condensera*, et ce liquide ainsi obtenu aura un degré de pureté plus considérable que la dissolution qui l'a fourni, puisque le corps solide qui formait la dissolution s'est déposé, en partie tout au moins. Tel est le principe de la distillation.

La distillation a encore pour but de séparer, dans certains cas, une substance contenue dans un mélange ou une combinaison : par exemple, on peut distiller la houille, pour en tirer le gaz de l'éclairage; le bois, pour en retirer de l'esprit de bois et du vinaigre; distiller le vin pour en extraire de l'alcool, etc.

Pour purifier l'eau par la distillation, on peut la placer dans une cornue de verre communiquant avec un vase refroidi. L'eau chauffée dégage la vapeur qui va se condenser dans le récipient maintenu froid.

Dans la distillation industrielle, la cornue est rem-

placée par un réservoir appelé *cucurbite* D, le récipient
refroidi a la forme d'un tube plusieurs fois recourbé

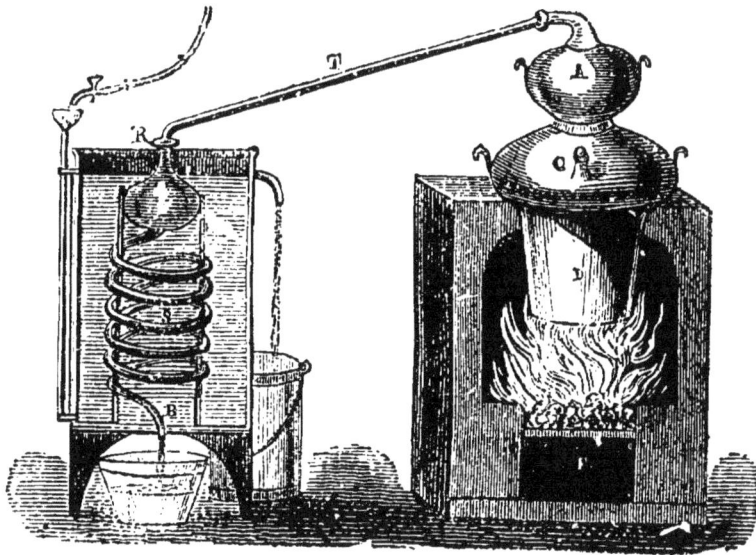

Fig. 91.

appelé *serpentin* S et plonge dans le *réfrigérant* R.
L'ensemble de ces appareils s'appelle *alambic* (fig. 91).

CONDUCTIBILITÉ CALORIFIQUE DES CORPS.

Si l'on prend à la main, par une de ses extrémités,
une tige de fer de 30 centimètres de longueur par
exemple, et qu'on fasse rougir au feu son autre extrémité, on sentira bientôt une chaleur intense qui deviendra telle qu'on devra abandonner la tige de fer.

La chaleur qu'on a développée à une de ses extrémités
s'est rapidement propagée dans toute sa masse, qui ne
lui a opposé aucune résistance, qui l'a bien conduite : on
dira alors que le fer est un *bon conducteur de la chaleur.*

La même expérience faite avec un morceau de charbon de bois de 15 centimètres de longueur pourrait être tentée sans crainte de brûlure. Le charbon a donc gardé la chaleur au point seul où elle a été développée, il ne l'a pas conduite dans sa masse, il est un *mauvais conducteur* de la chaleur.

Parmi les solides, les meilleurs conducteurs sont les métaux. Le verre, la porcelaine, les poteries, le bois, sont de médiocres conducteurs. La terre, les cendres, les étoffes de soie, de coton, de laine, sont de mauvais conducteurs.

Les liquides sont tous, sauf le mercure, de mauvais conducteurs de la chaleur.

Ainsi, de l'eau placée dans un vase, sur le feu, s'échauffe non pas parce que la chaleur dégagée par le foyer se propage de proche en proche dans toute la masse liquide, mais parce que l'eau se déplace et que chacune de ses parties vient se mettre en rapport avec le foyer. Pour vérifier ce fait on agite dans l'eau mise en un vase élevé (fig. 92) de la sciure de bois très fine, et l'on place le tout sur un fourneau. On voit alors, grâce à la sciure, des courants se produire dans le liquide : un courant ascendant vers le milieu du vase, et des courants descendants le long des parois. En effet : l'eau du fond du vase, en présence du foyer, s'est échauffée, est devenue plus légère et par conséquent s'est élevée : d'où production du courant ascendant; cette eau qui s'élève doit être remplacée, et elle l'est, par celle qui touche aux parois, car c'est là que la tempé-

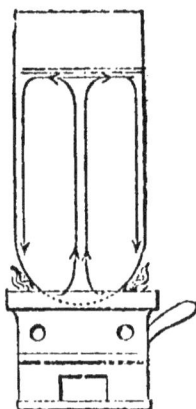

Fig. 92.

rature est plus basse, à cause du voisinage de l'air : d'où production de courants descendants.

Les gaz ont une conductibilité à peu près nulle. Comme les liquides, ils s'échauffent par déplacement.

Vêtements. — Au point de vue de la chaleur, les vêtements dont nous nous couvrons agissent comme isolants. Ils empêchent la déperdition de notre chaleur naturelle vers le dehors. Ils ne nous tiennent pas chaud, ils s'opposent à notre refroidissement. Et plus la température extérieure sera basse et plus nous devrons opposer de résistance au départ de notre chaleur. Telle est la raison pour laquelle, en hiver, nous nous couvrons d'étoffes de laine, de fourrures, de matières filamenteuses : parce que ces corps retiennent entre leurs interstices une plus grande épaisseur d'air, et que l'air est un très mauvais conducteur de la chaleur. C'est encore pour cela que nous plaçons sur notre lit une enveloppe remplie d'un duvet soyeux, l'édredon.

Pour une raison inverse l'Arabe se couvre de laine, afin d'isoler son corps de l'air embrasé qui l'environne. C'est pour l'empêcher de fondre, qu'on enveloppe un bloc de glace qu'on veut conserver, dans une épaisse couverture de laine, etc.

Ainsi donc les corps mauvais conducteurs s'opposent au passage de la chaleur émise par un corps chaud vers un corps moins chaud ou froid.

Chaleur lumineuse; chaleur obscure. — Certains corps, le verre surtout, se laissent facilement traverser par la chaleur accompagnée de lumière, la *chaleur lumineuse*, et se laissent très difficilement traverser par la chaleur que n'accompagne pas la lumière, la *chaleur obscure*.

Ainsi derrière une vitre éclairée par le soleil on ressentira la même impression de chaleur que si l'on était placé en avant d'elle. Mais si l'on interpose entre de l'eau bouillante et son visage un carreau de verre, on ne percevra aucune chaleur.

Cette propriété que possède le verre, de se laisser traverser par la chaleur lumineuse et de s'opposer au passage de la chaleur obscure est utilisée dans les *cloches des jardiniers.*

Au printemps, les jardiniers recouvrent d'une cloche de verre les semis dont ils veulent activer la végétation. La chaleur solaire lumineuse traverse le verre, échauffe la terre, devient alors chaleur obscure, qui sort difficilement. On entretient ainsi sous la cloche une chaleur considérable qui, jointe à l'eau dont on a soin d'imprégner le sol, constitue une atmosphère très propice à la végétation.

Une application en grand de la cloche, c'est la *serre.*

QUESTIONNAIRE

Que signifie cette expression : distiller un corps? — Nommez des produits extraits par distillation. — De quoi se compose un appareil distillatoire? — Qu'entendez-vous par corps bons conducteurs, mauvais conducteurs de la chaleur? — Nommez des bons conducteurs, des mauvais conducteurs. — Comment s'échauffe l'eau? — Et l'air? — Les vêtements nous tiennent-ils chaud? — Pourquoi enveloppe-t-on dans la laine un bloc de glace qu'on veut conserver? — Qu'entendez-vous par chaleur lumineuse, chaleur obscure? — Comment se comporte le verre vis-à-vis de la chaleur lumineuse? — En quoi consiste la cloche des jardiniers? comment agit-elle?

CHAPITRE X

ÉLECTRICITÉ.

Thalès de Milet (500 ans avant J.-C.) rapporte que l'ambre gris (*électron*, nom grec de l'ambre), lorsqu'il est frotté, prend la propriété d'attirer les corps légers : petits morceaux de papier, sciure de bois, etc.

On a appelé *électricité* cette propriété que possèdent l'ambre, d'abord, puis, plus tard, les autres corps frottés d'attirer les corps légers.

Quant à la nature de l'électricité elle est absolument inconnue, comme d'ailleurs la nature de tous les agents physiques ; on ne connaît que ses manifestations dont la plus anciennement connue est l'attraction.

Au seizième siècle, Gilbert, médecin anglais, reconnaît que cette propriété est commune à un certain nombre de substances. Il divise donc les corps en deux classes : ceux qu'on peut électriser par le frottement et ceux qui lui semblent incapables d'être électrisés.

Corps bons conducteurs, mauvais conducteurs de l'électricité. — Gray trouve, au commencement du dix-huitième siècle, que *tous les corps* peuvent s'électriser par le frottement, mais que les uns laissent circuler l'électricité dans toute leur masse avec une telle rapidité qu'elle se perd dans le sol par la main qui les tient : ce sont alors des *corps bons conducteurs de l'électricité*, ceux que Gilbert ne pouvait électriser ;

Que les autres conservent, au contraire, l'électricité au point où elle a été développée, qu'ils ne la conduisent pas dans le reste de leur volume, ce sont des *corps mauvais conducteurs de l'électricité*.

Parmi les corps bons conducteurs, nous citerons les métaux, la braise, les fils de lin, l'eau et tous les liquides, la vapeur d'eau et toutes les substances humides.

Les principaux corps mauvais conducteurs sont le caoutchouc, la porcelaine, le papier, la soie, le verre, la cire, le soufre, la résine, la gomme laque, les gaz secs.

Électrisation de tous les corps par le frottement. — Pour électriser par frottement les corps mauvais conducteurs, il suffit de les frotter sur une étoffe de laine, ou une peau de chat bien sèche.

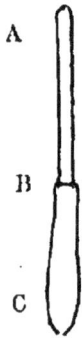

Fig. 93.

Mais lorsqu'on voudra électriser un bon conducteur, une baguette de fer **AB**, par exemple, on devra lui donner pour support un mauvais conducteur : un manche de verre BC (fig. 93). L'électricité qu'on développera en A se répartira bien dans la tige entière AB, mais ne pourra pas s'échapper dans le sol par la main de l'opérateur, puisque l'électricité n'aura pu pénétrer dans la partie BC, non conductrice.

Les mauvais conducteurs employés comme supports des bons conducteurs sont appelés *isolants*.

Fig. 94.

Électroscope. — Tout électroscope est un instrument à l'aide duquel on peut constater qu'un corps est électrisé. Les petits morceaux de papier, la sciure de bois, sont des électroscopes.

L'électroscope employé dans les cabinets de physique est le *pendule électrique* (fig. 94). Il se compose d'une petite balle de sureau suspendue à l'extrémité d'un fil de soie fixé à un support de verre.

Tout corps qui attirera la balle de sureau sera électrisé ; inversement tout corps qui, présenté à la balle de sureau, ne lui fait produire aucun mouvement, est un corps non électrisé, ou faiblement électrisé.

Des deux électricités. — Si nous approchons à distance, *sans contact*, un bâton de verre électrisé, puis un bâton de résine électrisé également, de la balle de sureau du pendule électrique, tous deux produiront successivement une attraction.

Mais, si nous laissons *toucher* la balle de sureau au verre électrisé, dès qu'il y aura eu contact, la balle de sureau sera vivement repoussée. Si de cette balle repoussée par le verre nous approchons la résine, celle-ci attirera la balle de sureau

Ainsi donc, le sureau *électrisé par le verre est repoussé par le verre, mais attiré par la résine.*

De ce fait observé par Dufay, en 1726, on a conclu qu'il y a deux espèces d'électricités, l'une primitivement appelée vitrée puis *positive,* qui produit une répulsion sur la balle de sureau électrisée par contact avec le verre; l'autre, appelée résineuse puis *négative,* qui attire la balle de sureau électrisée avec des corps chargés d'électricité positive. Ces expériences ont permis de formuler les deux lois suivantes :

Deux corps chargés d'électricité de même nom se repoussent.

Deux corps chargés d'électricités de noms contraires s'attirent.

Mais *tous les corps,* positifs ou négatifs quant à l'électricité, agissent par *attraction* sur la balle de sureau *non électrisée.*

D'ailleurs les deux électricités se développent toujours dans le frottement : une électricité se portant sur le corps frotté, l'autre sur le corps frottant.

Fluide neutre. — Pour expliquer les divers phénomènes électriques, on a été amené à adopter la théorie du physicien anglais Symmer, qui suppose, dans tous les corps, l'existence d'un fluide neutre. Ce fluide neutre est composé de la réunion des deux électricités en quantités égales, réparties dans tout le corps, et ne manifeste point sa présence lorsque le corps n'est soumis à aucune action électrique. Mais on admet que, sous diverses influences, ces deux électricités peuvent se porter en certains points, chaque fluide repoussant celui de même nom et attirant l'autre. De même il est possible que ces deux fluides donnent de nouveau du fluide neutre par leur recombinaison.

Électriser un corps neutre, c'est donc lui enlever une de ses deux électricités.

Distribution de l'électricité dans les conducteurs. — Dans un corps conducteur électrisé, l'électricité ne se répartit point dans toute la masse, elle *se porte seulement à sa face extérieure*. Ainsi, si l'on électrise une sphère creuse en métal, on vérifie facilement que la surface intérieure ne possède aucune trace d'électricité, et que seule la surface extérieure est électrisée.

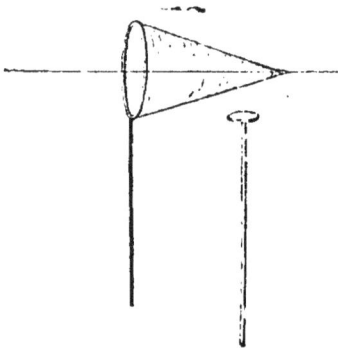

Fig. 95.

Une expérience très concluante, celle du *Cône de Faraday*, montre bien que l'électricité ne se porte qu'à la surface extérieure des corps. Une sorte de filet à papillons, en gaze de lin (fig. 95) est soutenu par un pied de verre ; un fil de soie fixé au sommet du cône le traverse de part et d'autre.

On met l'appareil en contact avec une machine électrique, puis on applique en un point quelconque de sa
surface intérieure le *plan d'épreuve*, c'est-à-dire un petit
disque en bois recouvert d'étain et porté par une longue aiguille de verre. Si l'on approche le plan d'épreuve
du pendule électrique, aucune trace d'électricité n'est
dévoilée : il n'y a pas d'électricité à l'intérieur du cône.
Mais si le plan d'épreuve touche la surface extérieure
et qu'on l'approche du pendule électrique, celui-ci
indique, par son attraction, que le disque et par conséquent la surface extérieure du cône contient de l'électricité. Si maintenant tirant le fil intérieur de façon à
retourner le cône de telle sorte que l'ancienne surface
intérieure devienne surface extérieure et réciproquement, ce sera sur la nouvelle face extérieure, celle qui
tout à 'heure n'avait révélé aucune trace d'électricité,
qu'on en trouvera, et rien sur l'autre face qui est maintenant intérieure.

La charge électrique d'un corps ou la tension électrique n'est pas la même en tous les points d'un corps;
on dit que *la tension électrique croît quand le rayon de
courbure diminue.*

Ainsi dans une sphère (fig. 96), où toutes les portions

 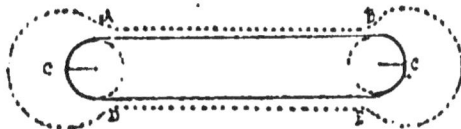

Fig. 96.   Fig. 97.

ont été décrites avec le même rayon, sa tension électrique sera uniforme en tous les points.

Dans un cylindre (fig. 97) terminé par des demi-
sphères, la tension électrique sera nulle en AB, ED,

5.

parce que le rayon de courbure de ces droites est infiniment grand, mais elle sera la plus forte sur les demi-sphères *c*.

Sur un corps en forme d'œuf (fig. 98), la tension sera la plus considérable vers la pointe parce que le rayon de courbure y est le plus faible.

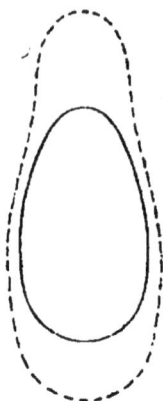

Enfin, sur un corps qui présente une pointe (fig. 99), le rayon de courbure en ce point étant infiniment petit, la tension y sera infiniment grande, de sorte que la résistance que l'air pourrait opposer à la déperdition du fluide est trop faible, et que l'électricité fuit par cette pointe, comme le ferait un liquide d'un tonneau percé.

Fig. 98.   Fig. 99.

Cette propriété que possèdent les pointes de laisser échapper l'électricité est appelée *pouvoir des pointes;* nous aurons souvent occasion de l'invoquer.

ÉLECTRISATION PAR INFLUENCE.

Prenons un cylindre métallique terminé par des demi-sphères, isolé par un pied de verre (fig. 100), et portant à ses extrémités et au centre des pendules doubles formés de petites balles de sureau portées par des fils de lin. Si de ce corps conducteur isolé nous approchons à distance une sphère en métal isolée

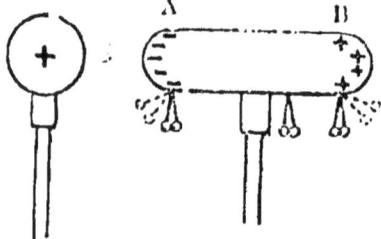

Fig. 100.

et électrisée positivement par exemple, nous verrons se produire les phénomènes suivants :

1° Les balles des pendules situés en A et B se repoussent mutuellement ;

2° La tendance générale des pendules A est de s'approcher de la boule électrisée ; la tendance générale des pendules B est de s'éloigner de C.

Du premier phénomène, nous devons conclure que le cylindre est électrisé ou que tout au moins, sous l'influence du corps électrisé, les deux électricités du conducteur se sont séparées.

Le deuxième phénomène nous indique que nous avons en A, le plus près possible du corps électrisé, de l'électricité contraire à celle de C, car il n'y a que les électricités contraires qui s'attirent. Nous devons trouver en B de l'électricité positive, puisque les pendules situés de ce côté ont une tendance à s'éloigner de la boule C positive.

Les pendules du centre n'ont manifesté aucun mouvement, car l'électricité négative est appelée en A par la positive de C, et la positive est repoussée le plus loin possible en B.

Pour montrer que c'est bien l'action d'influence du corps électrisé qui a séparé les deux électricités du conducteur, on peut enlever la boule électrisée. On voit alors tous les pendules du conducteur retomber à leur position verticale primitive, qui indique que le corps qui les porte est neutre au point de vue électrique.

Revenons à l'expérience précédente, et supposons que, sous l'influence du corps électrisé, le conducteur ait son fluide neutre décomposé, le fluide négatif en A, le positif en B ; ce conducteur n'est pas encore électrisé, puisqu'il possède les deux électricités. Mais, si nous mettons B en communication avec le sol, en le touchant avec le doigt, l'électricité positive qui ne tend qu'à s'éloigner le plus loin possible de la boule C s'échappera ; et l'électricité négative, toujours maintenue par la positive de C, restera seule dans le cylindre. Nous pourrons maintenant enlever la boule électrisée, notre cylindre restera chargé négativement, il est donc électrisé.

Pour électriser par influence un corps conducteur isolé, on devra donc l'approcher à distance d'un corps électrisé, le toucher du doigt pendant qu'il est soumis à l'influence, et l'on aura ainsi un corps chargé d'une électricité contraire à celle du corps qui l'a électrisé.

Trois procédés d'électrisation. — Nous connaissons maintenant trois moyens d'électriser les corps :

1º Par frottement pour les corps bons ou mauvais conducteurs ;

2º Par contact avec un corps déjà électrisé, pour les corps bons conducteurs : de l'électricité de même nom charge les deux corps ;

3º Par influence, pour les corps bons conducteurs. Dans ce cas le conducteur porte une électricité de nom contraire au corps préalablement électrisé.

Dans ces trois procédés le conducteur doit être isolé.

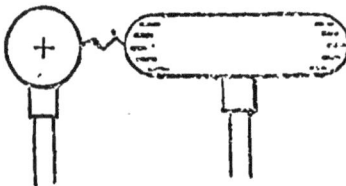

Fig. 101.

Étincelle électrique. — Si de la boule précédente électrisée positivement (fig. 101) nous approchons le cylindre qu'elle a électrisé négativement, il arrivera un instant où la tension sera assez grande pour vaincre la résistance de l'air interposé, et une lumière, accompagnée d'un petit craquement, *une étincelle électrique* jaillira entre les deux corps qui seront revenus à l'état neutre. L'étincelle a déterminé la combinaison brusque des électricités.

Il n'est pas nécessaire que les corps soient tous deux électrisés pour que l'étincelle électrique se produise. En effet, si du corps électrisé A (fig. 102), nous approchons un corps neutre isolé ou non, son fluide sera décomposé de telle sorte que les deux électricités de noms contraires soient en regard l'une de l'autre ; il arrivera nécessairement un moment où la distance diminuant, la combinaison des électricités se produira sous forme d'étincelle. C'est ce que nous verrons et ressentirons en nous approchant d'une machine électrique en activité.

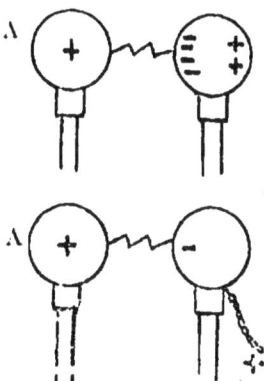

Fig. 102.

QUESTIONNAIRE

Faites l'historique de la découverte de l'électricité. — Qu'appelez-vous corps bons conducteurs, mauvais conducteurs de l'électricité ? — Nommez des bons conducteurs, des mauvais. — Quelle précaution faut-il prendre pour électriser par frottement un bon conducteur? — Décrivez le pendule électrique. — Comment agissent un bâton de verre, puis un bâton de résine sur la balle du pendule électrique non électrisé? — Comment agissent le verre et la résine électrisés sur la balle électrisée par contact avec le verre ? — Énoncez les 2 lois de l'électricité. — Rappelez l'hypothèse de Symmer sur le fluide neutre. — Comment l'électricité se repartit-elle sur les corps? — Rappelez l'expérience du cône de Faraday. — La tension électrique est-elle la même en tous les points de la surface d'un corps? — Qu'entendez-vous par le pouvoir des pointes? — Peut-on électriser à distance un corps conducteur? — Comment s'appelle ce mode d'électrisation? et comment se pratique-t-il? —

Énoncez les trois moyens que vous connaissez maintenant pour électriser un corps? — Comment s'effectue brusquement la recombinaison des électricités?

MACHINES ÉLECTRIQUES.

Électrophore. — La machine électrique la plus simple est l'électrophore.

Il se compose d'un *gâteau de résine* (fig. 103) coulé dans un moule en bois, et d'un *disque de bois* recouvert d'une feuille d'étain qu'on peut placer sur le gâteau et l'en éloigner grâce à un manche de verre fixé en son centre.

Pour charger la machine, on frotte rapidement la résine avec une peau de chat bien sèche. La résine prend de l'électricité négative. On y dépose le disque. A cause du contact imparfait de la résine et du disque isolé et, parce que, surtout, la résine est un corps si mauvais conducteur qu'elle ne cède pas son électricité, elle décompose par influence, comme s'il n'y avait pas contact, l'électricité neutre

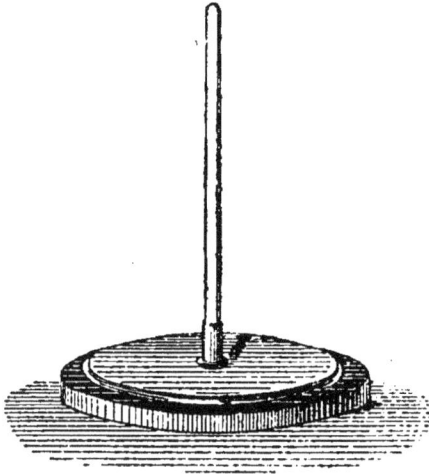

Fig. 103.

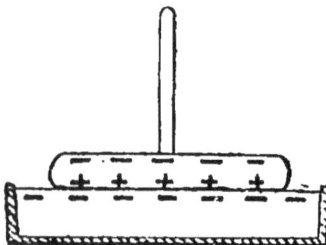

Fig. 104.

du plateau de bois, (fig. 104) appelle son électricité

positive sur la surface inférieure et repousse la négative
sur la face supérieure. Mais si l'on vient à toucher cette

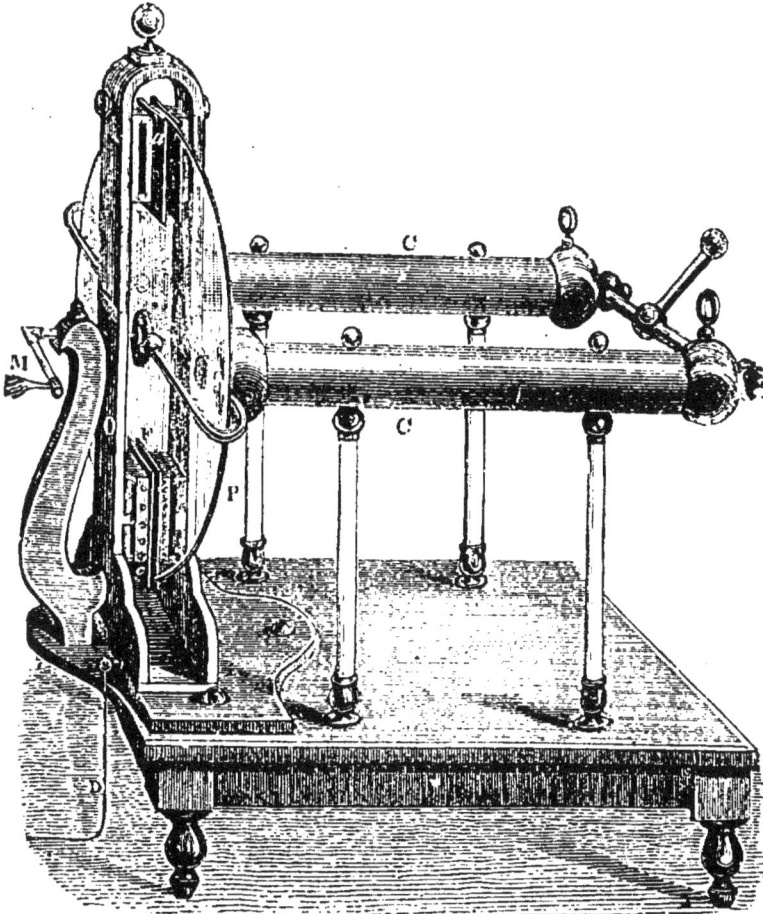

Fig. 105.

dernière face avec le doigt, l'électricité négative s'é-
chappera dans le sol par le corps de l'opérateur, et le
plateau restera chargé d'électricité positive.

Nous avons donc un corps, le plateau, capable de
porter au loin l'électricité dont il est chargé.

On peut tirer de ce disque un grand nombre de petites étincelles, c'est d'ailleurs la machine la plus communément employée en chimie, pour la combinaison des gaz sous l'influence de l'étincelle électrique.

Machine de Ramsden. — La machine électrique d'un usage général dans les laboratoires de physique est la machine de Ramsden (fig. 105).

Elle se compose essentiellement (fig. 106 et 107) d'un disque de verre d'environ 1 mètre de diamètre, mobile autour de son centre à l'aide d'une manivelle à poignée de verre M; cet axe est maintenu par deux montants en bois O qu'il traverse. Deux paires de coussins *a, c*, sont fixées aux montants l'une au-dessus, l'autre au-dessous de l'axe, entre lesquels va frotter le cercle de verre.

Deux cylindres creux en laiton C, isolés, appelés *conducteurs* de la machine, sont plac.'s horizontalement à hauteur du centre de la roue.

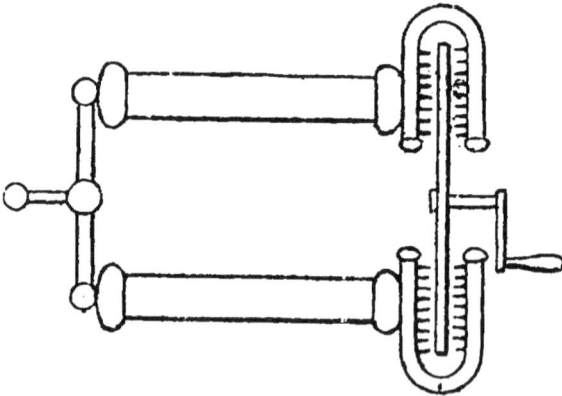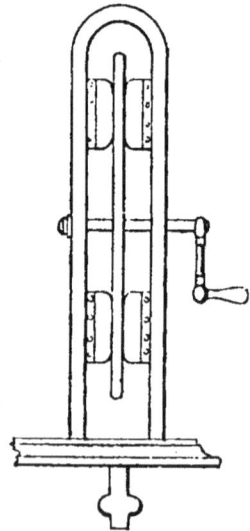

Fig. 106. Fig. 107.

La partie des conducteurs voisine du verre se termine par deux pièces en cuivre recourbées en forme d'U, armées de pointes qui embrassent le plateau et

qu'on nomme *mâchoires* ; l'autre extrémité des conducteurs est terminée en boule.

Lorsqu'on fait tourner la roue de verre, elle s'électrise en frottant contre les coussins et se charge d'électricité positive. Cette électricité positive décompose par
influence l'électricité neutre des conducteurs (fig. 106 et
107), appelle le plus près d'elle la négative et repousse le
plus loin la positive. Mais l'électricité négative des conducteurs s'écoule par les pointes des mâchoires, de
sorte qu'on trouve à l'extrémité des conducteurs terminés en boule, la plus grande charge d'électricité
positive.

Comme, dans le frottement, les coussins se sont
chargés d'électricité négative, on les relie entre eux,
puis au sol, par une chaîne.

Pour électriser un corps conducteur, mais isolé, à
l'aide d'une machine électrique, il suffit de le mettre
en contact avec l'un des conducteurs pendant que le
plateau tourne. Il prendra au cylindre une partie de
son électricité positive et deviendra lui-même électrisé
positivement.

Si l'on voulait électriser un corps *négativement* à
l'aide de cette machine, il suffirait de le *tenir à distance* des conducteurs, et de le toucher du doigt pendant qu'il est soumis à leur influence.

BOUTEILLE DE LEYDE.

La bouteille de Leyde dont la découverte toute for-
tuite est due à Cunéus, savant hollandais, est un accu-
mulateur et un condensateur d'électricité.

Elle se compose d'un flacon en verre (fig. 108), contenant des feuilles minces d'or ou de clinquant ; dans

cette masse conductrice vient plonger une tige métallique qui traverse le bouchon, terminée
en pointe dans la bouteille et prolongée en forme de crochet à l'extérieur.
La tige et le clinquant constituent l'armature intérieure.

Les trois quarts inférieurs de la bouteille sont recouverts à l'extérieur d'une
feuille d'étain qui forme l'armature extérieure.

Fig. 108.

Pour charger une bouteille de Leyde,
on la tient à la main par la feuille d'étain (fig. 109),
et l'on met le bouton de son armature intérieure en
contact avec une machine électrique en activité. L'élec-

Fig. 109.

tricité de la machine conduite par la tige métallique
de la bouteille s'y accumule et y atteint, grâce à sa
disposition, une tension bien supérieure à celle de la
machine elle-même.

En effet, une première poussée électrique envoyée
par conductibilité, de la machine dans la bouteille,
décompose par influence le fluide neutre de la feuille

d'étain (fig. 108) : en négative qui est retenue contre la paroi extérieure de la bouteille, et en positive qui est repoussée dans le sol à travers le corps de l'opérateur. Cette électricité négative de l'étain agit à son tour par attraction sur la positive de l'intérieur de la bouteille et la contraint à se disposer contre la paroi intérieure. Or, si la charge électrique envoyée par la machine est tout entière plaquée contre le verre, le centre même de la bouteille sera vide d'électricité, et, par conséquent, capable d'en recevoir. Mais un nouvel afflux positif envoyé par la machine appellera dans l'étain, par l'opérateur, une nouvelle quantité de négative qui agira sur la positive de la bouteille pour l'appeler vers la paroi. Le centre sera encore vide d'électricité et capable d'en recevoir de nouveau ; il en sera ainsi jusqu'à ce que la tension y acquière une telle intensité que la recombinaison des électricités se fera à travers l'épaisseur du verre de la bouteille, en produisant une étincelle accompagnée du bris du flacon. On devra donc éviter de la charger jusqu'à cette limite.

Pour décharger une bouteille de Leyde, on peut, comme Cunéus, tenir la bouteille à la main par son armature extérieure et approcher l'autre main du bouton de l'armature intérieure. Mais à ce moment une étincelle jaillit et l'opérateur ressent une forte secousse, surtout sensible aux articulations ; cette commotion a été telle pour Cunéus, qu'il écrivait à Réaumur, que pour tout l'or du royaume il ne renouvellerait plus semblable expérience.

Si l'on veut éviter la commotion électrique, on emploie l'*excitateur*.

C'est une espèce de compas métallique, courbe, dont les extrémités sont armées de boules en cuivre ;

il est muni de poignées en verre (fig. 110). Si donc,
tenant l'excitateur par les poignées, on met en contact

Fig. 110.

une de ses boules avec l'armature extérieure de la bouteille de
Leyde, et qu'on approche l'autre
boule de l'armature intérieure à
une certaine distance, une étincelle jaillira par suite de la recombinaison de l'électricité négative
de l'étain conduite par l'excitateur avec la positive de l'armature intérieure, sans commotion
pour l'opérateur qui se trouve isolé par les poignées.

On pourrait encore décharger la bouteille sans
excitateur, en présentant l'articulation d'un doigt de
la main *alternativement* à l'armature intérieure, puis
extérieure. De petites étincelles jaillissent à chaque
approche sans causer de douleur, et déchargent ainsi
la bouteille peu à peu et par *contacts successifs*.

Batterie électrique. — On peut obtenir des ten-
sions électriques plus considérables encore en réunis-

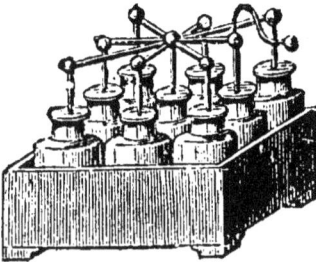

Fig 111.

sant plusieurs fortes bouteilles de Leyde nommées
jarres.

Pour monter une batterie
(fig. 111), on met plusieurs
jarres dans une caisse en
bois tapissée intérieurement
d'une feuille d'étain; on les
place de telle sorte que toutes
les armatures extérieures des jarres se touchent entre
elles et que les jarres extérieures touchent les parois
d'étain de la caisse.

Les armatures intérieures sont réunies entre elles à une armature centrale. Enfin le revêtement d'étain de la boîte communique au sol à l'aide d'une chaîne attachée à la poignée qui traverse l'épaisseur du bois.

Il suffit, pour charger la batterie, de mettre l'armature centrale intérieure en communication avec une machine électrique en activité, pendant que la chaîne de la batterie touche au sol.

On obtient ainsi des charges électriques considérables.

EFFETS PRODUITS PAR L'ÉLECTRICITÉ DES MACHINES ÉLECTRIQUES OU DES BOUTEILLES DE LEYDE. ·

L'électricité ainsi produite détermine des phénomènes d'ordres différents. Elle cause des phénomènes physiologiques, lumineux, calorifiques, mécaniques, chimiques.

Effets physiologiques. — Lorsque la recombinaison des fluides électriques se fait à travers notre corps, elle produit une commotion, supportable avec une bouteille de Leyde faiblement chargée, mortelle avec une batterie. On a pu tuer un bœuf avec une batterie électrique.

La commotion électrique peut se faire ressentir à plusieurs individus à la fois. Si, en se tenant par la main, plusieurs personnes forment une chaîne, que la première tienne une bouteille de Leyde par son armature extérieure, et que la dernière approche sa main de l'armature intérieure, tous les anneaux de cette chaîne humaine ressentiront au même instant la commotion électrique.

Effets lumineux. — On tire, d'une machine ou des condensateurs, des étincelles très brillantes.

On obtient des effets très curieux de lumière avec le *tube étincelant* (fig. 112). Sur un tube portant à ses deux extrémités des garnitures métalliques, le tube de Newton, par exemple, on colle des petits losanges d'étain disposés en spirale sur toute la longueur du tube ; les sommets des losanges sont très voisins sans se toucher. Une des extrémités du tube est mise en communication avec le sol, l'autre est accrochée à la machine électrique en activité. On voit alors des étincelles jaillir en même temps de tous les sommets des losanges et éclairer brillamment le tube.

Fig. 112.

Dans le vide, on a obtenu des effets lumineux très élégants : un ballon en forme d'œuf (fig. 113) est muni de deux garnitures métalliques dans lesquelles s'engagent deux tiges terminées intérieurement en boule. On fait le vide dans cet *œuf électrique* et on l'y maintient grâce à un robinet. Après l'avoir dévissé, on met une des garnitures en communication avec le sol et l'autre avec la machine électrique; on voit alors une onde lumineuse violacée relier une boule à l'autre.

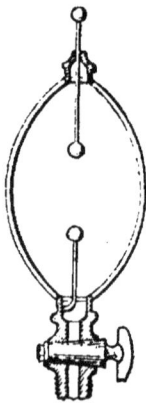

Effets calorifiques. — L'étincelle qui jaillit d'une machine peut enflammer les matières facilement combustibles comme l'éther, l'alcool, etc., elle peut rougir,

Fig. 113.

fondre et même volatiliser les métaux réduits en feuilles ou en fils très fins.

L'excitateur universel (fig. 114) est employé pour produire la fusion et même la volatilisation de minces fils métalliques L'appareil se compose de deux tiges métal-

liques terminées en boules glissant dans deux garnitures
supportées par des pieds de verre. Si l'on tend entre

les deux boules
inférieures   un
mince fil de cui-
vre, d'argent ou
de platine, et si
l'on   met   un
anneau   supé-
rieur en commu-
nication   avec
une   batterie

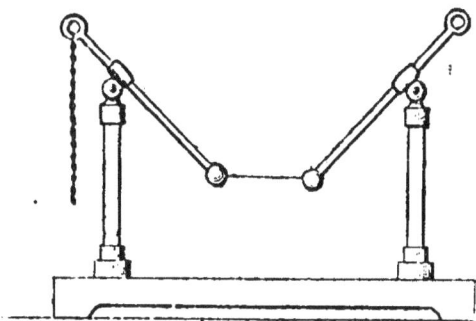

Fig. 114.

électrique et l'autre avec le sol, on voit instantanément
le fil rougir puis disparaître volatilisé.

Effets mécaniques. — L'électricité produit des
mouvements : elle attire les corps légers. L'étincelle
électrique brise, perce les corps mauvais conducteurs
qu'on lui fait traverser. C'est ce qui arriverait pour le
verre de la bouteille de Leyde si l'on voulait trop fortement la charger : l'électri-
cité se recombinerait sous
forme d'étincelle qui brise-
rait la bouteille.

On fait également l'expé-
rience dite du *perce-carte*
(fig. 115); entre deux pointes métalliques isolées on
dispose une carte épaisse;
une des pointes communique
par une chaîne avec l'armature extérieure d'une bouteille de Leyde; au moment

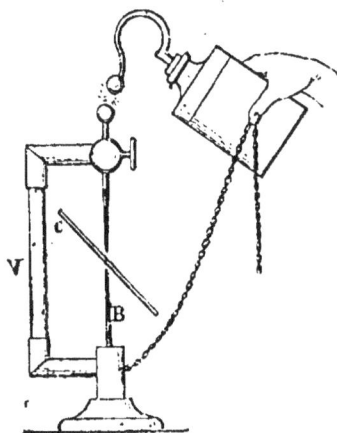

Fig. 115.

où l'on approche le bouton de l'armature intérieure de

l'autre pointe, une étincelle jaillit simultanément de la bouteille à la tige pointue et entre les deux pointes, perçant la carte de part en part. La même expérience faite avec une lame de verre s'appelle *perce-verre*.

Effets chimiques. — C'est à l'aide de l'étincelle électrique qu'on détermine, en chimie, la combinaison de l'oxygène et de l'hydrogène pour former l'eau. C'est elle encore qui produit de nombreuses combinaisons et décompositions.

On combine l'oxygène et l'hydrogène dans l'expérience du *pistolet de Volta* (fig. 116) en opérant ainsi :

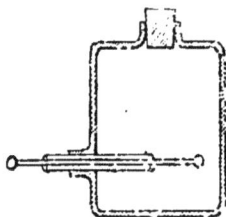

Fig. 116.

dans une petite bouteille métallique fermée par un bouchon et dont la paroi est traversée par une tige terminée en boule et isolée par un tube de verre, on introduit un mélange de deux volumes d'hydrogène pour un volume d'oxygène. On fait jaillir une étincelle sur la boule extérieure à l'aide d'une bouteille de Leyde; une autre se produit simultanément entre la boule intérieure et la paroi qui provoque la combinaison des gaz, avec explosion et projection du bouchon au loin, en même temps que production de vapeur d'eau.

QUESTIONNAIRE

Décrivez l'électrophore et montrez pourquoi, malgré le contact, le plateau s'électrise par influence. — De quoi se compose la machine de Ramsden? — Comment les conducteurs se chargent-ils, et comment agissent les mâchoires? — Comment chasse-t-on l'électricité des coussins? — Avec cette machine, électrise-t-on les corps voisins par contact ou par influence? — De quoi se compose une bouteille de Leyde? — Par qui inventée, de quel pays? — Comment charge-t-on la bouteille? et pourquoi agit-elle comme condensateur? — Déchargez-la par contacts successifs ; puis instantanément. — De quoi se compose une batterie électrique? — Comment agit-elle? — Quels genres d'effets produit l'électricité des machines et des bouteilles? — Exemples d'effets physiologiques. — Décrivez l'expérience du tube étincelant, de l'œuf électrique. — Comment peut-on faire fondre un mince fil de platine avec une batterie? — Répétez l'expérience du perce-carte. — Exemple de combinaison chimique grâce à l'étincelle.

CHAPITRE XI

ÉLECTRICITÉ ATMOSPHÉRIQUE

L'analogie de forme et d'effets qui existe entre l'étincelle électrique et la foudre a conduit Franklin à affirmer que la foudre est un phénomène électrique. Franklin, Dalibard, de Romas, Charles, soutirèrent en effet de l'électricité de l'atmosphère à l'aide d'un cerf-volant.

Il n'y avait alors plus de doute : l'atmosphère contient de l'électricité. Les sources de cette électricité sont tous les phénomènes physiques et chimiques qui se produisent à la surface du sol; or ceux-ci sont nombreux et énergiques : les combustions, la végétation, l'évaporation des eaux de la mer, etc., autant de phénomènes qui déversent de l'électricité dans l'air. Rien d'étonnant, par conséquent, que des nuages formés au sein de cette atmosphère parcourent l'espace chargés d'électricité.

Nuages positifs, nuages négatifs. — L'expérience a montré que toutes les fois qu'un corps volatil résultait d'une action physique ou chimique, ce corps volatil qui s'élevait dans l'atmosphère était chargé d'électricité positive. Si l'atmosphère renferme surtout

6

de l'électricité positive, rien d'étonnant à ce que les nuages qui s'y forment se chargent *positivement*.

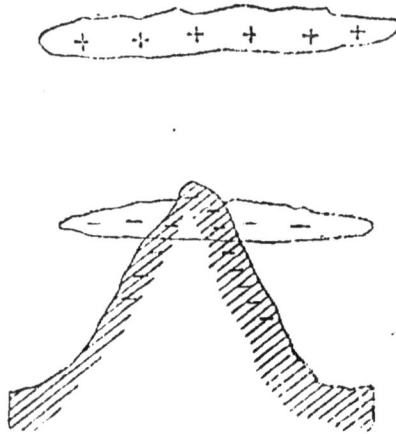

Supposons qu'un nuage chargé d'électricité positive vienne à passer au-dessus d'une montagne (fig. 117), il décomposera son fluide neutre en négative qui se portera au sommet du mont et en positive rejetée dans le sol. Si un nuage vient à se former au sein de cette montagne (et la formation des nuages est fréquente dans les montagnes), il empruntera à celle-ci une partie de son *électricité négative*, et poussé par le vent il continuera à flotter dans l'atmosphère chargé d'électricité négative.

Fig. 117.

Éclair. Tonnerre. — Si deux nuages chargés d'électricités contraires, entraînés par des courants d'air différents viennent à passer dans le voisinage l'un de l'autre, si leur tension est assez forte et la distance qui les sépare assez faible, la recombinaison des deux électricités se produira sous forme d'étincelle, on verra jaillir un *éclair*. Nous aurons là l'explication d'un **orage de nuage à nuage**.

Supposons maintenant qu'un nuage (fig. 118) chargé d'électricité positive vienne à passer non loin du sol, son électricité va décomposer par influence la région du sol qui se trouve en regard de lui, appeler vers la surface de l'électricité négative et repousser la positive. Nous avons en présence des électricités contraires : la positive dans le nuage, la négative sur le sol et les objets qui y sont situés; si la tension électrique est assez forte, et la distance assez faible, l'étincelle électrique jaillira, nous serons alors en présence d'un orage de *nuage à terre*.

L'éclair est accompagné d'un bruit plus ou moins prolongé, le *tonnerre;* ce bruit est formé par l'ébranlement des couches d'air sur le passage de l'étincelle; il est renforcé par les échos produits par les nuages, les montagnes, et par d'autres causes encore que nous verrons plus tard.

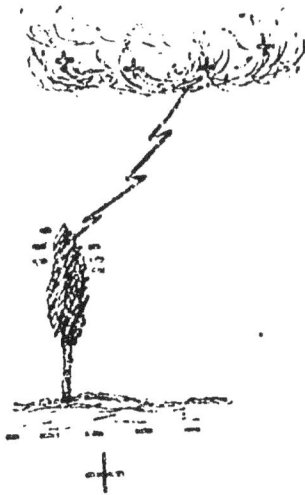

La foudre produit en plus

Fig. 118.

fort tous les effets de l'étincelle électrique : elle brise les corps mauvais conducteurs, elle fond et volatilise les bons conducteurs, incendie les matières combustibles, frappe de mort ou tout au moins de paralysie les hommes et les animaux qu'elle atteint.

On doit éviter, lorsqu'on se trouve dans une plaine pendant un orage, de se mettre à l'abri sous des arbres, car ceux-ci, plus près des nuages que le sol, possèdent une plus forte tension.

Les cloches qu'on sonne dans certaines campagnes, les feux qu'on y allume, etc., sont des sorts bien insuffisants jetés à la foudre; le meilleur ne vaut pas le paratonnerre.

Choc direct. Choc en retour. — On peut être frappé de la foudre de deux façons différentes; ou par *choc direct* ou par *choc en retour.*

Un objet est frappé par choc direct lorsque l'étincelle jaillit entre le nuage et l'objet lui-même, ou lorsqu'il se trouve sur le passage de l'étincelle.

Mais, supposons qu'un nuage chargé d'électricité positive vienne à passer au-dessus d'un terrain couvert d'arbres et d'êtres plus petits : hommes, animaux, etc. Tous ces êtres soumis à l'influence du nuage auront leur fluide neutre décomposé, en négative restant en eux et positive chassée dans le sol. Et si tous ces objets sont dans un tel état électrique, c'est à cause de l'action d'influence. Or, si brusquement cette action d'influence vient à cesser, si le nuage redevient tout à coup neutre par suite de sa brusque décharge sur un arbre, les objets environnants redeviendront tout à coup neutres. Mais, à l'instant où les deux fluides se rencontreront pour se neutraliser, une étincelle frappera *intérieurement* chacun des objets, qui sera ainsi foudroyé par ses propres fluides venant se recombiner aussi brusquement que l'action d'influence aura cessé de se faire sentir. C'est ce qu'on appelle le *choc en retour*, qui peut ainsi causer de nombreuses victimes à la fois.

Paratonnerre. — Pour préserver de la foudre les édifices et les maisons on fait usage du paratonnerre.

C'est une tige de fer de 8 à 10 mètres de longueur (fig. 119 et 120) dont l'extrême pointe est en platine. La base de la tige est fixée dans la plus forte poutre de la toiture; elle est prolongée jusqu'au sol par une corde métallique qui descend le long d'une arête de l'édifice, et se termine dans un puits ou, à son défaut, dans une cavité remplie de braise de boulanger, corps bon conducteur de l'électricité. Toutes les pièces métalliques importantes de l'édifice, planchers en fer, etc., doivent être reliées à la corde métallique.

Dès qu'un nuage, positif (fig. 119), par exemple, s'approche, il décompose par influence le fluide neutre de l'édifice, appelle le plus près de lui l'électricité négative et repousse la positive. Cette dernière s'échappe dans l'eau du puits et disparaît. L'électricité négative se dirige vers la pointe, mais elle n'y reste jamais et par conséquent ne peut pas y acquérir de tension, puisque les pointes laissent échapper l'électricité qui s'écoule à mesure qu'elle se forme. En l'absence de toute tension, il est impossible à l'étincelle de se produire. L'édifice sera donc protégé. Le paratonnerre protège en outre les maisons voisines, car l'écoulement lent de l'électricité négative peut neutraliser en totalité ou en partie la positive du nuage, qui devient moins dangereux pendant tout le temps qu'il reste en partie déchargé.

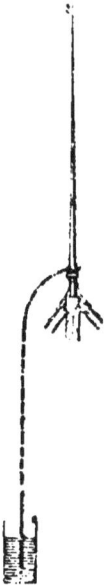

Fig. 119.

Fig. 120.

QUESTIONNAIRE

Quelles observations ont conduit Franklin à penser que la

foudre est un phénomène électrique? — Quelles sont les causes de production électrique dans l'atmosphère? — Expliquez la formation de nuages positifs, négatifs. — Comment expliquez-vous l'orage de nuage à nuage, puis de nuage à terre? — Quels sont les effets de la foudre? — Quelles précautions doit-on prendre pour se mettre à l'abri des atteintes de la foudre? — Comment peut-on être frappé par la foudre? — Décrivez le choc en retour. — De quoi se compose un paratonnerre? — Comment est-il terminé en haut, en bas? — Faut-il que la chaîne soit reliée à l'édifice? — Comment agit-il? — Reçoit-il la foudre et la conduit-il dans le puits?

CHAPITRE XII

PILES VOLTAÏQUES.

En 1786, Galvani, médecin de Bologne, vit un jour une grenouille (fig. 121), qu'il avait coupée en deux et dépouillée, se contracter au contact d'un arc métallique formé de zinc et de cuivre engagé d'une part sous les nerfs de la région lombaire, et approché d'autre part des muscles de la jambe. La commotion que semblait ressentir cette masse inerte

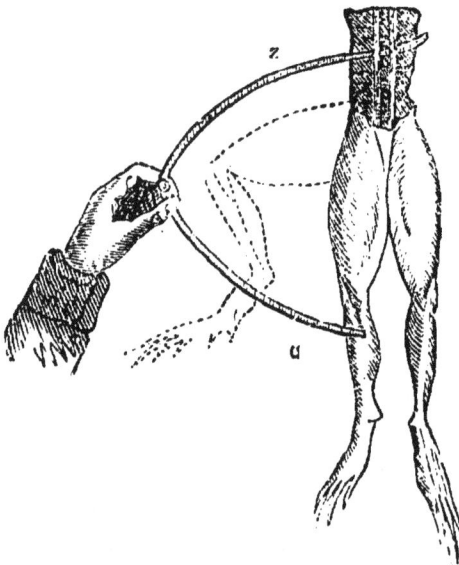

Fig. 121.

était comparable à celle qu'aurait produite la décharge

électrique. Galvani crut pouvoir en conclure que les
nerfs et les muscles possédaient chacun une électricité
différente, séparée par la matière qui enveloppe les nerfs,
et qu'ainsi la grenouille était une bouteille de Leyde
dans laquelle l'arc métallique servait d'excitateur.

Volta, professeur à Pavie, prétendit que *le contact
seul* des deux métaux qui constituaient l'arc était suffisant pour produire de l'électricité, l'une se portant sur
le zinc, l'autre dans le cuivre.

Une discussion s'engagea entre les deux savants, Galvani
tenant pour l'électricité animale,
Volta pour l'électricité de contact. Ce dernier, pour montrer
l'excellence de sa théorie, cons-
truisit un appareil destiné à
produire de fortes charges électriques développées, comme il
le croyait, au contact de deux
métaux.

Pile de Volta. — La pile de
Volta (fig. 122), telle qu'on la

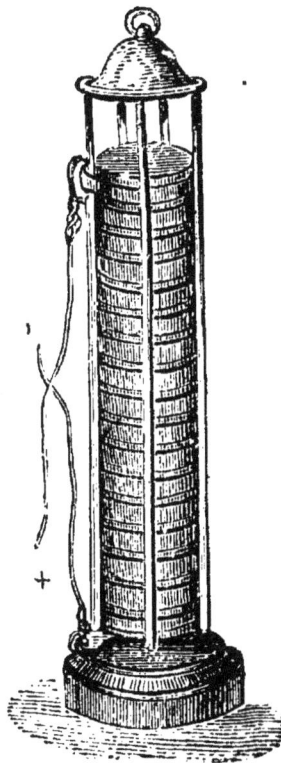

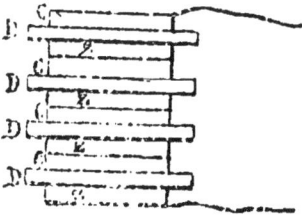

Fig. 123.   Fig. 122.

monte aujourd'hui, se compose d'une rondelle de zinc,
d'une autre de drap imbibé d'eau acidulée et d'une
rondelle de cuivre, puis du zinc, du drap, du cuivre

et ainsi de suite (fig. 123), toutes ces rondelles empilées les unes au-dessus des autres jusqu'à un dernier cuivre. On prolonge la première rondelle de zinc et la dernière de cuivre par des fils conducteurs en cuivre.

Volta avait cru que, dans sa pile, l'électricité se développait au contact du zinc et du cuivre, et que le drap imbibé d'eau acidulée n'était qu'un conducteur.

Mais l'électricité a surtout pour cause *l'action chimique du zinc sur l'eau acidulée*. Ici, le zinc décompose l'eau, et c'est cette décomposition qui, comme tous les phénomènes chimiques, produit de l'électricité; le cuivre n'agit alors que comme conducteur.

Il se produit dans cette pile un *courant* électrique portant du côté du dernier cuivre toute l'électricité positive, et du côté du dernier zinc l'électricité négative.

Piles voltaïques. — Toutes les piles fondées sur ce

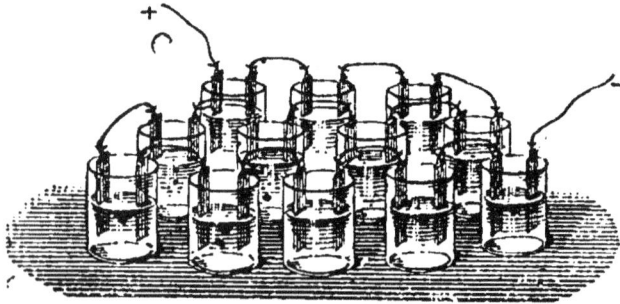

Fig. 124.

principe sont dites piles voltaïques. Telle est par exemple la *pile à tasses* (fig. 124 et 125). Chaque élément de cette pile se compose d'un vase contenant de l'eau acidulée dans laquelle plongent une lame de zinc et une

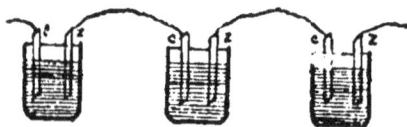

Fig. 125.

lame de cuivre. Ici, comme dans la pile de Volta, le

zinc décompose l'eau acidulée; de cette action chimique résulte la formation d'électricités dont la négative se porte sur le zinc et la positive dans l'eau, où elle est recueillie par le cuivre.

Chaque lame est réunie avec les lames des vases voisins, de telle sorte qu'un zinc communique à un cuivre et réciproquement.

Le dernier zinc constitue le pôle négatif, et le dernier cuivre, le pôle positif.

En prenant un grand nombre de ces éléments on peut obtenir des charges électriques considérables.

Il existait un grand nombre de piles voltaïques, telles que la *pile à auge*, la pile de *Wollaston*, la pile de *Munch*, etc., qui toutes contiennent les éléments que nous avons rencontrés dans la pile de Volta, mais des dispositions plus ou moins différentes. On a dû les abandonner toutes parce que le courant, énergique au début, s'appauvrit de plus en plus grâce aux diverses réactions que nous allons résumer. Le zinc décompose l'eau acidulée en oxygène et en hydrogène; l'oxygène se porte sur le zinc et le transforme en oxyde de zinc; celui-ci se combine avec l'acide pour former un sel. Or s'il y a production de sel, elle est produite aux dépens de l'acide, et si l'acide diminue, l'action chimique du zinc sur l'eau diminuera de plus en plus : d'où appauvrissement du courant.

En outre, l'hydrogène de l'eau décomposée se porte bulle par bulle tout autour du cuivre et l'entoure d'une couche de gaz mauvaise conductrice d'électricité, de sorte que le cuivre la recueillera de moins en moins. Telles sont les principales causes qui ont fait abandonner ces genres de piles.

Pile de Bunsen. — On emploie maintenant d'une

6.

façon plus générale des piles dites à *deux liquides*.
L'électricité qu'elles produisent est encore due à des
actions chimiques. La plus communément employée
est la pile de Bunsen (fig. 126 et 127).

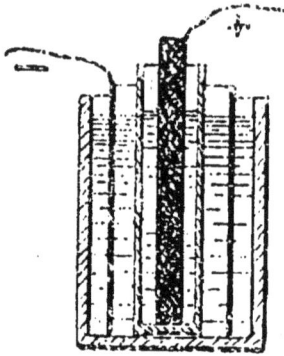

Elle se compose de deux vases placés l'un dans l'autre : le
vase intérieur en terre poreuse,
l'autre en terre vernissée. Entre
les deux vases plonge une lame
de zinc qui contourne le vase intérieur; au centre se trouve un
cylindre en charbon des cornues.
Ce charbon des cornues plonge
dans de l'acide azotique, et le
zinc baigne dans de l'acide sulfurique.

Fig. 126.

Pour monter plusieurs éléments d'une telle pile, on
réunit un charbon au zinc de la pile voisine et récipro-

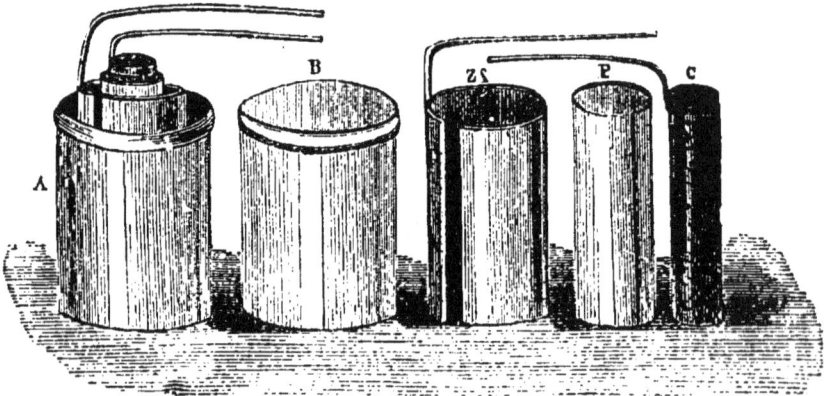

Fig. 127.

quement. Le dernier zinc est le pôle négatif, le dernier
charbon le pôle positif.

Pile de Daniell. — La pile de Daniell diffère de la pile de Bunsen en ce que le charbon est remplacé par un cylindre de cuivre, et que celui-ci baigne dans une dissolution saturée de sulfate de cuivre, remplaçant l'acide azotique de la pile de Bunsen. On la monte comme la précédente; le dernier zinc est encore le pôle négatif et le dernier cuivre le pôle positif.

La pile de Daniell bien entretenue donne un courant électrique d'une extrême régularité.

Il existe maintenant un nombre considérable de piles, telles que la pile au *bichromate de potasse*, la pile *Leclanché,* etc., et toutes utilisent l'électricité développée par une action chimique différente suivant les piles.

Effets des piles. — Les effets produits par l'électricité développée par les piles sont de même nature que ceux que nous avons observés déjà avec l'électricité des machines.

EFFETS PHYSIOLOGIQUES. — Si l'on tient aux mains les extrémités des fils d'une pile, une commotion électrique

se produit, mais elle est surtout sensible au moment où commence et où s'interrompt le courant.

EFFETS CALORIFIQUES. — Si l'on réunit les deux fils conducteurs d'une pile par un très mince fil métallique, on le verra bientôt rougir, puis disparaître volatilisé.

EFFETS LUMINEUX. — Lorsqu'on met en regard les extrémités des pôles d'une forte pile, on voit

Fig. 129.

Fig. 128. jaillir une série d'étincelles dont la continuité constitue une lumière fixe. Pour renforcer

la clarté de cette lumière, on termine les fils conducteurs
par de petits cônes de charbon des cornues (fig. 128

Mais, un des graves inconvénients de cette disposition, c'est que, d'abord le charbon brûle sous l'influence
de cette forte chaleur ; en outre, il y a transport mécanique de particules de charbon arrachées au pôle positif
et portées irrégulière-
ment sur le pôle négatif
(fig. 129). Ces deux cau-
ses augmentent la dis-
tance qui sépare les deux
pôles, et bientôt l'arc s'é-
teint.

Jusqu'en ces dernières
années on n'avait trouvé
rien de mieux que d'ad-
joindre à cet appareil un
mouvement d'horlogerie
à l'aide duquel la distance
entre les deux pointes
était rendue à tout instant
constante (fig. 130).

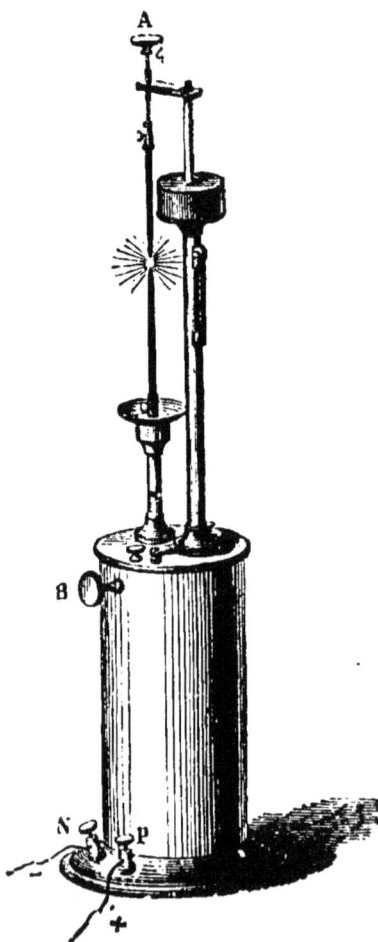

Mais vers 1876, un of-
ficier russe, *M. Jablochkoff* modifia d'une façon
très ingénieuse la dispo-
sition jusqu'alors em-
ployée. Au lieu de mettre
les charbons sur le pro-
longement l'un de l'au-
tre, bout à bout, il les
mit parallèlement à une
faible distance l'un de l'autre. Dès lors les charbons se

Fig. 130.

consumant ensemble restaient toujours à la même distance (fig. 131).

Pour isoler les deux bougies de
charbon, on emploie un corps facilement fusible et qui, en se volati-
lisant, fournit des parcelles solides
augmentant encore l'éclat de la lumière.

On peut utiliser la propriété que
possède le courant électrique d'é-
chauffer, jusqu'à rougir un métal

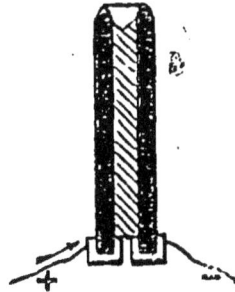

Fig. 131.

qui se trouve dans son circuit, pour produire de la
lumière ; mais pour que la lumière soit continue, il est
nécessaire que le corps porté à l'incandescence ne dis-
paraisse pas par la volatilisation. Pour y parvenir, on
l'enferme dans le vide. Telle est la disposition adoptée
par *M. Édison*, qui remplace le fil de métal par un fil
de charbon.

Une fibre de bambou de la grosseur d'un cheveu,
carbonisée, est maintenue par deux pinces
métalliques dans une poire en verre absolument privée d'air (fig. 132). On fixe aux
extrémités extérieures des pinces les fils
d'une forte pile ; dès que le courant passe,
il échauffe jusqu'à l'incandescence la fibre
de charbon qui produit alors une belle lumière fixe et douce. Le charbon ne brûle

Fig. 132.

pas, puisqu'il se trouve dans un milieu privé d'oxygène,
et peut fournir malgré son extrême ténuité un service
de huit cents heures d'éclairage.

Pour diverses causes on n'emploie guère l'électricité
développée par les piles pour ces deux derniers modes
d'éclairage ; vous étudierez plus tard la description de

puissantes machines électriques dont l'usage est plus général pour la production de la lumière électrique.

EFFETS CHIMIQUES. — Le courant de la pile est le plus énergique agent de décomposition; il n'y a pas de corps composé qui puisse résister à son action.

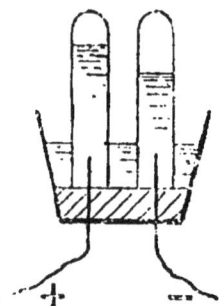

Pour décomposer l'eau à l'aide de la pile, on prend un verre dont le fond est formé par un disque de cire (fig. 133), traversé par deux lames de platine, qui dépassent de part et d'autre de la cire. On met de l'eau dans le verre, et l'on place sur les fils deux petites éprouvettes remplies également d'eau. La communication est alors établie avec une pile. Des bulles gazeuses se forment autour de chaque lame et vont crever à la partie supérieure des éprouvettes. On voit que, pendant toute la durée du phénomène, le volume du gaz contenu dans une des éprouvettes est double du volume contenu dans l'autre; on reconnaît ensuite que le volume double est occupé par un gaz, l'hydrogène, tandis que l'autre renferme de l'oxygène.

L'eau est donc composée de deux volumes d'hydrogène pour un d'oxygène.

Galvanoplastie. — La galvanoplastie est l'art de reproduire dans toute leur exactitude les menus détails d'un modelage.

Supposons qu'on veuille reproduire par galvanoplastie une des faces d'une médaille. On commence par appliquer sur cette médaille de la gutta-percha amollie, qui prend en creux tous les détails en bosse de la face à reproduire; c'est le moule de la médaille. On enduit cette empreinte d'une légère couche de plombagine pour la rendre conductrice, et on la suspend dans un bain saturé de sulfate de cuivre (fig. 134), à l'extrémité du pôle négatif d'une faible pile. En regard du moule se trouve dans le même bain une plaque de cuivre fixée à l'extrémité du pôle positif de la pile. Dès que le courant passe, la dissolution de sulfate de cuivre se décompose

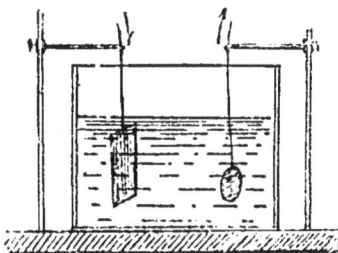

Fig. 134.

en du cuivre métallique qui se porte, molécule par molécule, sur le moule qui en est bientôt recouvert. On arrête l'opération quand la couche de cuivre est suffisamment épaisse, et on la détache du moule.

Si l'on veut *dorer*, *argenter*, *cuivrer* les objets eux-mêmes, c'est-à-dire les recouvrir d'une couche d'or, d'argent, de cuivre, on nettoie d'une façon parfaite leur surface en les plongeant à diverses reprises dans un bain d'acide sulfurique étendu d'eau ; dès qu'ils sont de nouveau lavés et séchés on les suspend à l'extrémité du pôle négatif d'une pile, dans un bain dont la nature varie suivant le résultat qu'on désire obtenir, et l'on place dans le même bain, en regard d'eux, et à l'extrémité du pôle positif, une lame d'or, d'argent ou de cuivre.

Si l'objet à recouvrir n'est pas un métal, on commence par *métalliser* sa surface, c'est-à-dire la recouvrir d'une couche de plombagine très fine afin de la rendre conductrice de l'électricité, à la façon d'un métal.

Pour dorer, le bain est une solution de chlorure d'or dans le cyanure de potassium ; pour argenter (fig. 135), une solution de cyanure d'argent dans le cyanure de potassium ; et pour cuivrer, un bain de sulfate de cuivre.

On peut ainsi cuivrer dorer ou argenter des objets

en plâtre, en bois, des feuilles, des fruits, des branchages et même des membres humains, une main
coupée, par exemple.

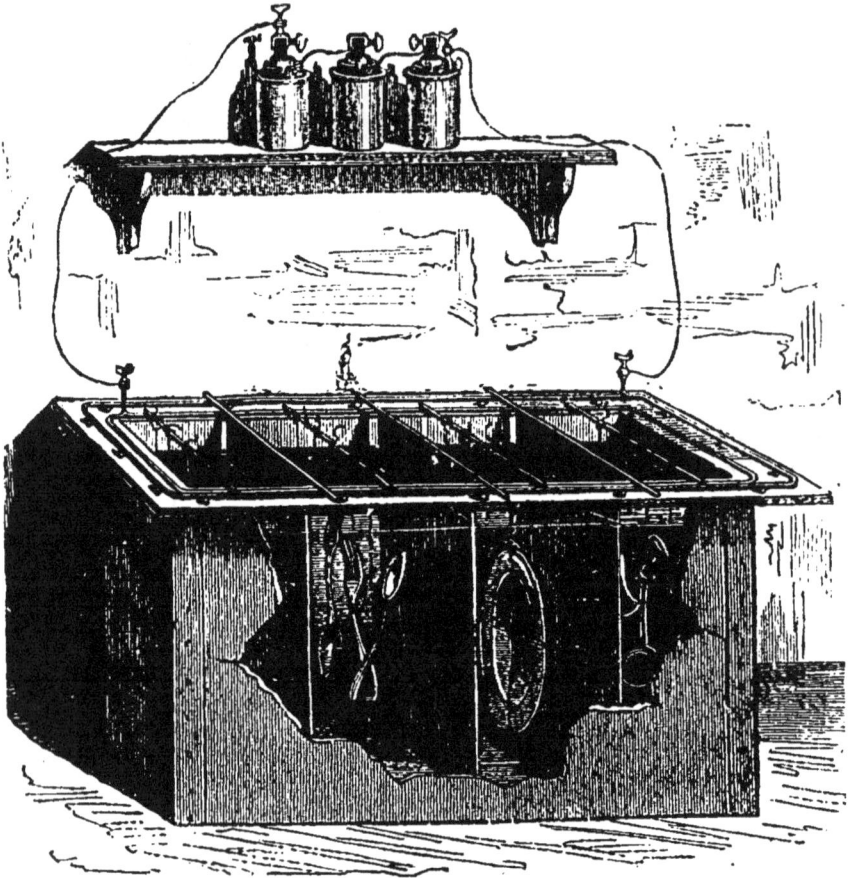

Fig. 135.

C'est par des procédés analogues qu'on peut recouvrir de *bronze*, alliage de cuivre et d'étain, des objets
en zinc, de façon à leur donner toute l'apparence du
bronze.

C'est encore ainsi que sont bronzés les candélabres
des voies publiques de la Ville de Paris.

Dans toutes ces opérations il n'est besoin d'employer que des piles d'une intensité moyenne. Car si le courant est trop fort, le dépôt sera cassant et même pulvérulent ; mais si le courant est par trop faible, le dépôt ne s'effectuera qu'en plaques irrégulières, ou ne s'effectuera pas.

QUESTIONNAIRE

Historique de la découverte de la pile. — Comment monte-t-on une pile de Volta? — Quelle est la cause productrice d'électricité dans cette pile? — Quelle action chimique se passe-t-il ? — Nommez d'autres piles voltaïques. — Pourquoi a-t-on généralement renoncé à leur emploi? — Décrivez la pile de Daniell. — Celle de Bunsen. — Quels sont les différents genres d'effets produits par les piles? — Décrivez les divers perfectionnements apportés à la lumière électrique depuis l'étincelle. — Pour les bougies Jablochkoff et les lampes à incandescence dans le vide, utilise-t-on l'électricité des piles seules? — Comment décompose-t-on l'eau par la pile? — En quoi consiste la galvanoplastie? — Comment dispose-t-on e bain? — Comment agit le courant pour effectuer la décomposition? — Comment fait-on pour cuivrer, dorer, argenter les objets? — Quelles précautions préliminaires doit-on prendre?

CHAPITRE XIII

MAGNÉTISME. — ÉLECTRO-MAGNÉTISME

Un aimant *naturel* est un minerai de fer qui possède la propriété d'attirer le fer.

Un aimant *artificiel* est une barre d'acier quelquefois contournée en fer à cheval (fig. 135), à laquelle on a communiqué, par un procédé que nous verrons plus loin, la propriété d'un aimant naturel.

DIRECTION CONSTANTE D'UNE AIGUILLE AIMANTÉE. — POLES. — Si l'on suspend par son centre de gravité une aiguille

aimantée (fig. 136), on la voit, après quelques oscillations prendre une direction invariable qui diffère peu
de la direction nord-sud géographi-
que. Vient-on à éloigner l'aiguille,
d un angle aussi grand que l'on veut,
de cette direction fixe, elle y revient
invariablement, la même pointe toujours tournée
du même
côté.

On nomme
pôle boréal la
pointe qui se
dirige vers le

Fig. 135.

Fig. 136.

nord, et pôle austral celle qui se dirige vers le sud.

La direction de l'aiguille aimantée détermine le
méridien magnétique. Celui-ci ne se confond pas avec le
méridien géographique; il fait en ce moment, avec ce
dernier, et à Paris, un angle de 17 degrés à l'ouest.

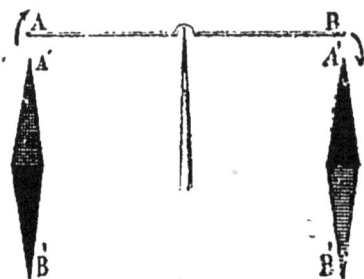

Fig. 137.

Si, du pôle austral d'une
aiguille aimantée mobile
dans un plan horizontal,
on approche le pôle aus-
tral d'une autre aiguille,
on remarque une répulsion
fig. 137).

Si, au contraire, du pôle
boréal de l'aiguille mobile
on approche le pôle austral d'une autre aiguille, on
remarque une attraction. On en déduit alors les deux
lois suivantes : *deux pôles de même nom se repoussent;
deux pôles de noms contraires s'attirent.*

AIMANTATION PAR LE FROTTEMENT; PAR INFLUENCE. —

Pour aimanter un barreau d'acier, il suffit de le frotter avec le pôle d'un aimant dans toute sa longueur et toujours dans le même sens (fig. 138).

On déterminera ainsi, à l'extrémité frottée la dernière, un pôle de nom contraire au pôle frottant.

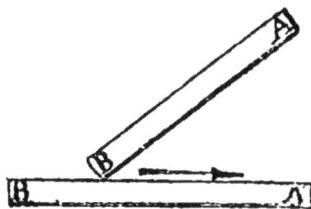
Fig. 138.

Ce procédé peu rapide est dit de *simple touche*.

Le procédé de la *touche séparée* consiste à placer au milieu du barreau à aimanter 2 barreaux aimantés, les pôles contraires en regard (fig.139)

Fig. 139

puis on les éloigne du milieu, chacun des aimants frottant la moitié du barreau; on les ramène ensuite au centre pour répéter les frictions. A l'extrémité frottée par le pôle austral on développe un pôle boréal et réciproquement.

On peut également aimanter à distance, *par influence*, un barreau de fer. On place à faible distance l'un de l'autre l'aimant et le barreau à aimanter (fig. 140); si le barreau est en *fer doux*, c'est-à-dire en fer absolument pur,

Fig. 140.

il deviendra instantanément aimant mais cessera de l'être dès qu'on enlèvera l'aimant Mais si le barreau est en acier, son aimantation à distance ne se produira qu'à la longue mais subsistera même lorsque la présence de l'aimant aura cessé d'exister.

Boussole. — L'aiguille aimantée, indiquant par sa

direction constante des points voisins du nord-sud géographique, est employée par les marins comme instrument d'orientation. Elle est alors placée dans une boîte circulaire, mobile devant une circonférence graduée (fig. 141).

Si par exemple, pour aller du Havre à New-York, on sait, après avoir consulté les cartes marines, que la droite qui unirait ces deux villes fait à un certain endroit

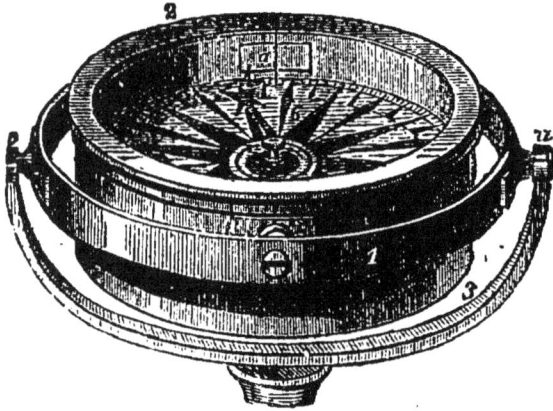

Fig. 141.

Fig. 142.

un angle de 40° avec la direction nord-sud magnétique, le marin devra maintenir son navire dans une position telle que l'aiguille de sa boussole ne s'éloigne pas du 40° degré dans la région désignée.

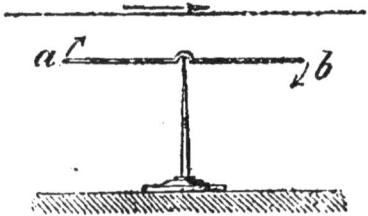

Fig. 143.

Électro-magnétisme. — OErstedt a montré que si, dans le voisinage d'une aiguille aimantée mobile dans un plan horizontal (fig. 143), on vient à approcher un fil parcouru par un courant de pile, l'aiguille est déviée de sa position normale et tend à se mettre en croix avec le fil. Cette curieuse expérience et celles que fit plus tard Ampère montrèrent l'analogie qui existe entre les aimants et les courants de piles.

Cette déviation que subit une aiguille aimantée sous l'influence d'un courant a été utilisée dans la construction d'un appareil destiné à mesurer l'intensité des courants : le *galvanomètre*, que vous étudierez en détail plus tard.

Arago a montré que lorsqu'on plonge dans de la limaille de fer un fil de cuivre parcouru par le courant électrique d'une pile, on voit la limaille s'attacher au fil ; mais si l'on vient à interrompre le courant, la limaille retombe et ne diffère plus sous aucun rapport de son premier état.

Le fer, sous l'influence du passage du courant électrique, est devenu magnétique ; et la preuve que le courant est la seule cause de son changement d'état, c'est que dès que le courant a cessé d'agir, le fer a cessé d'être aimanté.

Électro-aimant. — Si l'on prend un barreau de fer doux contourné en fer à cheval, ou mieux deux barreaux de fer doux reliés par une plaque de fer (fig. 144), et qu'on les entoure de deux bobines de bois sur lesquelles on a enroulé un même fil de cuivre entouré de soie, dès qu'on fera passer le courant de la pile dans le fil, le fer sera aimanté, mais cessera de l'ê-

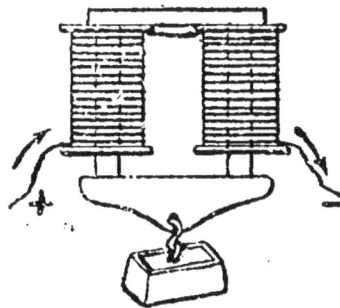

Fig. 144.

tre dès que le courant aura cessé de passer. Te. est un électro-aimant, c'est-à-dire du fer devenant aimant sous l'influence de l'électricité.

Cette propriété que possède le fer doux d'être aimant pendant le passage du courant électrique est utilisée de mille manières. Le principe commun à tous ces appareils est le suivant :

Une pièce de fer doux *a* (fig. 145) se trouve tirée en arrière par un ressort, mais maintenue à quelques millimètres des pôles d'un électro-aimant. Chaque fois que le courant passe, la pièce de fer est attirée par l'aimant et vient se coller contre ses pôles ; dès que le courant est interrompu, la pièce de fer est rappelée en arrière par son ressort. Et ainsi de suite, un mouvement alternatif de va-et-vient peut se produire à volonté dans la pièce *a*,

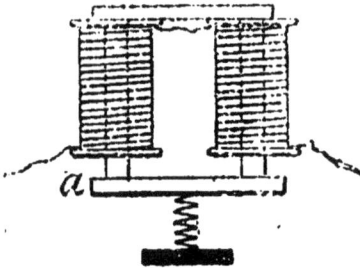

Fig. 145.

mouvement que le mécanicien utilise. L'appareil qui permet d'interrompre et de rétablir le passage du courant est un *interrupteur*. Si l'on est maître des mouvements de l'interrupteur, on voit la facilité de faire produire à la pièce *a* les déplacements voulus.

Ces mouvements peuvent être transmis à l'aide de fils conducteurs à des distances considérables de l'interrupteur.

L'application la plus merveilleuse des électro-aimants est le télégraphe électrique.

Sonnerie électrique. — Pour prévenir les employés d'un poste télégraphique qu'une dépêche va leur être envoyée, on fait usage de la *sonnerie électrique* (fig. 146). Dans une boîte se trouve fixé un électro-aimant ; son armure en fer est terminée d'une part par une tige élastique par laquelle elle est fixée, et d'autre part par un marteau maintenu, à cause de l'élasticité de la tige, et lorsque le courant ne passe pas, à quelque distance d'un timbre extérieur à la boîte. Un ressort empêche l'armure de s'éloigner trop de l'électro-aimant, et se trouve relié à une borne communiquant avec le sol. Le commencement du fil qui entoure la bobine est mis en communication avec la borne qu'on relie à la pile, et l'autre bout avec la tige élastique du marteau.

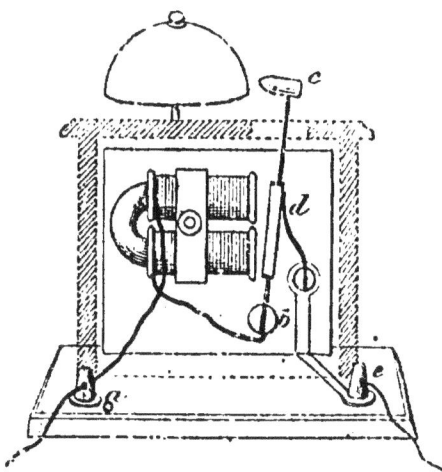

Fig. 146.

Lorsqu'on laisse passer le courant, à l'aide d'un appareil spécial, il suit le trajet *a b c d e*; l'électro-aimant devient aimant, il attire son armure, le marteau frappe le timbre; mais l'armure attirée a quitté le ressort, le courant est alors interrompu, le marteau retombe en arrière. En retombant, il s'appuie sur le ressort, et rétablit de nouveau la circulation : l'armure est rappelée par l'électro-aimant, le marteau frappe; mais alors le courant est interrompu, et ainsi de suite, une série de mouvements automatiques et très rapides ouvrant et interrompant le courant pour frapper le marteau sur son timbre ou l'en éloigner.

TÉLÉGRAPHIE ÉLECTRIQUE.

Toute ligne télégraphique se compose :

D'une source d'électricité, la *pile;*

D'un *manipulateur*, appareil destiné à transmettre les dépêches;

D'un *fil conducteur;*

D'un *récepteur*, appareil destiné à enregistrer les dépêches.

Le télégraphe à peu près uniquement employé en France par l'administration des télégraphes est l'appareil de Morse; c'est le seul dont nous donnerons ici la description.

Manipulateur. — Sur une tablette en bois se trouve fixée horizontalement une pièce en cuivre AB mobile autour d'un pivot métallique C (fig. 147). A l'une de ses extrémités, cette pièce porte une pointe *p* qu'un ressort F fait appuyer contre une petite poupée métallique D; vers l'autre extrémité se trouve une autre pointe, maintenue par le

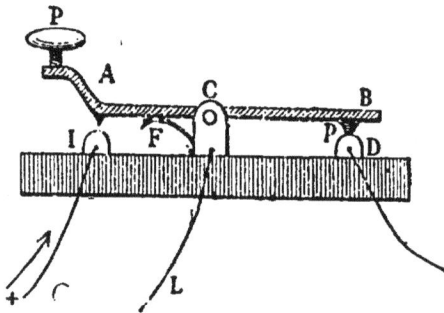

Fig. 147.

ressort à quelques millimètres d'une autre poupée I. Enfin, une poignée P termine le levier horizontal. La poupée I reçoit un des fils de la pile, la pièce centrale C communique avec le fil L de la ligne télégraphique, D est relié à la terre par un fil conducteur.

Si l'on veut faire passer le courant dans la ligne, il suffira d'appuyer sur la poignée P et de mettre en contact la pointe métallique de A avec la poupée I; le courant de la pile suivra le trajet IACL, et n'en pourra pas suivre d'autre puisque la pointe *p* a cessé

tout contact avec la borne D. En outre, le courant ces
sera de passer dans la ligne dès qu'on cessera d'appuyer sur la poignée P. On peut donc, avec le manipulateur, faire passer à volonté le courant dans la ligne
ou l'interrompre quand on le désire, et prolonger son
passage ou le restreindre suivant les besoins.

Récepteur. — Le récepteur (fig. 148) se compose es
sentiellement d'un électro-aimant vertical E dont l'ar

mure A tra-
verse une piè-
ce métallique
AD, mobile
autour d'un
axe O, termi-
née par un
poinçon V fixé
obliquement.
L'armure A
est maintenue

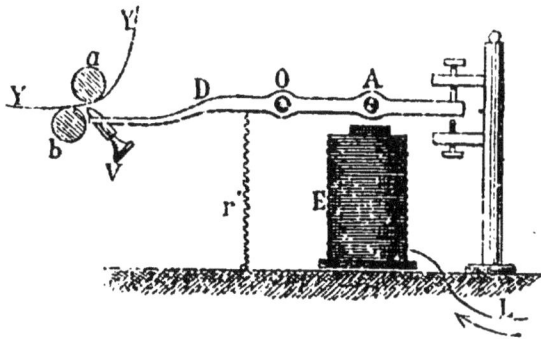

Fig. 148.

à quelques millimètres de la bobine, quand le courant
ne passe pas, par un ressort r qui tire à lui le bras D
du levier AD. En regard du poinçon V, se déroule, d'un
mouvement uniforme, une bande de papier YY qui
passe entre deux rouleaux ab dont l'un, a, est enduit
d'encre grasse. Le fil de la bobine E est en communication avec le fil de la ligne L.

Fonctionnement. — Dès que l'on appuie sur la poignée du manipulateur, le courant passe dans la ligne,
arrive dans la bobine du récepteur; l'électro-aimant
devient alors aimant, attire son armure A et redresse
par conséquent la pointe V qui vient frapper contre la
bande de papier; celle-ci se jette à son tour sur le tampon imprégné d'encre, pour y recevoir une trace d'au-

7

tant plus longue que le passage du courant aura été plus prolongé (car nous n'oublions pas que le papier se déroule constamment).

Si le courant de la pile est lancé puis interrompu subitement, la trace sera un point; si, au contraire, la durée du passage du courant est un peu prolongée, la trace sera un trait. Et la combinaison des points et des traits a suffi pour établir un alphabet conventionnel, dont nous donnons (fig. 149) une reproduction.

. —	a	— . —	k	. . —	u	. — — — —	1
— . . .	b	. — . .	l	. . . —	v	. . — — —	2
— . — .	c	— —	m	— . . —	x	. . . — —	3
— . .	d	— .	n	— . — —	y	. . . . —	4
.	e	— — —	o	— — . .	z	. . . . .	5
. . — .	f	. — — .	p	. . — . .	é	—	6
— — . .	g	— — . —	q	. — —	w	— — . . .	7
. . .	h	. — .	r	— — —	ch	— — — . .	8
. .	i	. . .	s			— — — — .	9
— — —	j	—	t			— — — — —	0

Fig. 149. — Alphabet Morse.

A tout poste télégraphique (fig. 150), nous trouvons, en outre de ces appareils que nous venons de décrire sommairement, d'autres pièces très importantes aussi, mais que vous étudierez plus tard : le *parafoudre* qui doit préserver les employés des atteintes de la foudre, en temps d'orage; une *sonnerie électrique* à l'aide de laquelle le bureau manipulateur prévient qu'il va lancer une dépêche; le *galvanomètre*, qui permet de mesurer l'intensité et la direction du courant; etc.

QUESTIONNAIRE

Qu'est-ce qu'un aimant naturel, artificiel? — Quelle est la propriété constante d'une aiguille aimantée? — Qu'appelle-t-on

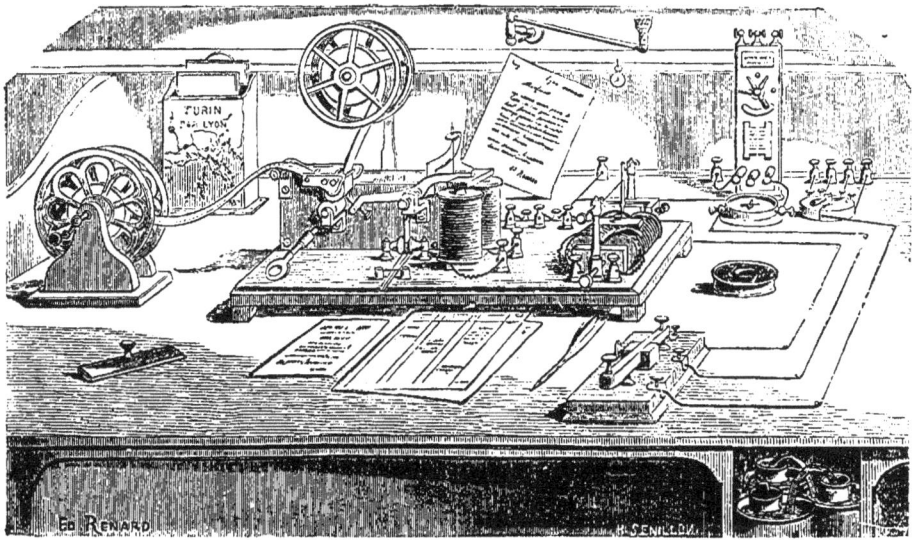

Fig. 150.

pôles d'un aimant? — Comment agissent l'un envers l'autre les
pôles de 2 aimants? — Combien de procédés pour aimanter un
barreau d'acier? — De quoi se compose une boussole et à qui
sert-elle? — Comment agit un courant de pile traversant la
limaille de fer? — En quoi consiste l'expérience d'OErstedt. —
Qu'est-ce qu'un électro-aimant? — Quand agit-il comme un
aimant? — Quel est le principe général du mouvement produit
par un électro-aimant? — Décrivez la sonnerie électrique. — De
quoi se compose toute ligne télégraphique? — Faites la
description du manipulateur de Morse. — De quoi se compose
le récepteur? — Comment fonctionne le télégraphe de Morse?
— Quels sont les appareils qui accompagnent le récepteur et le
manipulateur dans tout poste télégraphique?

CHAPITRE XIV

ACOUSTIQUE

L'acoustique est cette partie de la physique qui traite
de l'étude des *sons*.

Un son est toujours produit par des vibrations
émises par un corps élastique, et que l'organe de l'ouïe
nous permet de percevoir.

On peut facilement constater l'existence des vibrations, dans les cloches par exemple.
On suspend (fig. 151) une balle à une
petite distance de la paroi d'une
cloche; et dès que la cloche, après
avoir été frappée, rend un son, on
voit la balle lancée à une certaine
distance de sa position première,
revenir toucher la cloche et être
renvoyée de nouveau, jusqu'à ce que

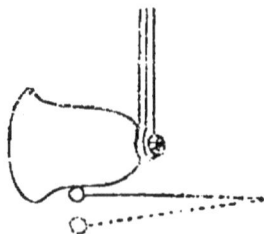

Fig. 151.

le son se soit éteint. Cela résulte évidemment du déplacement de va-et-vient de la paroi de la cloche pendant toute la durée du son.

On peut rendre visibles les mouvements vibratoires d'un corps, en prenant une assez longue tige d'acier fixée par une de ses extrémités dans un étau (fig. 152). Si l'on écarte l'extrémité libre de sa position naturelle et qu'on l'abandonne ensuite à elle-même, elle n'y reviendra qu'après avoir exécuté une série de mouvements de va-et-vient de part et d'autre de sa position normale. Ces mouvements sont des vibrations faciles à suivre vers l'extrémité de la tige; et si ces vibrations sont suffisamment rapides et étendues, elles produiront un son.

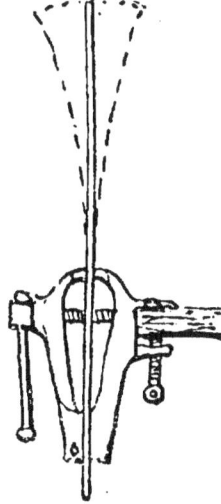

Fig. 152.

LE SON NE SE PROPAGE PAS DANS LE VIDE. — Pour qu'un son soit perçu par l'oreille, il est nécessaire qu'un milieu élastique le lui conduise, lui transmette les vibrations du corps sonore. Aussi le son ne traverse pas le vide.

Si au centre d'un ballon (fig. 153) muni d'une garniture métallique pouvant se visser sur la platine de la machine pneumatique, on suspend une clochette par une tige rigide, et qu'après y avoir fait le vide, on agite le ballon, la clochette frappée par son battant ne rend aucun son perceptible.

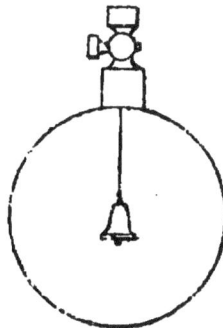

Fig. 153.

Mais, si l'on ouvre progressivement le robinet qui livre accès à l'air, le son que produit la clochette devient perceptible, et d'autant plus sensible que la quantité d'air est plus grande.

Vitesse de propagation du son. — La vitesse de propagation du son dans l'air est assez faible; en effet, le son ne parcourt dans l'air que 340 mètres par seconde à la température de 10°.

Les expériences qui ont permis de déterminer ce chiffre ont été faites en dernier lieu pendant une nuit de 1822 entre Montlhéry et Villejuif, où deux groupes de savants s'étaient installés, parmi lesquels se trouvaient Gay-Lussac, Humbold, Prony, Arago, etc. Une pièce de canon était disposée à chaque station. Les coups de canons se succédaient alternativement toutes les dix minutes et chaque groupe notait l'intervalle qui s'écoulait entre la vue du feu et la perception du son. On trouva alors, en tenant compte de la distance, que l'espace parcouru en une seconde était de 340 mètres.

C'est ainsi qu'on peut facilement trouver la distance qui vous sépare d'un chasseur qui tire un coup de fusil, d'un bûcheron qui frappe une pièce de bois, en observant sa montre à secondes.

Les expériences faites sur le lac de Genève, par MM. Sturm et Colladon, ont montré que, dans l'eau, le son parcourt 1.435 mètres par seconde; soit plus de quatre fois sa vitesse dans l'air.

Dans les solides, la vitesse est variable, mais est plus grande encore que dans les liquides; la transmission du son peut y être apportée d'une distance bien plus grande. Telle est la raison pour laquelle on entend une voiture et même un piéton marcher sur une route, en mettant son oreille sur la terre sèche à très grande distance du mobile.

Réflexion du son. — Chaque fois qu'un son rencontre un obstacle, une partie des vibrations qui l'ont produit continuent leur marche en ligne droite au-dessus de l'obstacle, mais celles qui ont frappé l'obstacle sont renvoyées par lui, et c'est cette réflexion qui produit une répétition du son, à laquelle on a donné le nom d'écho. On cite l'écho du château de Simonetta, en Italie, qui répète quarante fois un coup de pistolet.

Qualités du son. — On distingue trois qualités dans un son : l'*intensité*, la *hauteur*, le *timbre*.

L'*intensité* du son dépend de l'*amplitude* des vibrations du corps sonore. Ainsi, si l'on éloigne très sensiblement de sa position normale une corde tendue sur un violon et qu'on l'abandonne ensuite à elle-même, elle produira un son plus intense que si on l'avait très faiblement écartée.

En musique, les différences d'intensité qu'on doit donner aux sons, sont indiquées par des lettres ou des signes inscrits au-dessus de la portée, et qui veulent dire : piano, forte, crescendo etc...

La *hauteur* est le degré de gravité ou d'acuité du son. Elle dépend du *nombre* des vibrations; plus le nombre des vibrations est grand pendant le même temps et plus le son est aigu.

En musique, la hauteur du son est indiquée par la place de la note sur la portée : plus la note est placée haut, plus le son est aigu, plus la note est basse, plus le son est grave.

Le *timbre* du son dépend de la *nature* du corps qui vibre; ainsi la note *la* du piano n'aura pas le même timbre que cette même note *la* donnée par le cornet à piston.

Son. — Bruit. — Nombre de vibrations de certains

sons. — Lorsqu'un corps qui vibre produit des vibrations peu nombreuses, qui cessent brusquement, on dit qu'il produit *un bruit*. On ne peut pas prendre l'unisson d'un bruit; il est difficile de le comparer à un son musical.

Pour qu'il y ait *son* musical, il est nécessaire que le nombre des vibrations soit assez grand, et que les vibrations soient persistantes.

Les vibrations qui correspondent aux sept notes de l'octave moyenne du piano sont, par seconde :

Do	522	Sol	783
Ré	587	La	870
Mi	652	Si	973
Fa	696	Do	1044

Pour avoir le nombre des vibrations par seconde qui correspondraient à ces mêmes notes dans l'octave plus aiguë, on devrait multiplier par 2 chacun de ces nombres.

Les divers instruments capables de produire des sons sont divisés en deux catégories : les *instruments à cordes*, les *instruments à vent*.

Dans les instruments à cordes, comme les violons, harpe, piano, le son est produit soit en frottant, en pinçant ou en frappant des cordes plus ou moins tendues.

Avec les instruments à vent, l'air est mis en vibration par le souffle de l'exécutant qui en règle l'arrivée dans l'embouchure en serrant ou en détendant les lèvres. C'est ce qu'on remarque dans le clairon, le cor le cornet à piston, la flûte, etc.

Phonographe. — Le phonographe est un instrument inventé par M. Edison, et servant à enregistrer, à écrire pour ainsi dire, les sons, et à les reproduire en temps voulu.

Un cylindre de cuivre (fig. 154) à la surface duquel
est gravée une spire dans toute son étendue, peut être
mis en mou-
vement par
un axe hori-
zontal égale-
ment fileté en-
gagé dans une
pièce métalli-
que fixe. A
quelques mil-
limètres de la
surface du cy-

Fig. 154.

lindre est tendue, au fond d'un entonnoir, une membrane munie d'un stylet.

Avant de faire fonctionner l'appareil, on applique
une feuille d'étain sur la surface du cylindre de cuivre;
puis on parle haut devant la membrane, en même
temps que l'on met en mouvement le cylindre. Le son
met l'air en vibration; la membrane ébranlée vibre à
l'unisson et pousse le stylet sur la feuille d'étain aussi
souvent que la membrane est elle-même poussée. Nous
aurons alors sur la feuille d'étain une succession de
trous disposés en hélice correspondant aux vibrations
sonores : d'autant plus rapprochés que le nombre des
vibrations a été plus grand dans le même temps, d'autant plus larges que l'amplitude des vibrations a été
plus grande. Le son est donc enregistré avec ses deux
principales qualités : hauteur, intensité.

Si maintenant nous voulons reproduire le son enregistré, on tourne le cylindre en sens inverse de façon
à amener sous le stylet le premier trou formé, puis on
rétablit le mouvement direct. Le stylet s'enfonçant

7.

dans chaque trou et en sortant entre chaque intervalle
fait vibrer sa membrane aussi souvent qu'il s'enfonce
et qu'il se relève; la membrane vibrant produit un
son, et le même son qui a produit le gaufrage de la
feuille, puisqu'il y a égalité dans le nombre et l'amplitude des vibrations, si l'on prend soin de tourner le
cylindre avec la même vitesse que pendant l'enregis-
trement.

Cette ingénieuse invention est susceptible de nombreuses applications; on peut par exemple, après avoir
causé devant son phonographe, détacher la feuille
d'étain, la mettre sous enveloppe et l'envoyer à la
personne à laquelle on désirait causer; celle-ci met
alors la feuille sur le cylindre de son phonographe, le
met en mouvement et écoute à son tour la conversation
envoyée.

Téléphone. — Le téléphone inventé par M. Graham
Bell et modi-
fié par M. Ader
permet de
transmettre la
parole à de
grandes dis·
tances. Il se
compose d'un
transmetteur
(fig. 155), sor-
te de pupitre
en bois sur la

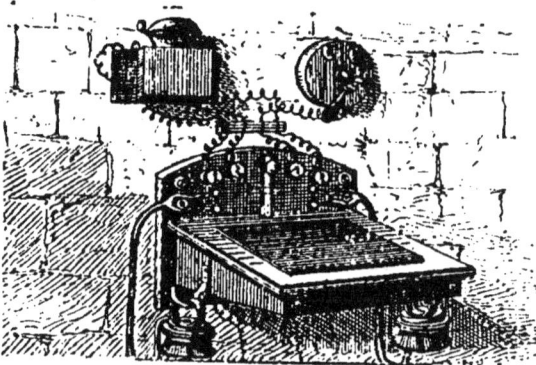

Fig. 155.

face supérieure duquel se trouve une planchette mince
de sapin pouvant vibrer à l'unisson du son produit en
avant d'elle, et d'un ou deux *récepteurs* qu'on place à
chaque oreille pour percevoir les sons émis au loin.

QUESTIONNAIRE

Qu'est-ce qu'on étudie dans le chapitre de l'acoustique? — Comment se produit un son? — Comment montre-t-on l'existence des vibrations dans une cloche qui rend un son? — Le son se propage-t-il dans le vide? — Quelle est la vitesse de propagation du son dans l'air? — Comment, et par qui a-t-elle été calculée? — Combien le son parcourt-il de mètres à la seconde dans l'eau? — Quelles sont les qualités d'un son? — De quoi dépend l'intensité et comment est-elle indiquée en musique? — Qu'entendez-vous par hauteur d'un son? comment est-elle indiquée? — De quoi dépend le timbre d'un son? — Quelle différence y a-t-il entre un son et un bruit? — En combien de catégories sont distribués les instruments de musique? Qu'est-ce que le phonographe? — Par qui inventé? — De quoi se compose-t-il? — Comment fonctionne-t-il? — Quels sont ses usages? — A quoi sert le téléphone? — Par qui a-t-il été imaginé?

CHAPITRE XV

OPTIQUE

La lumière est l'agent qui nous rend les objets visibles, à la condition que les rayons lumineux qu'ils émettent soient perçus par l'œil, organe de la vue.

Les corps sont lumineux par eux-mêmes lorsqu'ils émettent leur propre lumière : comme le soleil, les étoiles, le charbon incandescent; ou bien ils deviennent visibles parce qu'ils renvoient la lumière qu'ils ont reçue : la lune, les astres, le livre que nous lisons, etc.

Un point lumineux émet sa lumière dans *toutes les directions* (fig. 156), et chaque *rayon* de cette lumière pris isolément *se propage constamment en ligne droite* (s'il se prolonge dans un milieu homogène, c'est-à-dire rigou-

Fig. 156.

reusement de même nature). C'est ce qu'on remarque lorsqu'un rayon solaire pénètre à travers un trou de volet dans une chambre obscure : toutes les poussières qui se trouvent sur son trajet sont éclairées et laissent une trace lumineuse parfaitement droite.

La lumière se propage avec une vitesse prodigieuse : elle parcourt, en effet, environ 77.000 lieues par seconde.

Ombre. — Pénombre. — Lorsqu'un corps opaque est placé près d'un corps lumineux, il arrête tous les rayons qui tombent sur lui. Il y aura donc derrière ce corps un espace qui ne reçoit aucune lumière et qu'on nomme *ombre* portée par le corps.

Pour déterminer la forme de cette ombre, on devra distinguer le cas où la lumière est émise par un *point*, de celui où elle est envoyée par un corps de *volume appréciable*.

1° LA SOURCE LUMINEUSE EST COMPARABLE A UN POINT. — Par ce point, on mène une infinité de tangentes au corps opaque; elles déter-

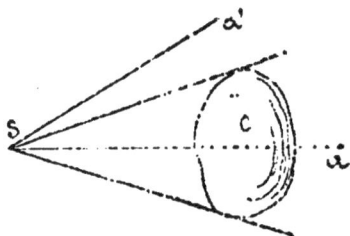

Fig. 157.

minent la surface d'un cône (fig. 157). Toute la portion de volume du cône, située au delà du corps opaque par rapport au point lumineux, sera dans l'ombre. En effet, aucun point, *a*, par exemple, ne pourra voir le point lumineux, puisque la lumière se propage en ligne droite.

LA SOURCE LUMINEUSE A UN VOLUME. — Supposons que le volume lumineux soit une sphère S (fig. 158) et le corps opaque une autre sphère M. En menant toutes les tangentes communes extérieures à ces deux sphères nous déterminerons un cône dont le sommet sera A et qui formera sur un écran, un cercle GH absolument obscur. Mais la région voisine de ce cercle n'est pas, dans ce cas, brusquement éclairée; en effet, l'ombre

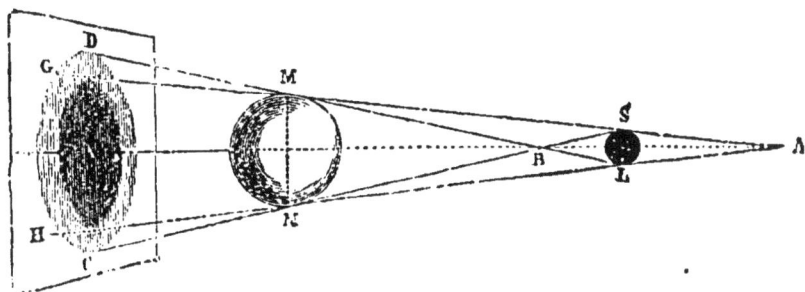

Fig. 158.

diminue graduellement d'intensité pour devenir nulle à la circonférence DC déterminée par l'intersection avec l'écran des tangentes communes intérieures qui ont pour sommet B. Cette partie un peu dans l'ombre est appelée *pénombre*, tandis que le premier cercle constituait l'*ombre pure*.

Réflexion de la lumière. — Lorsqu'un rayon lumineux rencontre une surface polie, une partie de sa lumière est absorbée par le corps, mais une autre est renvoyée par la surface; on dit dans ce cas que la lumière est réfléchie, qu'il y a *réflexion*.

Il est toujours possible de déterminer la direction du rayon *réfléchi* lorsqu'on connaît celle du rayon qui arrive, qui tombe sur la surface polie, et qu'on appelle *rayon incident;* cette direction est fournie par la loi suivante :

L'angle de la réflexion est égal à l'angle d'incidence.
— Si au point de rencontre du rayon incident IO (fig. 159) avec une surface polie AB, nous élevons

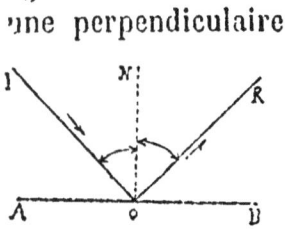

une perpendiculaire NO au plan, la perpendiculaire
prend le nom de *normale* et l'angle ION s'appelle angle d'incidence ; le rayon réfléchi OR se réfléchira dans une direction telle qu'on ait : angle RON = angle ION.

Fig. 159.

Formation des images dans un miroir plan. —
Supposons qu'un point lumineux P (fig. 160) se trouve
placé devant un miroir plan. Ce point envoie des rayons dans toutes les directions ; je prends un de ces rayons PI qui rencontre le miroir ; il se réfléchira en IR, en suivant la loi énoncée plus haut ; de sorte que si l'œil se trouve sur le passage du rayon

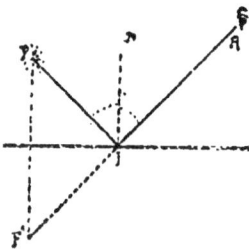

Fig. 160.

IR, il recevra une impression de lumière comme si le
point lumineux était en P', situé sur le prolongement
du rayon réfléchi. Or le calcul et l'expérience ont montré que la cause de l'illusion de l'œil, l'*image*, comme on l'appelle, du point P, est symétrique de ce point par rapport au miroir, c'est-à-dire qu'elle se trouve sur le prolongement de la perpendiculaire abaissée du point sur le miroir, et à égale distance de l'objet au miroir.

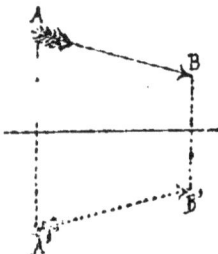

Dans ce cas donc, l'œil voit deux
fois l'objet P ; une fois en réalité,
une autre fois en image P'.

Si l'on veut déterminer la position
de l'image d'un *objet* (fig. 161) dans
un miroir plan, il suffira de prendre

Fig. 161.

le symétrique de chacun de ses points, par rapport au

miroir. Si, comme dans la figure ci-contre, l'objet est
une droite AB, il suffira de déterminer l'image de ses
deux points extrêmes.

Dans de tels miroirs, l'image a toujours la même
forme et les mêmes dimensions que l'objet; c'est d'ailleurs ce que nous avons pu souvent constater lorsque
nous avons aperçu dans une glace l'image d'un objet
quelconque situé dans l'appartement.

Miroirs sphériques. — Les miroirs sphériques sont
de deux genres; ils sont *concaves* lorsqu'ils sont polis
sur leur surface intérieure. Dans ceux-ci, par conséquent, les objets regardent la surface concave.

Ils sont *convexes* dans le cas contraire.

On appelle centre d'un
miroir sphérique (fig.
162) le centre de la sphère
à laquelle appartiendrait
la portion de surface
d'où pourrait provenir
le miroir; et *axe principal* la ligne qui passe
par le centre C et le mi-
lieu O du miroir; soit CO dans la figure ci-contre.

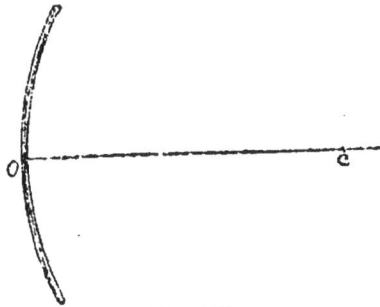

Fig 162.

Formation des images dans les miroirs concaves.
— On vérifie facilement que lorsque des rayons viennent frapper un miroir concave parallèlement à l'axe
principal, ils se réfléchissent de telle sorte qu'ils viennent tous couper l'axe en un même point situé à égale
distance du centre et du miroir, point qu'on nomme
foyer principal (fig. 163). On sait, en outre, que tout
rayon lumineux passant par le centre du miroir se
réfléchira en repassant par le centre, c'est-à-dire en
revenant sur lui-même.

Nous connaissons alors la marche des rayons réfléchis :
1º dans le cas où le rayon in-cident est parallèle à l'axe prin-cipal; 2' lorsque le rayon in-cident pas-se par le centre du miroir. Or cette con-

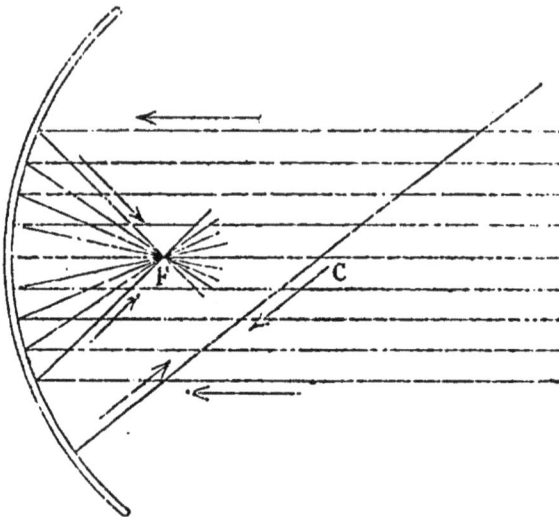

Fig. 163.

naissance est suffisante pour déterminer la position des images d'objets placés devant des miroirs.

1º Sup-posons un objet A B (fig. 164), placé de-vant un mi-roir conca-ve, au delà du centre du miroir.

Comme l'objet choi-si est une

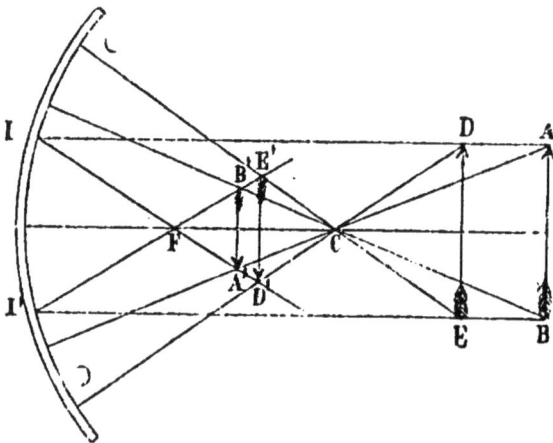

Fig. 164.

droite, il suffira de connaître les images de ses deux points extrèmes pour déterminer complètement son image.

Parmi l'infinité des rayons émis par le point A je choisis les deux dont je connais la marche des rayons réfléchis : AI parallèle à l'axe principal qui se réfléchit en passant par le foyer, et AC, qui passe par le centre et qui revient sur lui-même après réflexion. Comme l'image de A doit se trouver sur les 2 rayons réfléchis par le miroir, elle ne peut être qu'en A' point de rencontre de ces 2 rayons. La même construction répétée pour B nous fournira en B' l'image de B; et en A'B' l'image de AB.

On voit que, dans le cas où l'objet placé devant un miroir concave est situé *au delà du centre*, son image est *plus petite que l'objet* et *renversée*.

Si nous déplaçons AB pour le porter en DE, *plus prés du centre*, on voit son image D'E' *grandir*, tout en restant toujours plus petite que l'objet.

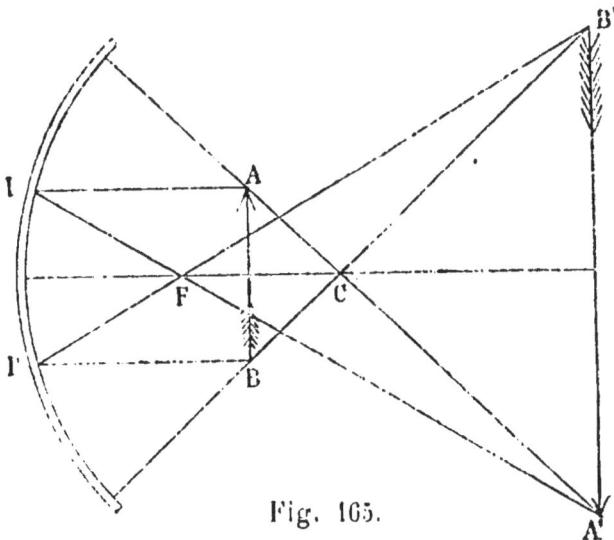

Fig. 165.

2° Plaçons l'objet AB (fig. 165) entre le centre et le foyer. La construction indiquée plus haut nous don-

nera d'abord AI se réfléchissant en IF, et AC, revenant sur lui-même après réflexion en K, pour former
A' image de A. De même B nous donnera BI' réfléchi en
I'F, puis BC, rencontrant B'I' en B' pour former l'image
de B.

On voit alors que lorsque l'objet se trouve situé
entre le foyer et le centre, son image est *renversée, plus
grande* que l'objet et située au delà du centre.

3º Supposons enfin l'objet AB (fig. 166) placé entre
le foyer et le miroir. Le rayon AI parallèle à l'axe se

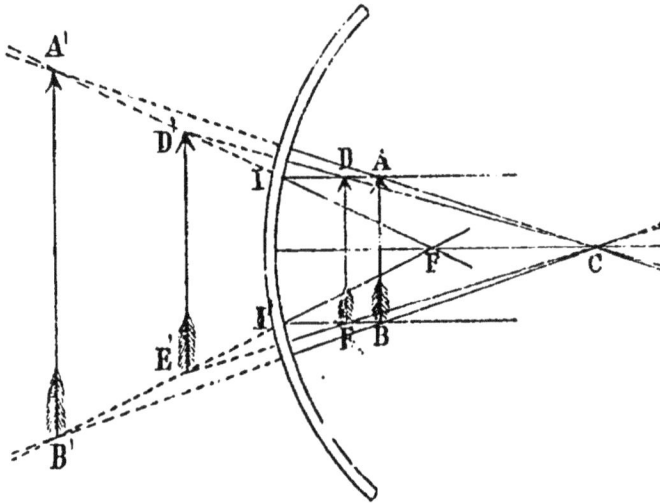

Fig. 166.

réfléchit en IF, le rayon AC continuera sa marche, et
nous trouverons en A', situé sur le prolongement des
rayons réfléchis, l'image de A. De même BI' parallèle
à l'axe se réfléchit en I'F et BC passant par le centre
rencontre, prolongé, le prolongement de I'F en B'
image de B.

On trouve alors en A'B' l'image de AB.

Si donc un objet se trouve placé entre *le foyer et le*

miroir concave, son image est *droite et plus grande que l'objet;* elle est d'autant plus grande que l'objet est plus rapproché du foyer. On peut vérifier ce dernier fait en formant les images de l'objet DE de même dimension que AB; on voit son image en D'E' plus grande encore que DE mais plus petite que A'B'.

Comme les miroirs concaves généralement en usage sont très faiblement concaves, leurs centres sont extrêmement loin, leurs foyers sont encore très éloignés des

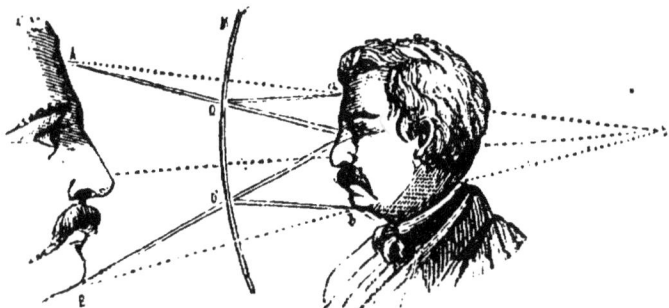

Fig. 167.

miroirs, aussi lorsqu'on se regarde soi-même dans de tels miroirs se trouve-t-on presque toujours situé entre le foyer et le miroir et se voit-on généralement grossi (fig. 167). Dans ce cas les miroirs concaves sont dits *grossissants.*

Formation des images dans les miroirs convexes. — Nous rappellerons que le miroir convexe est un miroir sphérique poli sur la surface qui ne regarde pas le centre.

Lorsqu'on fait arriver sur un miroir convexe un faisceau de lumière parallèle à l'axe principal (fig. 168) tous les rayons incidents se réfléchissent de telle sorte que leurs prolongements passeraient par un point unique situé à égale distance du centre et du miroir. Ce point se nomme *foyer.*

Nous voyons donc ici encore, comme nous l'avons vu pour les miroirs convexes, la possibilité de déter-miner la position exacte du foyer. Mais cette fois ce ne sont pas les rayons réfléchis qui passent eux-mêmes par ce foyer, mais seulement leurs pro-longements ; on les voit, au contraire, s'éloigner l'un de l'autre après avoir touché le miroir, on dit qu'ils *divergent*.

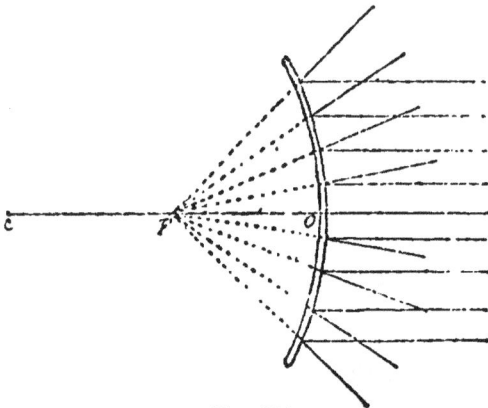

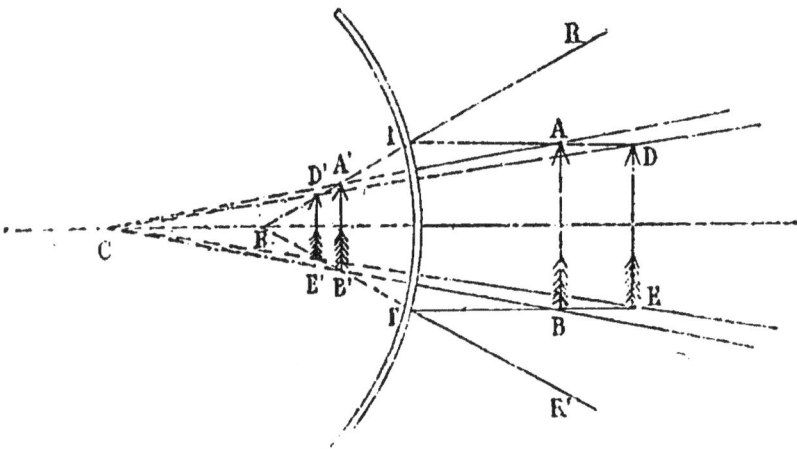

Fig. 168.

On remarque en outre que tout rayon incident dont le prolongement passerait par le centre est à lui-même son rayon réfléchi.

Plaçons maintenant un objet AB (fig. 169) devant un

Fig. 169.

miroir convexe: parmi l'infinité des rayons émis par A je prends d'abord AI, celui qui est parallèle à l'axe principal, il se réfléchit en IR de telle sorte que son prolongement passe par le foyer F; puis je prends le rayon qui passerait par le centre C, il est à lui-même son rayon réfléchi. Au point de rencontre A' des deux rayons réfléchis se trouve l'image de A. On trouverait de même en B' l'image de B et en A'B' l'image de AB.

On voit que dans un miroir convexe *l'image est toujours plus petite que l'objet et de même sens;* et que l'image est d'autant plus petite que l'objet est plus

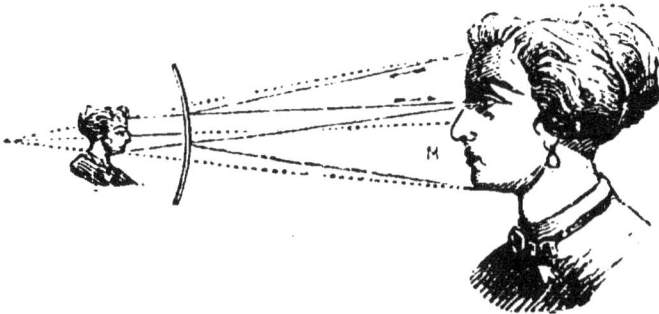

Fig. 170.

éloigné du miroir (fig. 170). Cette dernière vérité peut être vérifiée en formant l'image de DE; on trouve D'E' toujours plus petite que DE et p.us petite encore que A'B'.

RÉFRACTION

Lorsqu'un rayon lumineux passe d'un milieu dans un autre de densité différente, il subit une déviation qui a reçu le nom de *réfraction*.

Soit un rayon RI (fig. 171) traversant l'air et pénétrant dans l'eau; il ne suivra pas la direction IR' prolongement de RI, mais se brisera en IS, pour se rapprocher de la normale : phénomène qu'on a formulé dans la loi suivante :

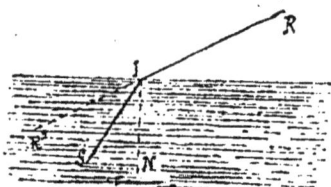

Lorsqu'un rayon lumineux passe d'un milieu moins dense dans un milieu plus dense il se rapproche de la normale (normale élevée dans le nouveau milieu).

Fig. 171.

Cette loi permet d'expliquer les phénomènes optiques tels que le relèvement du fond d'un vase, la rupture apparente d'un bâton plongé dans l'eau, etc.

Pour rendre plus sensible la première expérience (fig. 172), on place une pièce de monnaie au fond d'un vase vide, puis on se recule peu à peu jusqu'à ce que les bords opaques du vase ne permettent plus d'apercevoir que la plus petite partie de la pièce. Si l'on vient à verser de l'eau dans le vase, sans déplacer la pièce, celle-ci pourra redevenir entièrement visible.

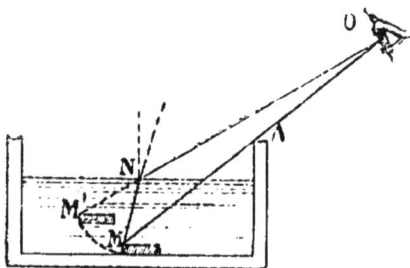

Dans cette expérience, l'œil était sur le prolongement de MA (fig. 172), il ne pouvait, avant la mise de l'eau, apercevoir que le point M de la pièce. Mais dès que le vase contient de l'eau, les rayons partis du point M, par exemple, ne vont plus en ligne droite. Prenons un de ceux-ci, MN, et suivons sa marche ; arrivé en N, il passe d'un milieu plus dense, l'eau, dans un milieu moins dense, l'air, il s'éloigne de la normale, et suit la direction NO. Si l'œil le rencontre, il

Fig. 172.

sera impressionné de telle sorte qu'il reportera le point lumineux sur le prolongement du rayon qu'il a reçu, et que le point lumineux lui paraîtra être en M' plus voisin de la surface de l'eau que ne l'était M.

Il en est de même pour tous les points du fond du vase, qui lui paraîtra par conséquent relevé.

Un bâton, en partie plongé dans l'eau, paraît brisé au point où il pénètre dans le liquide. Car (fig. 173) si nous suivons la direction d'un rayon émis par l'extrémité *m* du bâton immergé, nous trouvons *mi*, puis *io*, de sorte que l'œil placé en *o* verra l'extrémité en *m'*, plus

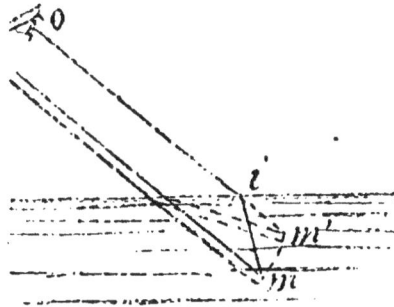

Fig. 173.

près de la surface. Il en serait de même pour tous les points du bâton.

Prisme. — Réfraction à travers un prisme. — Un prisme est, en optique, un volume de verre (fig. 174), dont les bases sont deux triangles et dont les faces sont trois rectangles.

Par suite de la réfraction que subissent les rayons lumineux en changeant de milieu, un objet vu à travers un prisme ne paraîtra jamais dans sa position réelle.

Fig. 174

Soit RI (fig. 175), un rayon lumineux rencontrant le prisme ABC, il se brisera en I et suivra II' (en se rapprochant de la normale); en I' il se brisera de nouveau suivant I'S (en s'éloignant de la normale), de sorte que l'œil.placé en S verra le point lumineux en R' quelque part sur le prolongement de SI'.

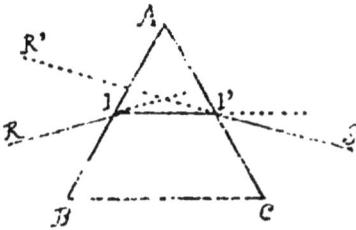

Fig. 175.

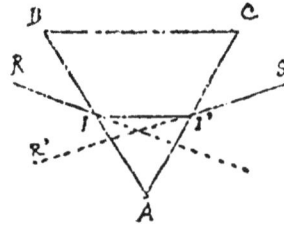

Fig. 176.

Le point lumineux R paraît donc relevé lorsque la base BC du prisme est au-dessous du sommet A

L'inverse aurait lieu si le sommet était au-dessous de la base (fig. 176).

Lentilles. — Réfraction à travers les lentilles. — On nomme *lentilles* des masses de verre terminées par des portions de sphères. Elles sont *convexes* lorsque la

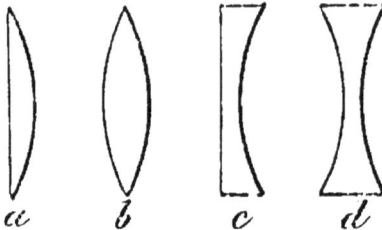

Fig 177.

partie centrale est plus épaisse que les bords. et *concaves* dans le c. s contraire. Les lentilles convexes (fig. 177) sont *plan-convexes*, *a*, quand l'une des faces est plane et l'autre convexe, ou *biconvexes*, *b*, quand les deux faces sont convexes. I existe également des lentilles *plan concaves*, *c*, et des lentilles *biconcaves*, *d*.

On n'emploie guère que les lentilles biconvexes et les lentilles biconcaves.

Lentilles biconvexes. — On appelle *axe principal* d'une lentille biconvexe la droite qui joint les centres des deux surfaces sphériques qui limitent la lentille : soit *cc'* (fig. 178).

Nous désignerons sous le nom de *centre optique* le point O situé sur l'axe
principal,
dans l'inté-
rieur de la
lentille et à
égale distan-
ce des faces.

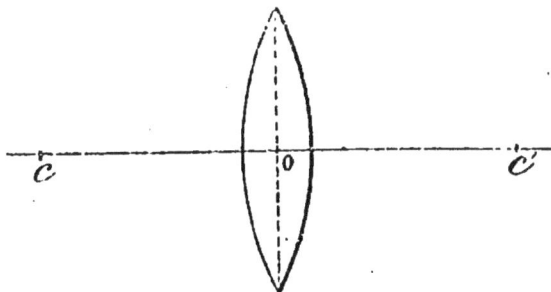

Tous les
rayons lumi-

Fig. 178.

neux qui viennent frapper une lentille convexe la tra-
versent en subissant *deux déviations*, une à leur entrée dans la lentille, l'autre à leur sortie.

Supposons d'abord qu'un rayon AB (fig. 179), *parallèle* à l'axe principal vienne frapper la lentille convexe

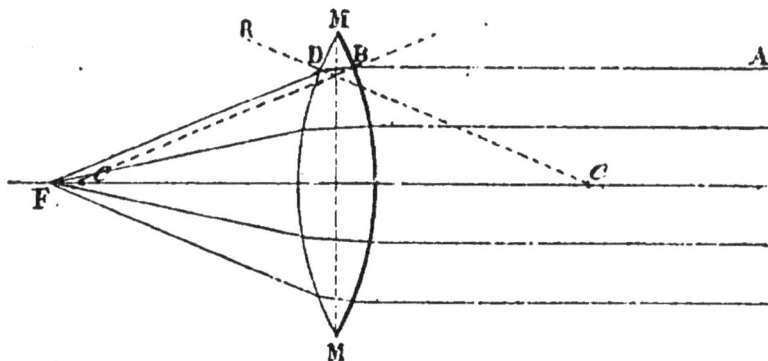

rig. 119.

en B, la normale en ce point est BC; passant de l'air dans le verre, le rayon se rapproche de la normale et suit la direction BD; en D, changement inverse de milieu, le rayon s'éloigne alors de la normale DR, il

8

devient DF. Le rayon parti de A suit donc la marche
ABDF pour se continuer maintenant en ligne droite.

Il en sera de même pour tout autre rayon parallèle
à l'axe principal : après avoir traversé la lentille, il
passera par le même point, F, qu'on nomme *foyer
principal* de la lentille. Ce foyer principal est donc le
point de passage de tous les rayons réfractés provenant de rayons incidents parallèles à l'axe principal.
Sa position ne peut pas être déterminée par le calcul,
comme on l'a fait pour les miroirs, car elle dépend
de la nature du verre de la lentille, de sa courbure, etc.

Dans toutes les figures qui suivront, relatives aux
lentilles, nous ne ferons plus comme il est marqué sur
la figure 179 quant à la réfraction, nous n'indiquerons
qu'une seule déviation du rayon lumineux, en MM', mais
il reste entendu qu'en réalité la réfraction s'effectue
deux fois dans les lentilles.

Ces sortes de lentilles, qui réunissent vers un même
point F les rayons lumineux qui les traversent, sont
dites lentilles *convergentes.*

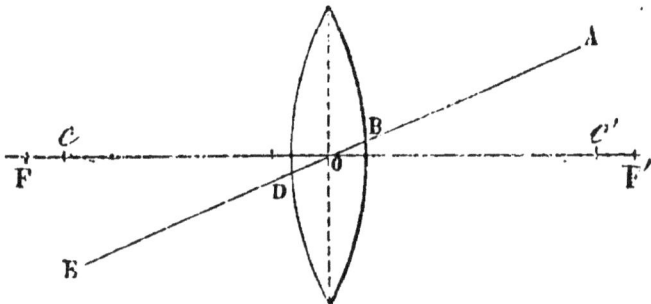

Fig. 180.

Supposons maintenant qu'un rayon lumineux AB
(fig. 180), rencontre la lentille suivant une direction
telle que son prolongement passe par O, le centre

optique de la lentille, il subira également deux déviations, mais telles que le rayon réfracté DE sortira
parallèlement à AB. Or DE est une parallèle si voisine
de AB, dans nos lentilles peu convexes, que, dans
toutes nos constructions de marches de rayons, nous
la supposerons sur le prolongement de AB. Nous dirons
alors que tout rayon incident passant par le centre
optique d'une lentille ne subit pas de réfraction.

Images données par les lentilles convexes. —
Maintenant que nous connaissons la marche de deux
rayons rencontrant une lentille convexe, nous pouvons
rendre compte de la formation des images à travers
ces lentilles.

1°. *L'objet AB est situé au delà du foyer* (fig. 181)

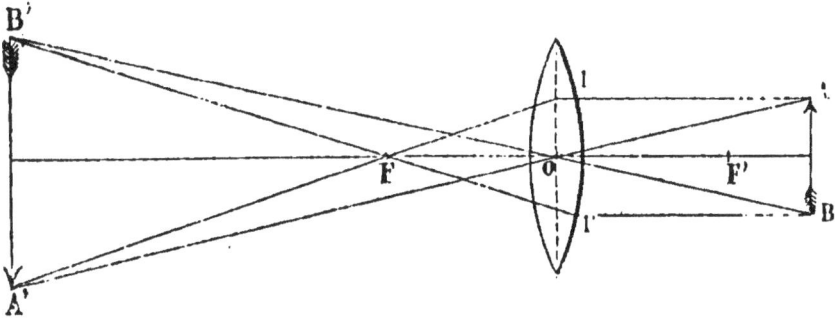

Fig. 181.

Parmi l'infinité des rayons émis par le point A, je
prends d'abord le rayon AI se dirigeant parallèlement
à l'axe principal ; je sais qu'après réfraction il passera
par F, foyer de la lentille ; A formera donc son image
quelque part sur FA'. Je prends ensuite le rayon AO,
passant par le centre optique ; comme il ne subit pas
de déviation, il continue sa marche suivant OA' ; ce
rayon doit également contenir l'image de A. Au point

de rencontre A' des deux rayons réfractés se trouvera
l'image de A.

La même construction faite pour B en prenant BI'
parallèle à l'arc principal, puis BO passant par le
centre optique, nous fournit en B' l'image de B et en
A'B' l'image de AB.

Nous voyons donc que, pour cet objet placé *au delà
du foyer*, son image est *renversée* et *plus grande* que
l'objet, dans ce cas où nous avons pris AB près du
foyer. Mais si nous *éloignons* AB du foyer, nous
verrons son image diminuer de grandeur, devenir plus
petite que l'objet, et d'autant plus petite que l'objet sera
plus éloigné.

Toutes ces images se formant de l'autre côté de la
lentille par rapport à l'objet peuvent être recueillies

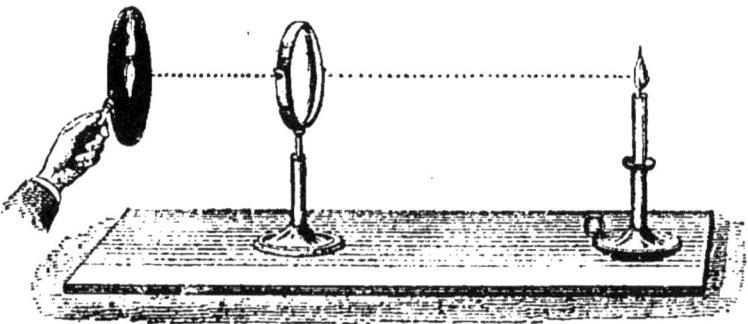

Fig. 182.

sur un écran convenablement placé (fig. 182); elles sont
dites alors *images réelles.*

2° *L'objet AB est situé entre le foyer et la lentille.*
(fig. 183), AI parallèle à l'axe principal se réfracte suivant IF qui contient l'image de A ; AO passant par le
centre optique ne subit pas de réfraction, il rencontre

le premier rayon réfracté en A' image de A. De même les deux rayons choisis, partis de B se rencontrent après réfraction en B' qui est l'image de B. L'image de AB est alors A'B'.

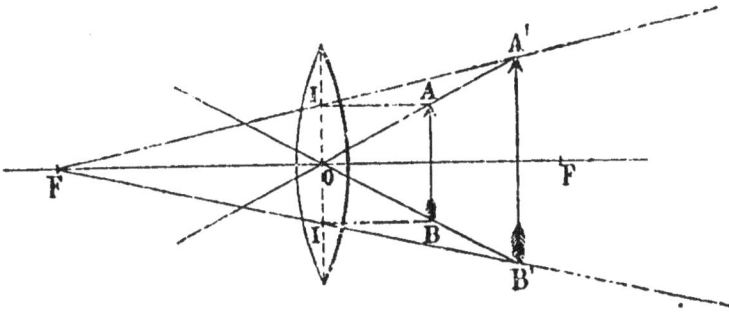

Fig. 183.

Cette fois, l'objet se trouvant placé *entre le foyer et la lentille* forme une image de *même sens* et toujours *plus grande que l'objet;* l'image sera d'autant plus grande que l'objet sera plus rapproché du foyer.

C'est bien d'ailleurs ce que nous remarquons quand nous regardons un petit objet à travers une *loupe* (fig. 184), qui n'est autre chose qu'une lentille biconvexe, nous voyons, au lieu de l'objet lui-même, son image d'autant

Fig. 184.

plus grossie que la loupe est plus convexe.

Mais dans ce cas, il n'est plus possible de recueillir l'image sur un écran, elle est dite image *virtuelle*.

Lentilles biconcaves. — Nous ne redirons pas les définitions d'*axe principal cc'* (fig. 185) et de *centre optique o*, qui sont les mêmes que celles que nous avons données à propos des lentilles convexes.

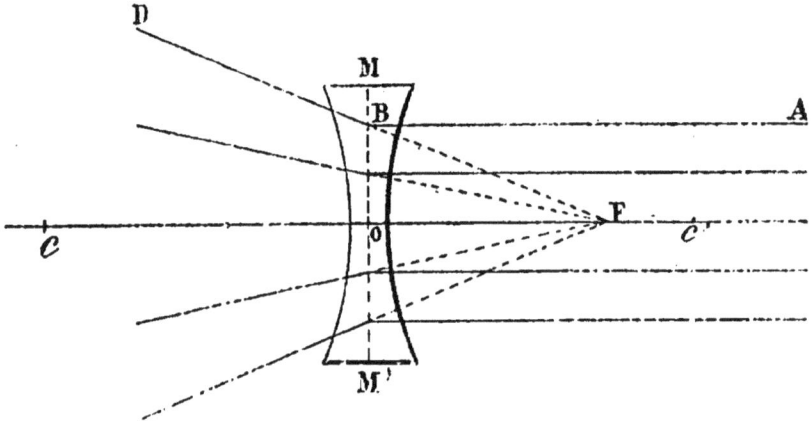

Fig. 185.

Considérons un rayon AB (fig. 185), parallèle à l'axe principal rencontrant la lentille concave; il subit à son entrée dans la lentille et à sa sortie deux déviations telles qu'après la deuxième, le rayon s'éloigne de l'axe pour suivre BD. Si l'on *prolonge* BD du côté du rayon incident, il rencontre l'axe principal en F qui prend encore le nom de *foyer principal*. Ainsi dans cette lentille, ce n'est pas le rayon réfracté qui passe par le foyer, mais seulement son prolongement. Il en serait de même pour tous les rayons incidents parallèles à l'axe principal.

Ces lentilles concaves qui font s'éloigner l'un de l'autre les rayons qui les ont traversées sont dites *lentilles divergentes*.

De même que pour les lentilles convexes, nous
admettrons que tout
rayon passant par le
centre optique ne su-
bira pas de déviation
à sa sortie (fig. 186).

**Images données
par les lentilles
concaves.** — Suppo-
sons un objet AB (fig. 187), placé à une distance *quelconque* de la lentille concave, et choisissons parmi l'infinité des rayons émis par A, les deux rayons dont nous

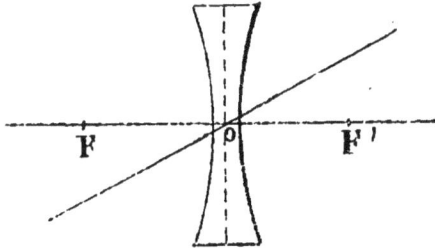

Fig. 186.

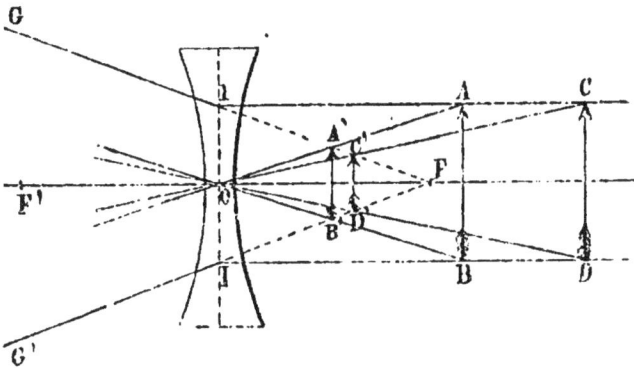

Fig. 187.

connaissons la marche : AI, parallèle et l'axe principal,
qui suit IG dont le prolongement passe par le foyer F,
et AO passant par le centre optique sans subir de déviation ; nous verrons alors que A forme son image
en A'. De même B forme son image en B'. Par conséquent AB a pour image A'B'.

Dans les lentilles concaves, quelle que soit la position
de l'objet, son image est toujours *plus petite* et de *même
sens ;* en outre, elle ne peut être recueillie sur un écran,

elle est *virtuelle*. De sorte que si l'œil placé du côté de F' veut regarder AB à travers la lentille concave, il ne verra que A'B' son image plus petite, et d'autant plus petite que l'objet sera plus éloigné de la lentille.

DÉCOMPOSITION DE LA LUMIÈRE BLANCHE

Lorsqu'un faisceau de rayons *solaires* ou de *lumière blanche* traverse un prisme (fig. 188), en outre de la déviation qu'il éprouve, il subit une coloration au sortir du prisme ; et si l'on recueille les rayons réfractés sur un écran, on trouve une image allongée, et colorée

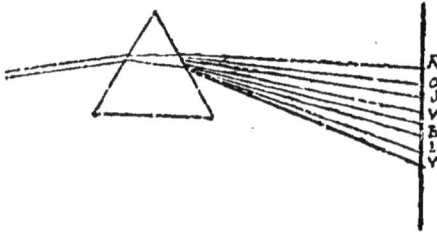

Fig. 188

d'une suite de couleurs fondues qu'on peut cependant rapporter aux sept couleurs suivantes : *rouge, orangé, jaune, vert, bleu, indigo, violet,* c'est ce qu'on appelle le SPECTRE SOLAIRE.

Pour expliquer la formation de ce spectre, Newton admet que la lumière blanche est une lumière *composée* de l'infinité des couleurs recueillies sur l'écran et que le prisme a séparées à cause de l'inégale réfraction de leurs rayons, le rayon violet se réfractant beaucoup plus que le rouge.

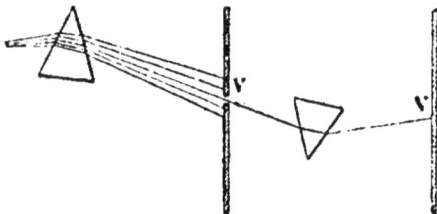

Si la lumière blanche est une lumière composée, il n'en est

Fig 189.

pas de même des rayons colorés du spectre. En effet, si nous perçons d'un petit trou (fig. 189) l'écran qui reçoit le spectre, de façon à ne laisser passer qu'un seul des faisceaux colorés, le vert par exemple, et que nous lui fassions traverser un prisme, c'est encore une tache verte que nous recueillerons sur un second écran. Chacune des lumières du spectre est donc une lumière *simple*.

Répéter l'expérience de Newton, c'est pour ainsi dire faire l'analyse de la lumière blanche, c'est-à-dire sa décomposition. Mais on peut compléter l'expérience en faisant la synthèse de cette lumière, c'est-à-dire en la recomposant à l'aide des rayons séparés par le prisme.

En effet, si l'on recueille sur un miroir concave (fig. 190) tous les rayons qui frappaient l'écran de l'expérience précédente, ils deviendront convergents et

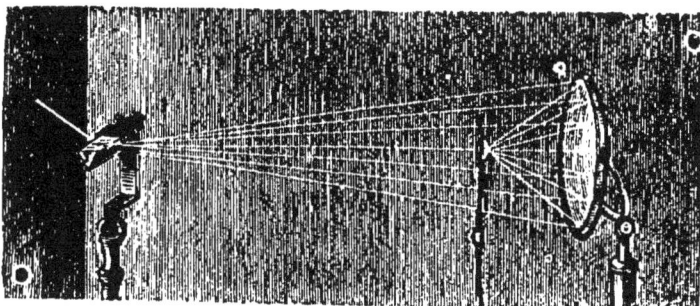

Fig. 190.

passeront tous au foyer en y formant une tache blanche.

Newton a disposé une expérience fondée sur la persistance des impressions lumineuses dans l'œil pour renouveler la synthèse de la lumière blanche. En effet, les impressions de lumière ne cessent pas, dans l'œil, au moment précis où la source lumineuse disparaît, l'œil reste impressionné environ un quart de seconde après qu'il a reçu l'impression.

8.

Il fit donc un disque de carton qu'il divisa en quatre quadrants égaux (fig. 191). Dans chaque quadrant se trouvent, collés les uns à côté des autres, des secteurs de papier colorés chacun d'une des couleurs du spectre. Ce disque mobile autour d'un pivot central, pouvait tourner (fig. 192) avec une vitesse telle que les couleurs venant frapper l'œil dans un espace de temps qui ne surpas-

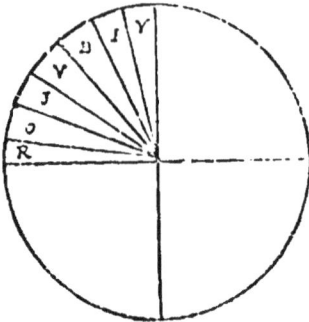

Fig. 191.

Fig. 192.

sait pas un quart de seconde, lui donnaient l'impression d'une couleur unique qu'on trouve être la *couleur blanche.*

Ces deux expériences montrent bien que la couleur blanche est une lumière composée des sept principales couleurs énoncées plus haut.

CHAMBRE OBSCURE.

Lorsqu'on place un objet AB (fig. 193), devant une petite ouverture pratiquée dans le volet d'une chambre maintenue obscure, on voit se former sur le fond de la chambre ou sur un écran interposé une image renversée de l'objet AB.

En effet, parmi les rayons partis du point A, les seuls

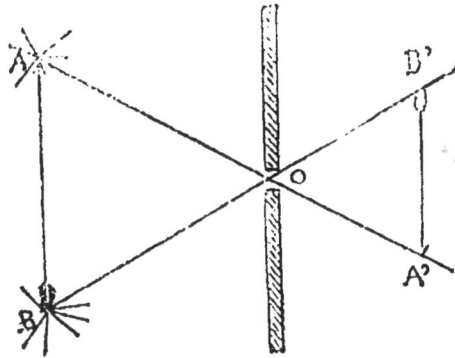

Fig 193.

qui puissent pénétrer dans la chambre sont ceux que la figure réunit en AA′, c'est-à-dire, ici, ceux qui vien-

Fig. 194.

nent de haut en bas, de sorte que A, plus élevé que l'ouverture, forme son image quelque part sur AA′, plus bas que l'ouverture. Inversement les seuls rayons partis de B, et non interceptés par les murs de la chambre, suivront une direction de bas en haut. L'image AB devra nécessairement se trouver renversée et formée dans le cône qui a pour sommet O. L'image que l'écran recevra sera plus ou moins nette, et dépendra de l'intensité lumineuse de AB et de la distance de l'écran par rapport à l'ouverture ; car plus cette distance sera faible, plus l'image sera nette.

ŒIL.

L'œil, l'organe de la vision, réunit et les effets de la chambre obscure et ceux que produit la réfraction de la lumière en traversant des milieux de densités différentes.

Structure de l'œil. — L'œil a la forme d'un globe enveloppé par plusieurs membranes (fig. 195). La première de ces membranes porte à sa partie antérieure le nom de *cornée transparente* enchâssée dans le blanc de l'œil. Un peu en arrière se trouve tendue une membrane opaque, l'*iris*, colorée en noir, marron, bleu, qui donne à l'œil sa couleur. L'iris est percé en son milieu d'une ouverture appelée

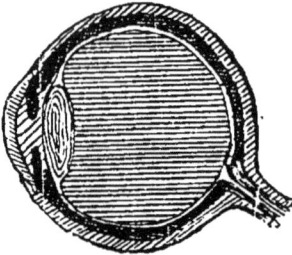

Fig. 195.

pupille. A une distance d'environ 1 millimètre en arrière de l'iris se trouve une espèce de lentille convexe, le *cristallin*. Ce cristallin divise l'œil en deux parties d'inégal volume. La seconde partie de l'œil consiste en une cavité entièrement remplie d'un liquide, l'*humeur vitrée*, limitée en avant par le cristallin et de tous les autres côtés par les parois intérieures de l'œil formées par la *rétine*, qui n'est autre que l'épanouissement du *nerf optique* et qui tapisse complètement le fond de l'œil. Dans la partie antérieure de l'œil se trouve un autre liquide, l'*humeur aqueuse*.

Marche des rayons dans l'œil. — Nous voyons bien maintenant l'analogie entre l'œil et la chambre noire. L'ouverture percée dans le volet : c'est la pupille; l'écran : c'est la rétine. Mais, en outre, pour permettre à l'image de se former nette sur l'écran, qui est relativement très près de l'ouverture, les rayons sont rapprochés, grâce à la lentille convergente qu'on trouve derrière la pupille et par les liquides, tous plus denses que l'air, qui emplissent l'œil.

Ainsi l'objet AB (fig. 196) placé devant l'œil envoie des rayons dans toutes les directions. Un

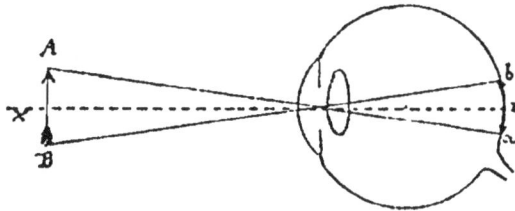

Fig. 196.

rayon émis par A et pénétrant dans l'œil subira, à cause de l'humeur aqueuse qu'il traverse, une légère réfraction qui le rapproche de l'axe; il en subira une autre causée par le cristallin, qui est la lentille convergente, puis une dernière dans l'humeur vitrée, et toutes ces déviations agiront pour rapprocher le rayon de l'axe. A formera donc son image en *a*. De même pour B, qui formera son image en *b*. Il en résultera en *a b* une *image renversée de* AB et bien nette, si l'objet est à la distance normale : 0^m,30, et si l'œil est bien conformé.

Myopie et presbytisme. — Les images sont encore bien nettes lorsque la distance entre l'objet et l'œil s'écarte même très sensiblement de cette distance $0^m,20$, car l'œil est constitué de telle sorte qu'il se prête avec grande facilité à ces changements de distances.

Mais si les milieux de l'œil sont trop fortement convergents, si surtout le cristallin est trop bombé, les images se formeront normalement en avant de la rétine (fig. 197) et l'image sera diffuse sur l'écran ; il en résultera une vision confuse.

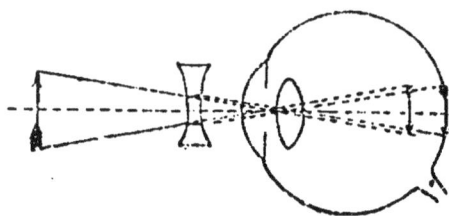

Fig. 197.

C'est ce qui arrivera chez les personnes myopes, qui sont alors obligées de placer près de l'œil les objets qu'elles veulent distinguer.

Pour remédier à cet inconvénient il suffit de placer en avant de l'œil une lentille divergente, concave, convenablement réglée, de telle sorte qu'elle compense par la divergence qu'elle fera subir aux rayons la trop grande convergence qu'y cause le cristallin.

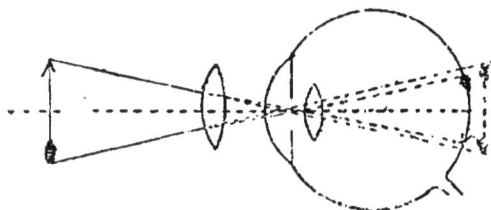

Chez les presbytes, au contraire (fig. 198), les milieux de l'œil et surtout le cristallin sont trop peu convergents : l'image se formerait nette en arrière de la rétine, et pour y voir distinctement, les presbytes doivent éloigner fortement l'objet de l'œil. On corrige ce défaut en plaçant devant l'œil une lentille convergente qui unit son action à celle du cristallin pour former l'image sur la rétine elle-même.

Fig. 198.

Ces lentilles placées en avant de l'œil chez les presbytes et les myopes, sont les lorgnons et les lunettes
qu'on leur voit porter et dont on ne doit faire usage
que lorsqu'il y a absolue nécessité.

PHOTOGRAPHIE

La chambre noire employée en photographie est
une boîte à parois opaques montée sur un trépied
(fig. 199); sa paroi antérieure porte un tube muni
d'une lentille bicon-
vexe; la paroi oppo-
sée, qu'on peut éloi-
gner ou rapprocher
à volonté à l'aide
d'un soufflet, est fer-
mée par un chassis en
verre dépoli. Lors-
qu'un objet est placé
en avant de l'appa-
reil, il forme son

Fig. 199.

image renversée sur l'écran avec une netteté plus ou
moins grande; l'opérateur fait mouvoir son châssis
de telle sorte que l'image s'y forme absolument nette,
opération qui s'appelle la *mise au point*.

C'est une opération chimique qui se continue maintenant. Niepce et Daguerre sont les premiers qui trou-
vèrent le moyen de fixer les images de la chambre noire.

Le procédé de Daguerre, bien modifié de nos jours, est
remplacé par une double opération. On obtient d'abord
un *cliché* dit *négatif*, c'est-à-dire présentant en noirs
les blancs de l'objet placé en avant de la chambre
noire, puis l'épreuve définitive, *positive*, présentant les

blancs et les noirs à leurs places réelles et avec leurs intensités relatives.

Ainsi, quand la mise au point est obtenue, à la place du châssis de verre dépoli, on en glisse un autre dont la face intérieure à la chambre est enduite de collodion rendu sensible à la lumière par addition de bromure et d'iodure d'argent. La lumière émise par l'objet placé en avant décompose avec une énergie d'autant plus grande qu'elle est elle-même plus intense, le sel d'argent qui recouvre la plaque, mais cependant, ne rend pas encore l'image apparente. On la *développe* et on la rend insensible à l'action de la lumière en la plongeant dans des bains spéciaux. C'est ainsi qu'on a le cliché ou le négatif de l'objet.

On tire l'épreuve positive sur du papier, lui aussi, sensible à la lumière grâce à une immersion dans une dissolution d'un sel d'argent. On dépose sur cette feuille le cliché renversé et on expose le tout à la lumière. Celle-ci traverse les blancs du cliché, impressionne le papier qui noircit ; elle ne traverse pas, au contraire, les parties noires du cliché, et les points correspondants du papier restent blancs. On insensibilise ensuite le papier en le plongeant dans des bains convenables, on le lave et on le sèche.

On peut tirer autant d'épreuves positives qu'on le désire avec le même cliché.

QUESTIONNAIRE

De quelles façons les corps peuvent-ils être lumineux? — Comment se propage la lumière? avec quelle vitesse? — Qu'appelez-vous ombre? — Dans quel cas y a-t-il pénombre? — Quelle est la loi de réflexion de la lumière? — Comment se forme l'image d'un point placé devant un miroir plan? — Qu'est l'image d'un objet placé devant un miroir plan? — Comment se réfléchit tout rayon parallèle à l'axe principal d'un miroir concave? —

Où se trouve le foyer? — Comment se réfléchit un rayon passant par le centre? — Construire l'image d'un objet placé au delà du centre. — Quelle est l'image d'un objet placé entre le centre et le foyer? — Si l'objet est placé entre le foyer et le miroir, comment se forme son image? — Qu'est le foyer dans un miroir convexe? — Construisez l'image d'un objet placé devant un miroir convexe. — Qu'entendez-vous par réfraction? — Expliquez quelques illusions d'optique causées par la réfraction. — Parlez de l'action déviatrice d'un prisme sur un rayon lumineux. — Qu'appelez-vous lentilles? — Combien en connaissez-vous de genres? — Comment trouvez-vous le foyer d'une lentille bi-convexe? — Construisez l'image d'un objet placé devant une lentille, 1° quand l'objet est au delà du foyer, 2° quand il est entre le foyer et la lentille. — Qu'est-ce qu'une loupe? — Comment voit-on les objets à travers la loupe? — Comment voit-on les objets regardés à travers une lentille bi-concave? — Comment agit un prisme sur un rayon de lumière blanche qui le traverse? — Chacun des rayons colorés du spectre solaire est-il une lumière simple? — Comment fait-on la synthèse de la lumière blanche? — Qu'entendez-vous par chambre obscure? — Comment se forment les images sur l'écran de cette chambre? — De quels milieux se compose l'œil? — Quelle est la marche des rayons dans l'œil? — Comment remédie-t-on à la myopie, au presbytisme? — Quel est le principe de la photographie? — Quelles opérations nécessite la photographie?

FIN DE LA PHYSIQUE

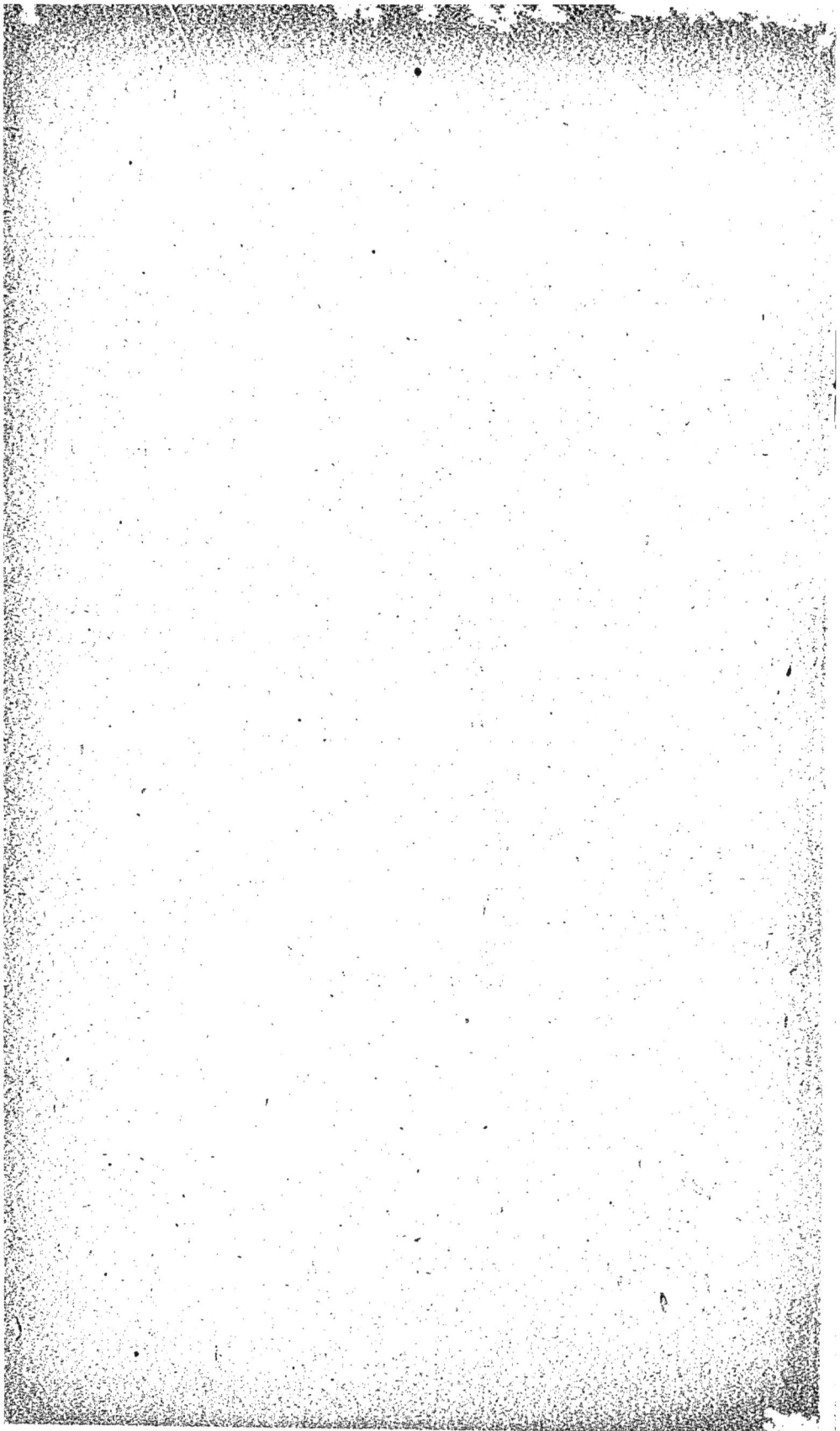

CHIMIE

LIVRE PREMIER

CHAPITRE PREMIER

NOTIONS PRÉLIMINAIRES

La chimie est une science qui étudie les *propriétés particulières* à chaque corps, ainsi que les *phénomènes* qui sont des modifications *profondes, essentielles* et *permanentes* de la nature des corps.

Par exemple, si l'on vient à enflammer un morceau de soufre, il répand dans l'air un gaz d'une odeur insoutenable. Or, ce gaz ne rappelle en rien le soufre qui l'a fourni, et nous verrons plus loin que, dans ce cas, le soufre s'est combiné avec un des éléments de l'air, l'oxygène, pour former un corps tout à fait nouveau, l'acide sulfureux. La *combustion* a produit ici une modification essentielle, puisque le corps a changé de nature : de corps simple il est devenu composé; la modification est permanente car on ne reproduira pas le soufre avec l'acide sulfureux; nous avons alors tous les caractères d'un phénomène chimique.

Mais si nous prenons ce même soufre et que nous le chauffions légèrement, nous le verrons bientôt devenir liquide, subir la fusion. Si nous avons alors un nouvel état du soufre, nous n'avons pas pour cela une nouvelle substance; de plus cet état n'est que passager, car si je le laisse refroidir, je retrouve le soufre avec son aspect et ses propriétés primitives. Nous n'avons ici qu'un phénomène physique : la fusion.

D'ailleurs, nous avons suffisamment donné l'idée de ces espèces de phénomènes au commencement du cours de physique, pour qu'il nous soit permis de n'y plus insister de nouveau.

Corps simples. — Corps composés. — Un corps SIMPLE OU ÉLÉMENT est celui dont on ne peut tirer qu'une seule espèce de matière, qui, par conséquent, est indécomposable. Le nombre des corps simples est actuellement de soixante-dix, on voit qu'il s'est considérablement accru depuis l'époque où les peuples de l'antiquité n'en comptaient que trois; et il est fort probable que leur nombre s'augmentera encore à mesure que se perfectionneront nos moyens de décomposition. L'*oxygène*, le *phosphore*, le *mercure*, le *fer*, sont des corps simples.

DES CORPS COMPOSÉS sont des corps dont on a pu retirer plusieures espèces de substances différentes; ils sont composés d'éléments; tels sont l'*eau*, le *sel de cuisine* ou *chlorure de sodium*, le *gaz de l'éclairage*.

Dans les réactions chimiques, on ne doit considérer les corps composés que comme la réunion d'éléments toujours séparables. Les corps composés ont des propriétés différentes, soit parce qu'ils sont la réunion d'éléments différents comme l'*eau*, formée d'oxygène et d'hydrogène; l'*air*, composé d'oxygène et d'azote; soit parce que leurs éléments y entrent en proportions différentes : le sucre ne diffère de l'alcool que parce que celui-ci contient moins de charbon, d'oxygène et d'hydrogène que le premier; l'air que nous respirons et l'acide nitrique ou eau-forte, qui ronge les métaux, renferment les mêmes éléments, mais en proportions différentes

C'est à l'aide de l'*analyse* qu'on peut reconnaître si un corps est composé; car faire l'analyse d'un corps c'est le décomposer en ses éléments.

Mais la constitution d'un corps ne pourra être donnée d'une façon certaine que si, à l'aide des éléments trouvés dans l'analyse et dans les proportions qu'elle a révélées, il est possible de reconstituer le composé; effectuer cette opération, c'est faire la *synthèse* du corps.

Combinaison. — Mélange. — Lorsqu'on met en contact deux corps de nature différente, on peut obtenir soit une combinaison, soit un mélange.

Il y a *combinaison* quand de l'union de ces deux corps il en est résulté un troisième de nature et d'aspect absolument différents des corps mis en présence, et seulement décomposable par des moyens chimiques.

Dans un *mélange*, au contraire, il est toujours facile de séparer, soit à l'œil, soit par des moyens mécaniques, les éléments qui l'ont formé; en outre le mélange tire son aspect et ses propriétés de celles des composants.

Une combinaison est généralement accompagnée de chaleur, d'électricité et même de lumière.

Si l'on met dans un flacon de la limaille de fer et du soufre tous deux pulvérisés, et qu'on agite le flacon, on trouvera une poudre d'apparence homogène dont la couleur tiendra de celle du fer et de celle du soufre, mais dont l'examen à la loupe trahira la composition Nous avons ici un mélange.

Si maintenant on chauffe ce mélange placé dans un creuset, on trouve bientôt après refroidissement, un corps noirâtre, cassant, dont les propriétés ne rappellent

en rien celles du fer et du soufre. Nous avons eu cette
fois tous les caractères d'une combinaison.

Métalloïdes. Métaux. — Les corps simples ont été
divisés en deux groupes qui diffèrent, et par leurs propriétés physiques et surtout par leurs propriétés chimiques; ce sont les *métalloïdes* et les *métaux* formant un
ensemble d'environ soixante-dix corps simples.

Les *métalloïdes* ne possèdent pas généralement d'éclat
caractéristique; ils sont mauvais conducteurs de la
chaleur et de l'électricité. En combinaison avec l'*oxygène*, ils forment ou des *acides* ou des *oxydes neutres*.

Les *métaux* possèdent un éclat particulier appelé éclat
métallique; ils sont bons conducteurs de la chaleur et
de l'électricité. En combinaison avec l'*oxygène*, ils forment au moins une *base*, encore appelée *oxyde basique*.

PRINCIPAUX MÉTALLOÏDES.

Oxygène.	Soufre.
Azote.	Chlore.
Carbone.	Silicium.
Phosphore.	

PRINCIPAUX MÉTAUX.

Hydrogène.	Étain.
Potassium.	Cuivre.
Sodium.	Plomb.
Calcium.	Mercure.
Aluminium·	Argent.
Fer.	Or.
Zinc.	Platine.

Acide. Base. Oxyde neutre. — On reconnaît qu'un
corps est *acide*, lorsque, liquide ou en dissolution, il
possède la propriété de rougir la teinture bleue de
tournesol; tels sont le vinaigre, l'eau-forte, le vitriol.

Une *base* est un corps qui, en dissolution, ramène

au bleu la teinture de tournesol rougie par un acide. On voit qu'à ce point de vue sa propriété est absolument contraire à celle de l'acide. Une base est en effet capable de neutraliser un acide; des bases énergiques sont la potasse, la chaux.

Un *oxyde neutre* est un corps qui n'a aucune action ni sur la teinture bleue ni sur la teinture rougie de tournesol.

Sel. — Si dans une dissolution d'une base, on verse une dissolution d'acide, il arrivera un moment où la base sera neutralisée, c'est-à-dire n'aura aucune action sur le papier de tournesol; on aura alors une liqueur qui contient un *sel* en dissolution; il suffira de faire évaporer le liquide pour en séparer le sel.

Un sel est donc formé d'un acide et d'une base. Mais ses propriétés sont généralement très différentes de l'acide et de la base qui l'ont formé.

Nomenclature chimique. — Un corps composé rappelle toujours, par son nom, les noms de ses composants.

ACIDES. — 1º Lorsqu'un métalloïde, en combinaison avec l'oxygène, ne forme qu'un acide, sa terminaison est en *ique* ajouté au nom du métalloïde :

Acide carbon*ique*, formé de carbone et d'oxygène.

2º Si le métalloïde, en combinaison avec deux quantités différentes d'oxygène, forme deux acides, le plus oxygéné est en *ique* et l'autre en *eux* :

Acide phosphor*ique*, acide phosphor*eux*, tous deux formés de phosphore et d'oxygène.

3º Lorsqu'un métalloïde forme, avec des quantités différentes d'oxygène, plus de deux acides :

Si l'acide formé est moins oxygéné que l'acide en *eux*, le métalloïde est précédé de *hypo* et terminé par *eux*· mais si l'acide est plus oxygéné que l'*eux* et moins que l'*ique*, le métalloïde est précédé encore de *hypo* mais terminé par *ique;* enfin si l'acide est plus oxygéné que l'acide en *ique*, le métalloïde est précédé de *hypér* ou *per.* La combinaison du chlore avec l'oxygène va nous fournir la série complète des acides, soit, en commençant par le moins oxygéné :

Acide *hypochloreux*

Acide chlor*eux.*

Acide *hypochlorique.*

Acide chlor*ique.*

Acide *perchlorique.*

Si un acide est hydrogéné, sa terminaison est *hydrique :*

Acide chlorhydrique, formé de chlore et d'hydrogène.

Acide sulfhydrique, formé de soufre et d'hydrogène.

BASES. OXYDES NEUTRES. — Les bases qu'on nomme encore oxydes basiques, et les oxydes neutres, rappellent aussi le métal ou le métalloïde qui les a formés.

Si le composé est unique, on dit simplement oxyde :

Oxyde de carbone, oxyde de plomb.

Cependant quelques bases ou oxydes basiques ont des noms dans lesquels le mot oxyde est supprimé.

Ainsi l'oxyde de potassium s'appelle potasse; l'oxyde de calcium, chaux; l'oxyde de sodium, soude.

Mais si les oxydes formés sont au nombre de deux, le moins oxygéné s'appelle *protoxyde* et l'autre *bioxyde* :

Protoxyde d'azote.

Bioxyde d'azote.

SELS. — Un sel rappelle et son acide et sa base.

Le nom de l'acide du sel est terminé en *ate* ou en *ite.*

Il est terminé en *ate* s'il provient d'un acide en *ique* :

Sulfate de chaux formé d'acide sulfurique et de base chaux; carbonate de fer, formé d'acide carbonique et d'oxyde de fer.

Le nom de l'acide du sel est terminé en *ite*, s'il provient d'un acide en *eux :* hyposulfite de soude, formé de l'acide hyposulfureux et de la base soude.

CORPS NON OXYGÉNÉS. — Enfin lorsque la combinaison de deux corps ne renferme pas d'oxygène, la terminaison du premier est *ure :*

Chlorure de sodium (formé de chlore et de sodium).

Équivalents en poids[1]. — On appelle équivalent en poids d'un corps le plus petit nombre de grammes de ce corps qu'on puisse combiner avec 1 gramme d'hydrogène.

Ainsi, il n'est possible de former 9 grammes de vapeur d'eau qu'en combinant 8 grammes d'oxygène avec 1 gramme d'hydrogène; on dira que l'équivalent de l'oxygène est 8.

Jamais moins que $35^g,5$ de chlore ne peuvent se combiner avec 1 gramme d'hydrogène : on dira que l'équivalent du chlore est 35,5.

S'il est des corps qui ne se combinent pas avec l'hydrogène, ils auront pour équivalents le plus petit nombre de grammes de ces corps qu'on pourra combiner avec 8 grammes d'oxygène, l'équivalent de ce gaz.

Ainsi le potassium aura pour équivalent 39 parce que seuls 39 grammes de potassium peuvent se combiner avec 8 grammes d'oxygène pour former 47 grammes de potasse.

Notation chimique. — Pour représenter en chimie les *corps simples*, on emploie pour symbole généralement la première lettre de leur nom, français ou latin :

O signifie oxygène.	S signifie soufre.	
H — hydrogène.	I — iode.	
C — carbone.	K — potassium.	

1. Nous rappelons ici que tout ce qui est relatif à la notation chimique : équivalents, symboles, équations, formules, ne doit être appris que dans la 2e année d'étude de notre ouvrage.

Mais quand plusieurs noms commencent par la même lettre on en ajoute une autre, généralement la seconde, qui s'écrit en lettre minuscule :

Cl	signifie chlore.		Ph	signifie	phosphore.
Cr	—	chrome.	Pb	—	plomb.
Ca	—	calcium.	Mn	—	manganèse.
Co	—	cobalt.	Mg	—	magnésium.
Cu	—	cuivre.	Hg	—	mercure.

Tableau des principaux corps simples avec leurs symboles et leurs équivalents en poids.

	Symbol.	équiv.		Symbol.	équiv.
Hydrogène . . .	H	1	Potassium. . . .	K	39
Oxygène.	O	8	Sodium	Na	23
Azote	Az	14	Calcium.	Ca	20
Carbone.	C	6	Aluminium . . .	Al	14
Phosphore . . .	Ph	31	Fer	Fe	28
Soufre.	S	16	Zinc	Zn	33
Chlore.	Cl	35.5	Étain.	Sn	59
Silicium.	Si	14	Cuivre.	Cu	31.5
Iode	I	127	Plomb.	Pb	104
Brome.	Br	80	Mercure.	Hg	100
Fluor	Fl	19	Argent	Ag	108
Arsenic	As	75	Or.	Au	98.2
Bore.	Bo	11	Platine	Pt	99.5

Proposons-nous maintenant de symboliser les corps composés :

1° *Acides ou oxydes.* — Pour représenter un acide ou un oxyde, il suffit d'écrire l'un à côté de l'autre chacun des symboles des éléments qui le composent, en affectant chaque symbole d'un exposant [1] qui indique quelle quantité d'équivalents de ce corps il faut prendre pour constituer le composé.

1. L'exposant n'a pas la même valeur en chimie qu'en arithmétique; il ne signifie pas une élévation à une puissance, il a la valeur seule d'un coefficient : ainsi O^2 ou $2O$ sont mêmes choses en chimie.

Ainsi HCl indique une combinaison de l'hydrogène avec le chlore : *l'acide chlorhydrique*, et signifie en outre qu'il est formé de 1 équivalent d'hydrogène pour 1 équivalent de chlore : soit 1 gramme d'hydrogène $+ 35^g,5$ de chlore pour former $36^g,5$ d'acide chlorhydrique.

CO signifie carbone $+$ oxygène : oxyde de carbone, combinés dans le rapport de 1 équivalent de carbone pour 1 équivalent d'oxygène ; soit 6 grammes de carbone pour 8 grammes d'oxygène formant 14 grammes d'oxyde de carbone.

Et CO^2 signifie acide carbonique, formé dans les proportions de 6 grammes de carbone pour (2×8) 16 grammes d'oxygène.

L'équivalent de l'azote étant 14, les combinaisons oxygénées de l'azote seront représentées et signifieront :

Protoxyde d'azote. . AzO $\quad$ 14^{gr} d'az. $+$ 8^{gr} d'oxyg. $=$22^{gr} d'AzO.
Bioxyde d'azote . . . AzO^2 14 $\quad$ — $\quad$ $+16$ $\quad$ — $\quad$ $=30$ $\quad$ AzO^2.
Acide azoteux . . . . AzO^3 14 $\quad$ — $\quad$ $+24$ $\quad$ — $\quad$ $=38$ $\quad$ AzO^3.
Acide hypoazotique. AzO^4 14 $\quad$ — $\quad$ $+32$ $\quad$ — $\quad$ $=46$ $\quad$ AzO^4.
— azotique. . . . AzO^5 14 $\quad$ — $\quad$ $+40$ $\quad$ — $\quad$ $=54$ $\quad$ AzO^5.
— perazotique. . AzO^6 14 $\quad$ — $\quad$ $+48$ $\quad$ — $\quad$ $=62$ $\quad$ AzO^6.

Autres exemples :

HO représ. eau . . . . et signifie 1 équival. d'H combiné à 1 équival. d'O.
SO^2 — acide sulfureux. . . — 1 — S — 2 — d'O.
SO^3 — — sulfurique . . — 1 — S — 3 — d'O.
PhH^3 — phosphure d'hydrog. — 1 — Ph — 3 — d'H.
Fe^{3}O^4 — un oxyde de fer . . — 3 — Fe — 4 — d'O.

2° *Sels.* — Pour représenter un *sel* on commencera par écrire sa base, puis son acide en les séparant par une virgule.

NaO,CO^2 représente le carbonate de soude.
CaO,CO^2 — — chaux.
KO,SO^3 — sulfate de potasse.
NaO,SO^2 — sulfite de soude.

Problème. — *Quel poids de calcium, d'oxygène et de*

carbone existe-t-il dans un bloc de marbre de 20 *kilogr.,* *connaissant les équivalents de ces éléments?*

La marbre est du carbonate de chaux dont le symbole est CaO, CO^2; il a pour équivalent la somme des équivalents de ses éléments, soit :

$$20 + 8 + 6 + 16 = 50.$$

Puisque 50 grammes de carbonate de chaux renferment 20 grammes de calcium, 24 grammes d'oxygène et 6 grammes de carbone

    20,000 grammes en contiendront donc :

$$\text{Calcium} \quad \frac{20 \times 20.000}{50} = 8.000.$$

$$\text{Oxygène} \quad \frac{24 \times 20\,000}{50} = 9.600.$$

$$\text{Carbone} \quad \frac{6 \times 20.000}{50} = 2.400.$$

Équations chimiques. — Lorsqu'on met ensemble, dans un même flacon, 2 ou plusieurs corps, il peut résulter de leur contact seul ou de l'influence de la chaleur, des corps nouveaux fluides ou solides. Pour exprimer la réaction qui s'est produite, on met en premier membre d'une égalité les symboles des corps mis en présence et en second membre les symboles des corps formés. Et comme dans ces formules on ne fait figurer que les quantités strictement suffisantes pour la production des réactions, et que rien ne se crée comme rien ne se perd, mais que seulement des transformations se produisent, on doit trouver en second membre la même quantité d'éléments que le premier membre en contenait.

Ainsi : lorsqu'on chauffe du carbonate de chaux, celui-ci se transforme en chaux et en acide carbonique, l'équation de la réaction sera :

$$CaO,CO^2 = CaO + CO^2$$

Quand on fait agir de l'acide chlorhydrique sur du zinc, il se forme un chlorure de zinc, et de l'hydrogène se dégage; l'équation sera :

$$Zn + HCl = ZnCl + H.$$

Il est souvent nécessaire de prendre plusieurs équivalents d'un corps pour que la combinaison puisse se produire avec un nombre différent d'équivalents d'un autre, on indique ces différents nombres par des coefficients mis en avant des corps réagissants :

Le bioxyde d'azote en présence de l'oxygène se transforme en acide hypoazotique, on écrira :

$$AzO^2 + 2O = AzO^4.$$

L'ammoniaque est décomposée par le chlore et donne de l'azote et du chlorhydrate d'ammoniaque :

$$4AzH^3 + 3Cl = Az + 3AzH^3,HCl.$$

Nous allons choisir ce dernier exemple pour montrer que nous trouvons en second membre tous les éléments contenus dans le premier :

Le 1er membre contient $4Az$, le second $1 + 3 = 4Az$.
                $4 \times 3 = 12H$,   — $(3 \times 3) + 3 = 12H$.
                     $3Cl$,   — $3Cl$.

Car le coefficient multiplie tous les éléments du composé avec leurs exposants.

QUESTIONNAIRE

Donnez des exemples de phénomènes chimiques. — Qu'entendez-vous par corps simple, corps composé? Citez-en. — Que signifient ces mots : analyse, synthèse? — Établissez la différence entre un mélange et une combinaison. — Définissez les métalloïdes, les métaux. — Qu'est-ce qu'un acide, une base, un oxyde neutre, un sel? — Comment a-t-on donné des noms aux acides? — Nommez les composés oxygénés du chlore. —

Quelle est la nomenclature des oxydes. — Comment est formé le nom d'un sel? — Qu'appelez-vous équivalent d'un corps simple? — Comment les chimistes représentent-ils les corps simples? — Comment est représenté un oxyde? un sel? — Quelle est la signification d'un exposant? — Qu'entendez-vous par équation chimique?

CHAPITRE II

MÉTALLOIDES ET LEURS COMPOSÉS : ACIDES OU OXYDES NEUTRES

OXYGÈNE.

$$0 = 8$$

L'oxygène a été découvert par Priestley le 1er août 1774; cette date est mémorable pour l'histoire de la chimie; car ce n'est qu'à partir de cette découverte que la chimie peut véritablement prendre le titre de science. Quelque temps après, Lavoisier faisait connaître le rôle immense que joue l'oxygène dans la combustion, dans la respiration et dans l'oxydation des corps.

Propriétés physiques. — L'oxygène est un gaz qui ne présente ni odeur, ni saveur, ni couleur.

Sa densité (prise par rapport à l'air, comme pour tous les gaz) est 1,1056; 1 litre d'oxygène pèse donc 1^{gr},293 × 1,1056 = 1^{gr},42954.

Il est peu soluble dans l'eau.

C'est un des gaz qu'on appelait *permanents*, c'est-à-dire qu'il s'était montré réfractaire à tous les moyens de liquéfaction. Mais vers la fin de 1877, de puissantes compressions sont parvenues à le liquéfier ainsi que les autres gaz dits permanents jusqu'alors.

Propriétés chimiques. — L'oxygène est le gaz qui, par excellence, entretient et avive les combustions ; il est même capable de rallumer avec production de flamme, une bougie ou une allumette ne présentant plus que quelques points en ignition (fig. 200). Il est donc très comburant ; mais il n'est pas combustible, c'est-à-dire qu'il ne brûle pas lui-même.

Fig. 200.

Pour montrer d'une façon frappante cette propriété comburante de l'oxygène, on fait brûler dans des flacons pleins de ce gaz du soufre, du phosphore, du

Fig. 201.

Fig. 202.

charbon (fig. 201), et tous ces corps brûlent très rapidement en produisant une vive lumière. En outre, si l'on analyse les gaz que les flacons renferment après la combustion, on trouve dans l'un de l'acide sulfureux, dans l'autre de l'acide phosphorique et dans le troisième de l'acide carbonique; c'est que la combustion a produit une combinaison de ces métalloïdes avec l'oxygène du flacon, d'où il est résulté des acides.

Les métaux eux-mêmes brûlent dans l'oxygène avec une lumière éclatante; et comme les métalloïdes ils se combinent à l'oxygène, mais forment des oxydes basiques; on dit qu'ils *s'oxydent*.

Pour montrer la combustion du fer, on en contourne un fil en forme de spirale (fig. 202) à l'extrémité de laquelle on met un morceau d'amadou enflammé. Puis on plonge le tout dans une cloche pleine d'oxygène reposant sur une assiette contenant un peu d'eau. L'amadou échauffe le fer qui s'enflamme bientôt en produisant de vives étincelles projetées en tous sens et tellement brûlantes qu'elles viennent s'incruster dans la porcelaine après avoir traversé l'eau.

Toutes ces combustions accompagnées d'un grand dégagement de chaleur et de lumière sont dites *combustions vives*.

Mais l'oxydation des corps n'est pas toujours accompagnée de ces phénomènes lumineux; elle prend alors le nom de *combustion lente*. Telle est l'oxydation du fer, qui se produit toutes les fois que ce métal reste exposé à l'air humide (et nous verrons plus loin, grâce à la présence de l'acide carbonique de l'atmosphère) et passe à l'état de rouille.

On voit donc que, *oxydation* et *combustion* sont deux opérations identiques; il ne peut y avoir combustion qu'aux dépens de l'oxygène.

Ce gaz a mérité le nom d'air vital, car on sait,

grâce à Lavoisier, que la *respiration*, qui entretient la vie, est une véritable combustion.

État naturel. — L'oxygène est le gaz le plus abondant de la nature. On le trouve dans l'air, dans l'eau, dans la plupart des substances animales, végétales et minérales; il forme à lui seul le tiers, au moins, de l'enveloppe terrestre.

Préparation. — Pour préparer rapidement de l'oxygène pur, et pour éviter tout danger, on met dans

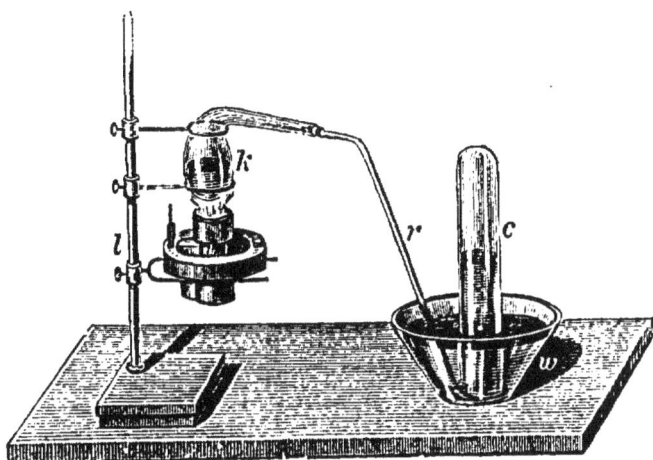

Fig. 203.

une cornue de verre, poids égaux de *chlorate de potasse* et de *bioxyde de manganèse* (fig. 203). Puis on chauffe le mélange d'abord doucement. Le chlorate de potasse (qui est un sel) se décompose; l'oxygène est conduit, par un tube qui part de la cornue, dans la cuve à eau, où on le recueille dans des éprouvettes. 50 grammes de chlorate de potasse peuvent fournir 20 litres d'oxygène.

$$KO, ClO^5 = KCl + 6O$$

Chlorate   Chlorure   Oxygène.
de potasse.   de potassium.

9.

On peut également préparer de l'oxygène pur en décomposant par une chaleur très intense du bioxyde de manganèse déposé dans une cornue de terre :

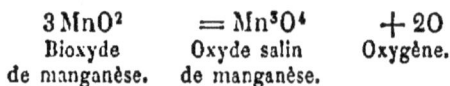

$$3\,MnO^2 \qquad = Mn^3O^4 \qquad +20$$

3 MnO²	= Mn³O⁴	+ 2O
Bioxyde de manganèse.	Oxyde salin de manganèse.	Oxygène.

Usages. — L'oxygène n'a, isolément, aucune application industrielle, mais il agit comme nous l'avons vu dans les acidifications et les combustions.

HYDROGÈNE. H = 1.

Propriétés physiques. — L'hydrogène est un gaz incolore, inodore et sans saveur.

Ce gaz est maintenant classé par tous les chimistes dans la famille des métaux dont il a toutes les propriétés. Si nous l'étudions maintenant, c'est parce que son nom reviendra si souvent, avant l'étude des métaux, qu'il est indispensable de connaître ses propriétés.

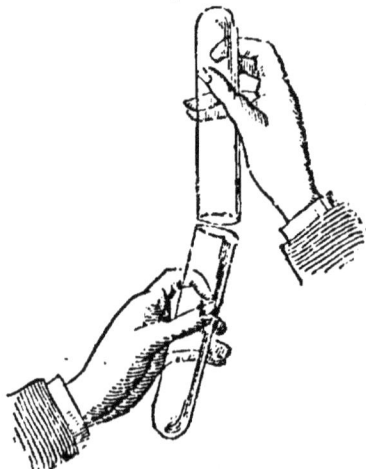

Sa densité est 0,069, ce qui donne pour le poids du litre $1^{gr},293 \times 0,069 = 0^{gr},089$. C'est le plus léger de tous les gaz; il est environ quatorze fois et demie plus léger que l'air.

Cette grande légèreté est mise en évidence par diverses expériences. Si l'on abouche deux éprouvettes, l'une supérieure, contenant de l'hydrogène

Fig. 204.

(fig. 204), et l'autre inférieure, contenant de l'air, et

qu'on les retourne ensuite, on reconnaît bientôt que l'hydrogène a changé d'éprouvette, car le gaz trouvé dans l'éprouvette supérieure est capable de s'enflammer à l'approche d'une bougie.

On peut encore gonfler des bulles de savon avec de l'h y d r o g è n e (fig. 205) con-tenu dans un flacon prolongé par un tube : les bulles s'élè-vent dans l'air, où on peut les enflammer en les poursuivant avec une bou-gie allumée.

C'est avec de l'h y d r o g è n e

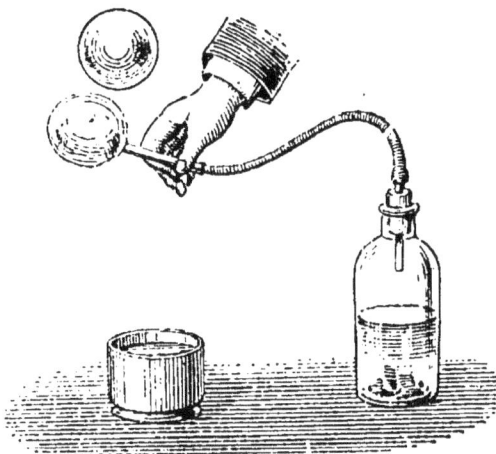

Fig. 205.

qu'on gonflait les ballons; et si l'on a dû générale-ment renoncer à son emploi, c'est à cause de la trop grande facilité avec laquelle il traverse toutes les en-veloppes. Il est remplacé pour cet usage par le gaz de l'éclairage.

Propriétés chimiques. — L'hydrogène est un corps combustible, mais il n'est pas comburant. On met en évidence ces deux propriétés par l'expérience suivante : dans un flacon plein d'hydrogène (fig. 206), on fait pénétrer une bougie allumée; le gaz s'enflamme à l'entrée de l'éprouvette, mais la bougie s'éteint si on la fait pénétrer plus avant, pour se rallumer lorsqu'on la fait sortir, en passant à travers l'hydrogène enflammé.

Comme tous les gaz qui ne sont pas comburants, il

n'entretient pas la respiration; mais cependant il est
par lui-même dépourvu de toute propriété délétère.

La combinaison de l'oxygène et de l'hydrogène se
fait avec détonation, aussi faut-il avoir soin lorsqu'on
prépare de l'hydrogène, de ne pas se servir des pre-

Fig. 206.

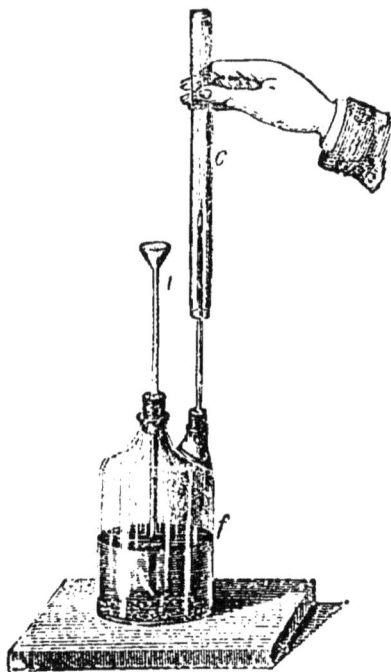

Fig. 207.

mières éprouvettes, et de n'enflammer la première
qu'après l'avoir entourée d'un linge épais.

Si l'on entoure la flamme d'hydrogène qui brûle à
l'extrémité d'un tube effilé, d'un gros tube de verre,
on perçoit bientôt un son continu qui n'a rien d'har-
monieux, mais qui cependant a fait donner à l'appareil le nom d'*harmonica chimique* (fig. 207). Ce son est
causé par les petites détonations qui se produisent dans

la combustion de l'hydrogène entraîné mélangé à l'air, elles sont renforcées par l'air du tube mis en vibration.

Si la lumière de l'hydrogène est peu éclairante, elle est en revanche *très chaude*. Mais sa flamme est encore plus chaude lorsqu'elle brûle dans l'oxygène pur. Cette puissante chaleur est utilisée dans l'industrie pour fondre les corps réfractaires aux autres foyers.

État naturel. — L'hydrogène n'existe dans la nature qu'à l'état de combinaisons : dans l'eau, dans les matières végétales et animales, uni soit à l'oxygène, à l'azote ou au carbone.

Préparation. — *On retire l'hydrogène de l'eau* en utilisant la propriété que possèdent la plupart des métaux de décomposer l'eau, soit lorsqu'ils sont portés au rouge, soit à froid, avec l'intervention d'un acide.

1° DÉCOMPOSITION DE L'EAU PAR LE FER PORTÉ AU ROUGE

Fig. 208.

(fig. 208). — Dans une cornue ou dans un ballon reposant sur le feu d'un fourneau, on met de l'eau. Le col de la cornue communique avec un tube   porce-

laine renfermant des faisceaux de fil de fer. Ce cylindre
de porcelaine est prolongé par un tube abducteur
communiquant avec une cuve à eau.

On commence par chauffer très fortement le tube
qui traverse un fourneau à réverbère pour faire rougir
le fer; puis on porte à l'ébullition l'eau de la cornue.
La vapeur en passant *sur le fer rouge se décompose* en
oxygène, qui se porte sur le fer pour le transformer en
oxyde de fer, et en hydrogène qui continue sa marche
et qu'on recueille dans l'éprouvette.

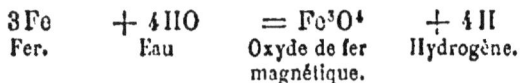

$$3Fe \quad + 4HO \quad = Fe^3O^4 \quad + 4H$$

| Fer. | Eau | Oxyde de fer magnétique. | Hydrogène. |

2° DÉCOMPOSITION DE L'EAU ACIDULÉE PAR LE ZINC (fig. 209).
— On prend un vase à deux tubulures renfermant de
l'eau et du *zinc*.
Dans la tubu-
lure centrale
s'engage un tube
muni d'un en-
tonnoir plon-
geant dans
l'eau. De la tu-
bulure latérale
part le tube ab-
ducteur se ren-
dant sur la cuve
à eau. On verse
peu à peu par

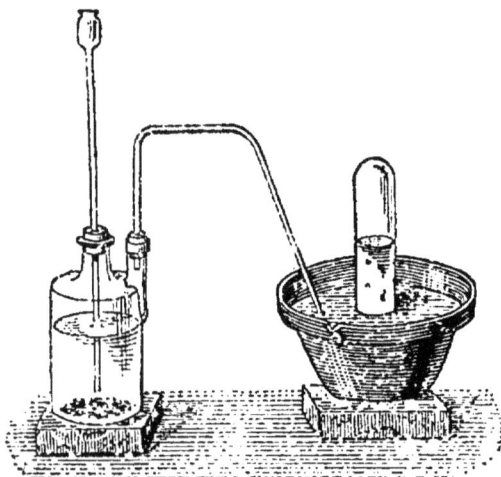

Fig. 209.

la tubulure centrale de l'*acide sulfurique;* il se produit
aussitôt une vive effervescence et l'hydrogène se dégage. Cette façon de préparer l'hydrogène est celle
qu'on devra employer dans les classes; elle exige un

appareil beaucoup moins compliqué que le précédent.

Le zinc a décomposé l'eau en hydrogène qui s'est dégagé et en oxygène qui s'est porté sur le zinc pour le transformer d'abord en oxyde de zinc. Mais cet oxyde de zinc en présence de l'acide sulfurique a formé un sel : le sulfate de zinc, qu'on trouve en effet dans le flacon après l'opération.

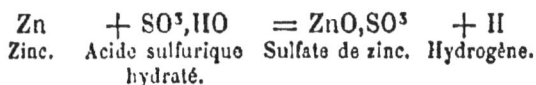

$$\underset{\text{Zinc.}}{Zn} \quad + \underset{\substack{\text{Acide sulfurique} \\ \text{hydraté.}}}{SO^3,HO} \quad = \underset{\text{Sulfate de zinc.}}{ZnO,SO^3} \quad + \underset{\text{Hydrogène.}}{H}$$

Usages. — L'hydrogène isolé n'a guère d'autres usages que dans les laboratoires où il est employé comme réducteur, à cause de la facilité avec laquelle il s'unit à l'oxygène, pour former de l'eau.

On a tenté de s'en servir pour l'éclairage, mais même en mélangeant à sa flamme des matières solides, on a dû renoncer à son emploi.

EAU. HO = 9.

Propriétés physiques. — L'eau se rencontre dans la nature sous les trois états : solide sur les hautes montagnes et dans les régions polaires; liquide dans les fleuves, les lacs, les mers de nos climats; gazeux ou à l'état de vapeur dans l'atmosphère.

L'eau est incolore sous une faible épaisseur et d'un bleu indigo lorsque, pure, elle est vue sous une grande épaisseur.

Elle est sans odeur et fade.

Sa densité a été prise pour unité de densité des liquides et des solides; elle pèse 772 fois plus que l'air.

La densité de l'eau solide, la glace, est plus faible

que celle de l'eau, nous l'avons vu en physique ; elle
est de 0,93.

Les autres propriétés physiques de l'eau sont étu-
diées en détail dans le cours de physique.

Propriétés chimiques. — L'eau est une combinaison de l'oxygène et de l'hydrogène. Elle peut neutraliser en partie les acides et dans ce cas sert de base;
comme elle peut diminuer l'intensité des bases et servir d'acide.

L'acide sulfurique étendu d'eau est moins acide.

La potasse   —   basique.

L'eau peut être décomposée par le *courant de la pile*,
nous l'avons vu en physique.

Certains *métalloïdes* la
décomposent également :
le carbone, le chlore.

Tous les *métaux*, sauf
l'or, l'argent, le platine,
la décomposent pour
s'emparer de son oxy-
gène (préparation de
l'hydrogène).

Analyse de l'eau. —
Lorsqu'on procède à la
décomposition de l'eau
par le courant de la pile
(fig. 210), on trouve que
le volume du gaz con-
tenu dans l'une des éprouvettes, est constamment
double de celui que con-
tient l'autre. L'étude de

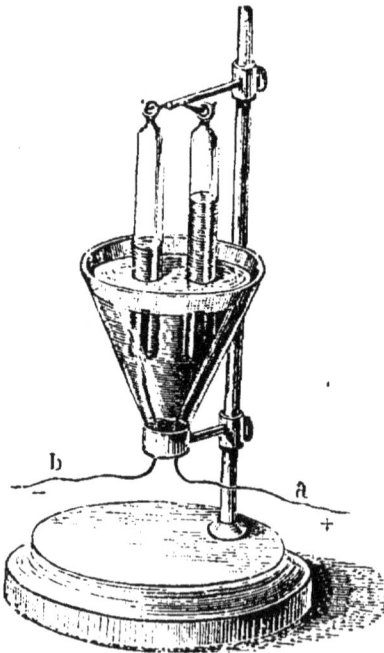

Fig. 210.

ces gaz nous fournit les indications suivantes : l'eau

est formée de deux volumes d'hydrogène, et d'un d'oxygène.

Mais lorsqu'on détermine la combinaison de deux litres d'hydrogène avec un litre d'oxygène, on trouve seulement deux litres de vapeur d'eau, il y a eu contraction d'un volume.

En poids, l'eau est formée de :

8 grammes d'oxygène,
1 — d'hydrogène.

qui forment 9 grammes d'eau.

État naturel. — L'eau qu'on trouve en si grande abondance autour de nous contient, à l'état de *dissolution*, une grande quantité de gaz et de sels, dont la nature varie avec la nature des terrains qu'elle a traversés.

Les principaux gaz qu'on y rencontre sont : *l'oxygène, l'azote, l'acide carbonique.* Leur présence est nécessaire à la bonté de l'eau qui sera *lourde* si elle contient moins de 25 centimètres cubes de gaz par litre. L'oxygène et l'azote y sont indispensables à l'entretien de la vie des animaux aquatiques, qui meurent dans une eau débarrassée d'air par l'ébullition.

Les principaux sels qu'on trouve dans l'eau sont : le carbonate de chaux (grâce à la présence de l'acide carbonique), le sulfate de chaux (plâtre), le chlorure de sodium (sel de cuisine); elle peut également contenir de la silice. Lorsque l'eau rencontre diverses autres substances qu'elle est capable de dissoudre en assez grande quantité, elle est dite *eau minérale.* Telles sont les eaux sulfureuses, les eaux alcalines, salines, etc.

Eau potable. — **Eau séléniteuse.** — On appelle eau *potable,* une eau qui est bonne à boire. Pour cela il est nécessaire qu'elle soit bien aérée, qu'elle contienne peu de matières salines (moins de 4 décigrammes par litre) et pas de matières organiques.

Une eau est dite *séléniteuse* lorsqu'elle contient beaucoup de sulfate de chaux, comme celle qui coule à la base d'une montagne de laquelle on extrait du plâtre. Une telle eau n'est pas potable et est impropre aux usages domestiques : elle durcit les légumes à la cuisson ; elle occasionne des désordres dans le système digestif.

Une eau *calcaire*, c'est-à-dire contenant en dissolution du carbonate de chaux, se trouble à l'ébullition. Une eau trop calcaire ne peut pas servir au savonnage ; elle incruste les parois des bouillottes et celles des chaudières à vapeur.

On reconnaît la présence de *matières organiques dans l'eau* en y ajoutant quelques gouttes de chlorure d'or et en chauffant légèrement : il se forme un précipité brun.

Usages. — Les usages de l'eau sont tellement considérables et connus, qu'il nous semble inutile de les énumérer et d'y insister ici.

QUESTIONNAIRE

Historique de l'oxygène. — Ce gaz est-il plus lourd que l'air ? — Quelle est sa propriété caractéristique ? — Quand un métalloïde brûle dans l'oxygène, que se produit-il ? — Si c'est un métal ? — L'oxygène ne produit-il que des combustions vives ? — Comment le prépare-t-on ? — L'hydrogène est-il plus lourd que l'air ? — Est-il combustible ? comburant ? comment le montre-t-on ? — En quoi consiste l'expérience dite harmonica chimique ? — Que savez-vous sur la flamme de l'hydrogène ? — Comment le prépare-t-on ? — Sous quels états se présente l'eau ? — De quoi est composée l'eau, en poids, en volumes ? — Quels sont les corps qui la décomposent, et dans quelles conditions ? — L'eau des rivières est-elle chimiquement pure ? Quels corps peut-elle contenir ? — Qu'est-ce qu'une eau séléniteuse ? comment la reconnaît-on ? — Qu'est-ce qu'une eau calcaire ? quels sont ses caractères ? — Qu'est-ce qu'une eau potable ?

CHAPITRE III

AZOTE ET SES COMPOSÉS.

AZOTE. Az. = 14.

Propriétés physiques. — L'azote est un gaz incolore, inodore, sans saveur. Sa densité 0,971. — Il est peu soluble dans l'eau.

Propriétés chimiques. — Ce gaz n'est ni combustible ni comburant. Pour cette dernière raison, il n'entretient pas la respiration ; mais il n'est pas délétère..

État naturel. — L'azote existe dans l'air à l'état de mélange, dont il forme les $\frac{4}{5}$ de son volume. Il entre dans la constitution des matières animales et de presque toutes les substances végétales.

Préparation. — On retire ce gaz de *l'air.* Sur un large bouchon de liège (fig. 211), qui flotte sur la cuve à eau, on met une coupelle de terre contenant un morceau de phosphore qu'on enflamme ; puis on recouvre le tout d'une cloche. Le phosphore brûle aux dépens de l'oxy-

Fig. 211.

gène de l'air contenu dans la cloche pour former de l'acide phosphorique, qui se répand en abondantes fumées blanches. Peu à peu l'atmosphère de la cloche s'éclaircit parce que l'acide phosphorique se dissout dans l'eau de la cuve ; et bientôt, il ne reste plus dans la cloche que de l'azote à peu près pur.

Dans le commencement de cette opération il faut avoir soin d'enfoncer et de maintenir très fortement la cloche, à cause de l'expansion de l'air sous l'influence de la chaleur de combustion du phosphore. A la fin, au contraire, un vide se fait dans la cloche par suite de l'absorption de l'oxygène. Ce vide est remplacé par de l'eau, qui, dans la cloche, s'élève au-dessus du niveau de l'eau de la cuve ; en effet, par suite de la composition de l'air, $\frac{1}{5}$ du volume de l'air de la cloche a disparu, c'est ce volume qui est remplacé par l'eau.

Usages. — A l'état de corps simple, l'azote n'est guère employé ; il n'a d'usage que par ses combinaisons.

AIR.

Propriétés physiques. — L'air est un gaz incolore sous une petite épaisseur, et bleu sous une grande épaisseur, inodore et sans saveur. Sa densité a été prise pour unité de densité des gaz. L'air pèse 772 fois moins que l'eau ; 1 litre d'air pèse $1^{gr},293$.

Propriétés chimiques. — L'air est un *mélange* des deux gaz oxygène et azote dans les proportions de $\frac{1}{5}$ d'oxygène pour $\frac{4}{5}$ d'azote.

Si l'air est comburant, c'est grâce à la présence de l'oxygène qui entre dans sa composition ; et, dans les phénomènes de combustion, il agit à la façon de l'oxygène, mais avec une moins grande énergie.

Pour faire *l'analyse* de l'air, on prend une petite éprouvette graduée (fig. 212) qu'on fait reposer sur l'eau d'un verre ; on laisse dans l'éprouvette 100 centimètres cubes d'air et on y fait pénétrer un long bâton de phosphore. Le phosphore s'oxyde en formant de l'acide phosphoreux ; et quand il a cessé d'être lumineux dans l'obscurité, au bout de deux jours environ, on le retire. On remarque alors qu'il ne reste plus dans l'éprouvette que 80 centimètres cubes d'un gaz qu'on reconnaît être l'azote. Il a disparu 20 centimètres cubes d'oxygène. Ainsi :

100 vol. d'air = 80 vol. d'azote
+ 20 vol. d'oxygène,
ou 5 vol. d'air = 4 vol. d'azote
+ 1 vol. d'oxygène.

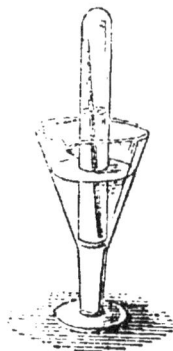

Fig. 212.

État naturel. — L'air qu'on trouve dans l'atmosphère contient, outre son oxygène et son azote, un nombre considérable de corps différents, mais en proportions généralement infimes.

Les gaz qu'on y rencontre en plus grande quantité sont l'acide carbonique et la vapeur d'eau. La proportion d'acide carbonique en volume n'y dépasse guère 4 dix-millièmes ; elle y est plus grande dans les villes, et plus encore la nuit que le jour, ce que nous verrons à propos de l'acide carbonique.

La quantité de vapeur d'eau varie beaucoup, elle dépend de la température, mais la moyenne ne dépasse pas 15 millièmes.

L'air contient en outre des poussières de tous genres et notamment des matières organiques et des êtres organisés, parmi lesquels se trouvent les germes des moisissures, des fermentations, etc.

L'air qui existe en dissolution dans l'eau n'a pas exactement la même composition que l'air atmosphérique ; il est plus riche en oxygène, parce que ce gaz est un peu plus soluble dans l'eau que l'azote.

COMBINAISONS DE L'AZOTE AVEC L'OXYGÈNE

L'azote donne avec l'oxygène six composés inégalement intéressants pour nous :

Le *protoxyde d'azote* (AzO), le *bioxyde d'azote* (AzO²),
l'*acide azoteux* (AzO³), l'acide *hypoazotique* (AzO⁴),
l'*acide azotique* (AzO⁵), l'acide *perazotique* (Azo⁶).

Protoxyde d'azote. — Le protoxyde d'azote est un
gaz incolore, inodore, d'une saveur faiblement sucrée.

Ce gaz pur, respiré en petite quantité, produit une
sorte d'ivresse accompagnée de sensations agréables,
ce qui lui a fait donner le nom de *gaz hilarant*. En
plus grande quantité, il provoque le sommeil et l'in-
sensibilité, ce qui l'a fait employer comme anesthési-
que dans la petite chirurgie : l'arrachage des dents par
exemple.

Ce gaz est très comburant; il entretient et avive les
combustions avec une intensité presque égale à celle
de l'oxygène, ce qu'on peut vérifier comme nous l'avons
fait pour ce dernier gaz.

Préparation. — Il suffit de décomposer par la chaleur de l'azotate d'ammoniaque. L'opération se fait dans
l'appareil semblable à celui qui nous a servi à préparer
l'oxygène par le chlorate de potasse :

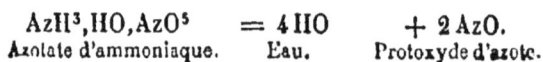

$$AzH^3,HO,AzO^5 \quad = 4HO \quad + 2AzO.$$
Azotate d'ammoniaque.   Eau.   Protoxyde d'azote.

ACIDE AZOTIQUE. Az O⁵, HO.

L'acide azotique est encore désigné sous les noms
d'*acide nitrique, d'eau-forte, d'esprit de nitre*.

Propriétés physiques. — L'acide azotique hydraté c'est-à-dire dissous dans l'eau, est un liquide habituellement jaune pâle. Sa densité est 1,52.

Propriétés chimiques. — L'acide azotique est un acide très énergique.

Cet acide, concentré, détruit rapidement les matières animales, il corrode la peau, mais, étendu d'eau, il la teint en jaune. Il attaque également les substances végétales. Il suffit de plonger pendant quelques instants du coton dans un mélange des acides azotique et sulfurique, pour obtenir, après lavage et séchage, du *coton poudre*, un corps aussi inflammable que la poudre.

Tous les métaux, sauf l'argent, l'or, le platine, sont attaqués par l'acide azotique.

État naturel. — Cet acide existe surtout en combinaison avec la potasse et la soude.

Fig. 213.

Préparation. — Dans l'industrie (fig. 213), on met dans une chaudière en fonte de l'azotate de soude et de l'acide sulfurique, puis on chauffe. L'acide azotique se dégage bientôt sous forme de vapeurs qui vont se condenser dans des bonbonnes de grès placées les unes à la suite des autres, communiquant entre elles et contenant de l'eau.

Dans les laboratoires, on remplace l'azotate de soude par l'azotate de potasse; on obtient de l'acide azotique plus pur.

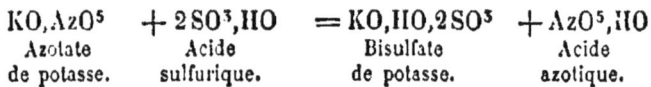

$$KO,AzO^5 \quad + 2SO^3,HO \quad = KO,HO,2SO^3 \quad + AzO^5,HO$$

| Azotate de potasse. | Acide sulfurique. | Bisulfate de potasse. | Acide azotique. |

Usages. — L'acide azotique est surtout employé à la fabrication de l'acide sulfurique, de l'eau régale, du coton-poudre dont la photographie fait un grand usage pour la préparation du collodion. Les graveurs sur cuivre s'en servent à cause de la propriété qu'il a d'attaquer les métaux. Il est utilisé en outre pour la teinture en jaune des plumes d'oiseaux, de la laine et de la soie.

AMMONIAC. AzH^3

Propriétés physiques. — L'ammoniac est un gaz incolore, d'une odeur très piquante et qui provoque les larmes, d'une saveur âcre.

Sa densité est 0,591.

Ce gaz est extrêmement soluble dans l'eau; ainsi 1 litre d'eau est capable de dissoudre 1 000 litres d'ammoniac. On peut facilement mettre en évidence cette active absorption en ouvrant, sous l'eau, une éprouvette contenant de l'ammoniac (fig. 214). On voit immédiatement l'eau se précipiter dans l'éprouvette et avec une force telle que le sommet peut en être brisé. Aussi faut-il avoir soin de l'envelopper ou de plusieurs épais seurs de papier humide ou d'un chiffon.

L'eau qui a dis-
sous du gaz am-
moniac s'appelle
ammoniaque ou
alcali volatil.

**Propriétés chi-
miques.** — L'am-
moniac est la seule
combinaison con-
nue de l'azote
avec l'hydrogène.
C'est un *gaz* qui a
les propriétés des
bases ; il bleuit for-
tement la teinture
de tournesol rougie par les acides.

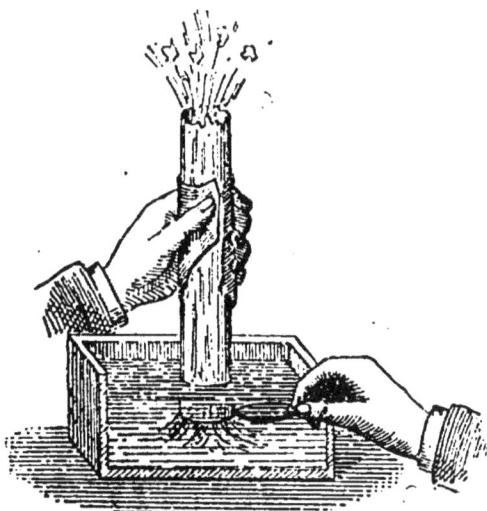

Fig. 214.

Grâce à l'acide chlorhydrique, il trahit sa présence partout où il se dégage, par l'apparition d'épaisses fumées blanches; ce qu'on peut facilement vérifier, en ouvrant l'un à côté de l'autre deux flacons remplis l'un d'ammoniaque, l'autre d'acide chlorhydrique.

On peut obtenir une très belle couleur bleu ciel en versant de l'ammoniaque dans une dissolution d'un sel de cuivre. La liqueur qu'on obtient ainsi est appelée *eau céleste*.

État naturel. — On trouve de petites quantités d'ammoniaque dans l'eau de pluie; on en rencontre, à l'état de combinaisons : carbonate, azotate, sulfate, dans la plupart des eaux; il se produit dans l'oxydation des métaux; dans la putréfaction des matières organiques azotées, vidanges, fumiers; il existe en

10

abondance dans le *guano* (excréments d'oiseaux).

Préparation. — Pour préparer le gaz ammoniac et sa dissolution l'ammoniaque, on met, dans un ballon,

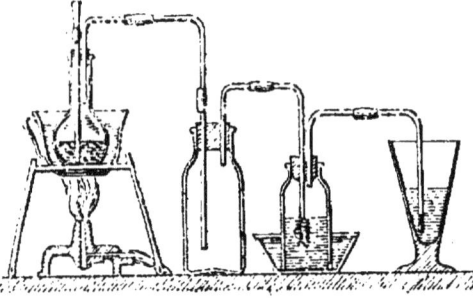

poids égaux de chaux vive et de sel ammoniac (chlorhydrate d'ammoniaque) (fig. 215), on remplit le reste du ballon avec des fragments de chaux vive et l'on

Fig. 215.

chauffe légèrement. Un tube abducteur le fait communiquer soit avec une cuve à mercure, si l'on veut obtenir le gaz ammoniac, soit avec plusieurs flacons contenant de l'eau, si l'on veut avoir sa dissolution dans l'eau ou l'ammoniaque.

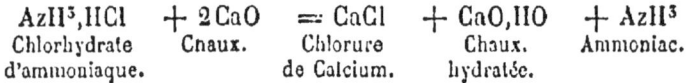

$$AzH^3,HCl \quad + 2CaO \quad = CaCl \quad + CaO,HO \quad + AzH^3$$

| Chlorhydrate d'ammoniaque. | Chaux. | Chlorure de Calcium. | Chaux. hydratée. | Ammoniac. |

Usages. — Il est utilisé comme base dans les laboratoires.

Lorsque sa dissolution est concentrée, elle est très caustique; on l'utilise alors pour la cautérisation des piqûres de guêpes, des morsures de vipères.

Quelques gouttes d'ammoniaque dans un verre d'eau dissipent l'ivresse. Les vétérinaires l'emploient pour guérir la météorisation, gonflement du ventre souvent mortel qui se produit chez les ruminants qui ont mangé trop d'herbes fraîches.

Son odeur peut ramener à la vie les personnes tombées en syncope.

Elle est employée aussi au dégraissage des étoffes. Capable de dissoudre les écailles de poissons, elle forme avec les écailles d'ablettes une pâte qui, solidifiée, produit des imitations de perles fines.

Le gaz ammoniac liquéfié produit, par évaporation, un froid intense qui est utilisé pour la fabrication de la glace, dans l'appareil de M. Carré.

QUESTIONNAIRE

Quelles sont les propriétés physiques chimiques de l'azote ? — D'où tire-t-on ce gaz ? — Quel est le poids d'un litre d'air ? — Quelle est la composition de l'air ? — Comment fait-on son analyse ? — Que trouve-t-on en outre dans l'air de notre atmosphère ? — L'air que les poissons respirent a-t-il même composition que l'air atmosphérique ? — Nommez les composés oxygénés de l'azote ? — Que savez-vous du protoxyde d'azote ? — Quels sont les différents noms de l'acide azotique et quelles sont ses propriétés physiques ? — Quelles sont ses propriétés chimiques ? — Quelle action a-t-il sur les matières animales ? — Comment le prépare-t-on ? — Quels sont ses usages ? — Quelles sont les propriétés physiques de l'ammoniaque ? — Comment montre-t-on son extrême solubilité ? — Comment s'appelle l'ammoniaque en dissolution ? — Quelles sont ses propriétés chimiques ? — Où se forme-t-il naturellement ? — Comment le prépare-t-on ? — Quels sont ses usages ?

CHAPITRE IV

CARBONE ET SES COMPOSÉS.

$$C = 6$$

Tout corps qui, en brûlant à l'air, dégage de l'acide carbonique est un *carbone*, telle est la propriété caractéristique des carbones ou charbons.

Les variétés de carbones sont innombrables, mais ils possèdent tous, sous leurs différents aspects, d'abord la propriété générale sus-énoncée : de former dans leur combustion de l'acide carbonique ; en outre, celles d'être solides, et infusibles aux températures de nos fourneaux.

Le résidu de leur combustion complète est la *cendre*, qui est plus ou moins abondante suivant le degré d'impureté des carbones brûlés.

Nous diviserons en deux groupes les charbons que nous étudierons : les *charbons naturels :* diamant, graphite, anthracite, houille, lignites, corps qu'on trouve tout formés dans la nature ; puis les *charbons artificiels :* coke, charbon des cornues, charbon de bois, noir de fumée et noir animal, que l'industrie prépare.

CHARBONS NATURELS

DIAMANT.

Le diamant est *blanc*, mais quelquefois légèrement teinté en jaune, on le trouve parfois noir (fig. 216, 217).

C'est le plus dur de tous les corps ; il les raye tous sans pouvoir être rayé par aucun d'eux ; aussi pour le tailler l'use-t-on avec sa propre poussière (fig. 218).

Fig. 216.

Fig. 217.

Le diamant tire sa valeur de la propriété qu'il a de disperser les rayons lumineux qui le traversent.

Brûlé dans un ballon plein d'oxygène, il n'a fourni que de l'acide carbonique, ce qui semblerait prouver que le diamant est du *carbone pur*, puisque sa combustion complète n'a donné aucun résidu, du moins appréciable.

On trouve le diamant dans les terres transportées par les eaux; on le tire des Indes, du Brésil, de Bornéo, de Sibérie dans les monts Ourals. Le Brésil en fournit environ 36 kilogrammes par an, mais une très faible partie est susceptible d'être taillée.

Il est utilisé en horlogerie, pour faire des pivots; dans la bijouterie comme pièce d'ornement; pour la taille et la gravure des pierres précieuses et des camées; et, enchâssé à l'extrémité d'outils spéciaux, il sert à travailler le granite, à percer des montagnes rocheuses pour livrer passage à un chemin de fer, comme pour le tunnel de Port-Vendres; à couper le verre, etc.

GRAPHITE.

Ce charbon, encore nommé *plombagine* ou *mine de plomb*, est gris de plomb, brillant et doux au toucher; frotté sur le papier, il y laisse une trace semblable à celle qu'y laisserait le plomb, d'où le nom de mine de plomb donné à ce corps qui ne contient cependant aucune trace de plomb.

Le graphite est un carbone qui contient de 2 à 5 0/0 d'impuretés.

Il est employé à la fabrication des crayons; en galvanoplastie il sert à *métalliser* les moules de gutta-percha. On en fait des creusets infusibles. Mêlé à l'eau, il sert à noircir et à faire briller les poêles de fonte, les tuyaux de tôle, etc.

ANTHRACITE.

L'anthracite, connue encore sous le nom de *charbon de pierre*, ressemble beaucoup à la houille; elle est brillante et très compacte; elle contient de 8 à 10 0/0 d'impuretés. C'est un excellent combustible toutes les fois qu'on dispose d'un tirage suffisant, elle brûle avec une flamme courte; elle est fort en usage pour les poêles à combustion lente.

On la trouve dans le terrain antérieur au terrain

Fig. 210.

carbonifère, dans la Mayenne, la Sarthe, dans le pays
de Galles et aux États-Unis.

HOUILLE.

La houille, connue aussi sous le nom de *charbon de terre*, est noire et brillante; elle est encore moins pure que le graphite.

Les éléments qui constituent ce charbon sont aussi nombreux que variés. Ainsi on a trouvé qu'une tonne de houille, outre sa quantité de gaz, produit 750 kilogrammes de coke, 50 litres d'eau ammoniacale et 70 kilogrammes de goudron. Mais ce goudron lui-même a fourni par distillation 35 kilogrammes de poix, 8 kilogrammes de créosote, 9 kilogrammes de naphtaline, $2^k,5$ d'huile de naphte, 7 kilogrammes d'alagarine; puis, le reste du poids formé par du phénol, de l'aurine, de l'aniline, de la saccharine, etc... Ce dernier corps est réputé sucrer 230 fois plus que le sucre de canne.

Le charbon de terre doit être formé par la combustion lente des végétaux accumulés, ce qu'atteste suffisamment la présence d'empreintes de tiges, de feuilles qu'on y rencontre souvent.

On l'extrait du terrain carbonifère, en Belgique, en Angleterre, en France, en Allemagne.

C'est un excellent combustible. On en retire le coke et le gaz de l'éclairage, des goudrons, des huiles, etc.

LIGNITES.

Les lignites sont des charbons de formation récente, ils sont très impurs.

Ils proviennent de l'altération du bois enfoui très longtemps à l'abri de l'air. Ce sont de mauvais combustibles.

Quelquefois le lignite se présente sous l'aspect d'une masse compacte, dure et brillante; il est alors connu sous le nom de *jais* et sert à faire des bijoux de deuil.

La *tourbe*, de formation encore plus récente, provient de l'altération des végétaux qui croissent dans les marais; c'est la houille des siècles futurs. Elle est un mauvais combustible qui dégage beaucoup de fumée.

CHARBONS ARTIFICIELS.

COKE ET CHARBON DES CORNUES.

Le coke est gris noirâtre à éclats d'acier et d'aspect caverneux. C'est un des meilleurs combustibles, il laisse très peu de cendres.

Le coke est un des résidus de la calcination de la houille en vases clos; on le trouve dans les cornues dans lesquelles la houille était placée pour la fabrication du gaz de l'éclairage.

En outre de ce résidu, on trouve, incrustant les parois de ces cornues, un charbon très dense : le *charbon des cornues*.

Celui-ci est bon conducteur de la chaleur et de l'électricité, et pour cette dernière raison, nous l'avons employé dans les piles ; et comme il est infusible il sert à faire des creusets.

CHARBON DE BOIS.

Le charbon de bois est obtenu par la combustion incomplète du bois. Dans cette opération le bois est devenu noir, mais a conservé sa forme.

10.

Pour préparer le charbon de bois, sur place, dans
les forêts, on choisit d'abord une surface bien plane
(fig. 220). On dresse quelques longues perches enfon-
cées dans le sol, qui vont limiter la cheminée.

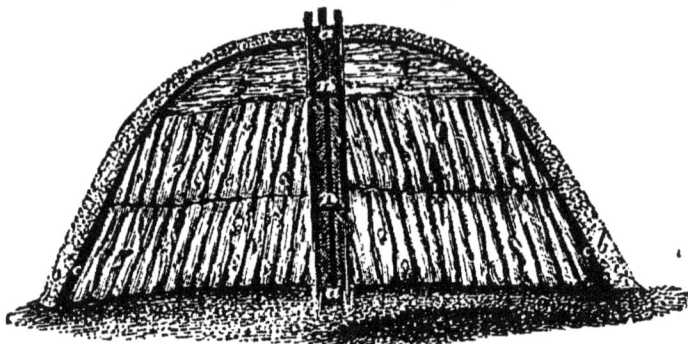

Fig. 220.

Des branches d'arbre de 1 mètre environ de hauteur
sont ensuite entassées de manière à en faire trois étages
dont les diamètres vont en diminuant à partir de la base.
On a pris soin de ménager sur le sol des canaux communiquant avec la cheminée centrale. Cette espèce de
meule est recouverte de feuilles, de mousse, de gazon,
en ne ménageant d'ouvertures que celles de la base et
la cheminée (fig. 221).

On jette alors du charbon embrasé par la cheminée;
le feu se communique au bois voisin de celle-ci, par
suite de la communication avec l'air amené par les
évents de la base. Quand la combustion est bien décla-
rée, ce qu'on voit à la couleur de la fumée qui s'éclaircit et devient bleue, on bouche la cheminée et l'on pratique des ouvertures au sommet de la meule à 20 ou
25 centimètres au-dessous de l'ouverture de la cheminée. La combustion se propage cette fois sur le passage

du nouveau courant d'air et on l'arrête de nouveau,
quand la fumée s'éclaircit, en bouchant ces évents. On
en ouvre alors d'autres plus bas et ainsi de suite jusqu'à la base de la meule. Enfin toutes les issues sont
fermées, on laisse refroidir, puis on démolit la meule
sous laquelle on trouve le charbon de bois.

Fig. 221.

Ce charbon est utilisé comme combustible. En outre,
à cause de la propriété qu'il possède d'absorber les
gaz, on l'emploie pour purifier l'eau dans les fon-
taines, et pour la désinfecter.

NOIR DE FUMÉE.

Le noir de fumée présente l'aspect d'une poudre
noire; elle est douce et onctueuse au toucher à cause
d'un peu de matière huileuse qu'elle contient souvent.
Pour l'obtenir, on brûle dans une chaudière (fig. 222)

des résines ou des goudrons ; les fumées qui s'en dégagent se rendent dans des chambres circulaires tapis-
sées de grosse toile sur laquelle se dépose le noir. Pour
le recueillir on fait descendre le long des parois un cône
de tôle qui, en les frottant, détache le noir de fumée qu'on
ramasse sur le sol.

Le noir de fumée est employé à la fabrication de l'encre d'imprimerie et de l'encre de Chine

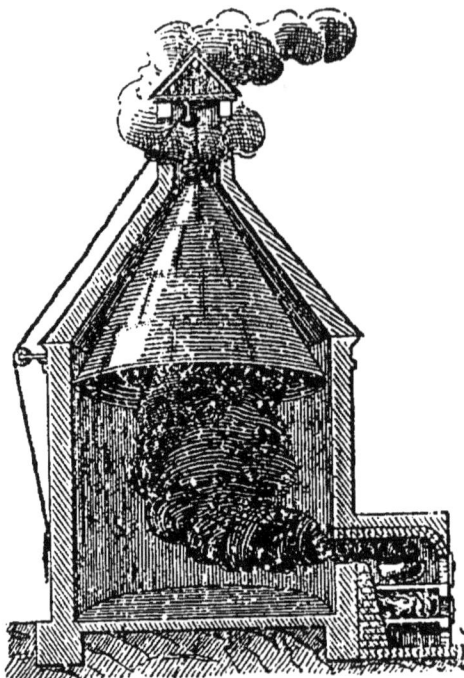

Fig. 222.

NOIR ANIMAL.

Le noir animal est noir, et conserve la forme des os
qui l'ont formé.

On l'obtient en calcinant des os en vases clos. C'est
un carbone très impur.

Sa propriété importante est de décolorer les liquides
organiques. Il est d'un usage presque constant pour la
décoloration au jus sucré de la betterave, qu'il est
d'autant plus important d'obtenir incolore, que la
matière colorante empêcherait la cristallisation du
sucre de se produire.

On peut vérifier cette propriété en agitant du noir animal en grain dans du vin, celui-ci passera décoloré à travers le filtre.

COMPOSÉS DU CARBONE.

OXYDE DE CARBONE.

$$CO = 14$$

Propriétés physiques. — L'oxyde de carbone est un gaz incolore, inodore, sans saveur, sa densité est 0,967.

Propriétés chimiques. — Ce gaz est un oxyde neutre, il n'a aucune action sur la teinture de tourne-sol. C'est une combinaison du carbone avec l'oxygène, mais combinaison moins oxygénée que l'acide carbonique.

L'oxyde de carbone est combustible et brûle avec une flamme bleue caractéristique. Il n'est pas comburant.

Il possède au plus haut degré des *propriétés délétères*, c'est lui, beaucoup plus que l'acide carbonique, qui est la cause de la mort par le charbon. Il est dix fois plus dangereux que l'acide carbonique : un oiseau meurt dans une atmosphère contenant 1 0/0 de ce gaz. On doit le redouter d'autant plus que ni sa couleur ni son odeur ne trahissent sa présence. Mais il détermine d'abord des maux de tête, des vertiges, des nausées, la syncope et bientôt la mort, si les secours n'arrivent pas. Aux premiers symptômes, on doit porter le malade à l'air ou établir une ventilation rapide.

Afin d'éviter ces accidents, on ne doit pas fermer les portes ou les fenêtres d'une pièce où l'on brûle beaucoup de charbon, si la cheminée n'a pas un tirage suffisant.

Il faut éviter d'allumer un fourneau au milieu d'un appartement; de laisser fermée la clef d'un poêle; de se servir de poêles sans tuyaux, etc.

État naturel. — Ce gaz se produit chaque fois qu'on enflamme un charbon; c'est lui qui brûle dans la flamme bleue du foyer.

Usages. — L'oxyde de carbone est surtout utilisé en métallurgie, à cause de la facilité avec laquelle il s'empare de l'oxygène, pour se transformer en acide carbonique. C'est grâce à sa présence que l'oxyde de fer est décomposé, dans les hauts fourneaux, en fer qu'on recueille, et en oxygène qui se combine à l'oxyde de carbone. Il agit de même avec tous les oxydes métalliques.

ACIDE CARBONIQUE.

$$CO_2 = 22$$

Propriétés physiques. — L'acide carbonique est un gaz incolore, d'une faible odeur, d'une saveur légèrement aigrelette et agréable.

Sa densité est 1,529; on met en évidence sa grande densité en faisant tomber des bulles de savon dans une cloche de verre pleine de ce gaz; les bulles, en arrivant sur sa surface, y rebondissent et y restent suspendues jusqu'à ce qu'elles crèvent.

On peut aussi renouveler l'expérience semblable à celle qui nous a permis de vérifier le peu de densité de l'hydrogène, en abouchant cette fois une éprouvette d'acide carbonique et une éprouvette d'air (fig. 223).

Ce gaz est soluble dans l'eau qui peut en dissoudre un volume égal au sien sous la pression normale. Mais sous l'influence d'une pression plus considérable, il est capable d'être absorbé en plus grande quantité.

Propriétés chimiques. — Ce gaz est un acide faible; c'est une des combinaisons du carbone et de l'oxygène.

Sa propriété caractéristique est de troubler l'eau de chaux au sein de laquelle il forme du carbonate de chaux (marbre, craie), sel formé, comme toujours, par l'union d'un acide avec une base, la chaux.

Ce gaz n'est ni combustible ni comburant; on le montre, soit en faisant pénétrer une bougie dans une éprouvette pleine d'acide carbonique; soit en versant (fig. 224) sur la bougie placée au fond d'une éprou-

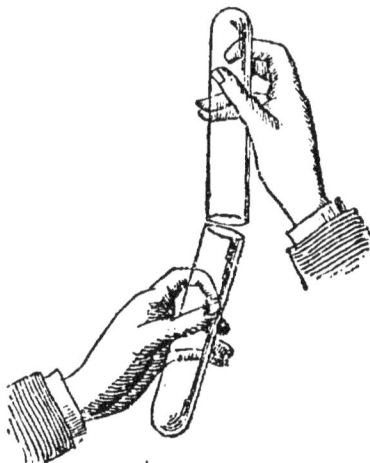

Fig. 223.

vette, l'acide carbonique contenu dans une autre. Dans ces deux cas la bougie s'éteint.

L'acide carbonique est impropre à la respiration; non pas parce qu'il est délétère, mais parce que tout gaz qui n'est pas de l'air est impropre à la respiration.

État naturel. — L'acide carbonique existe dans l'atmosphère, où il est produit par la respiration des animaux, ce qu'on vérifie (fig. 225) en soufflant par un tube dans de l'eau de chaux : on voit bientôt celle-ci se troubler; c'est le moyen de reconnaître la présence de l'acide carbonique. Il peut s'accumuler, en raison de sa grande densité, dans les caves, les égouts, et y produire une atmosphère irrespirable si la proportion vient à y atteindre 25 à 30 0/0.

Il se dégage partout où se produisent des fermentations: dans la fabrication du vin, du cidre ; et les asphyxies ne sont malheureusement pas rares dans ces milieux.

Enfin, il se dégage du sol en certains endroits et peut
y former, comme dans la grotte du Chien, près de

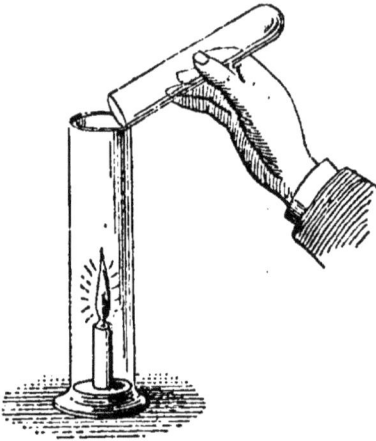

Fig. 224.　　　　　　Fig. 225.

Naples, une couche assez épaisse. Dans cette grotte,
l'homme n'éprouve aucun malaise, tandis qu'un animal de petite taille, un chien, par exemple, y périt
asphyxié parce que l'acide carbonique se maintient
dans les couches inférieures, puis s'écoule par l'ouverture de la grotte.

Avant de pénétrer dans un endroit où l'on soupçonne
la présence de l'acide carbonique, on y fait descendre
une bougie enflammée ; si la bougie cesse de brûler on
devra éviter de pénétrer plus avant.

Pour assainir un milieu renfermant ce gaz, on devra
neutraliser l'acide par une base ; on pourra l'arroser
avec de l'ammoniaque, ou mieux avec de l'eau de chaux.

L'acide carbonique existe encore à l'état de dissolution dans les eaux gazeuses : comme l'eau de Seltz.

Les causes que nous venons d'énumérer : combustions, fermentations, etc., fournissant constamment à l'air de nouvelles quantités d'acide carbonique, le vicieraient si les végétaux ne vivaient à ses dépens. En effet, sous l'influence des rayons solaires, la partie verte des végétaux décompose l'acide carbonique, en carbone qu'elle absorbe (pour former le bois), et en oxygène qui est restitué à l'air. Les végétaux nous préservent donc de l'asphyxie par l'acide carbonique. Il est vrai que, comme les animaux, les plantes exhalent de l'acide carbonique dans leur respiration, mais cette respiration est si peu active que nous pouvons passer à la plante cette dérogation à ses usages de salubrité.

L'eau des pluies agit aussi, à cause de la solubilité de l'acide carbonique, pour nous enlever de l'air son excès de ce gaz nuisible; et c'est seulement alors que, chargée d'acide carbonique, elle sera capable de dissoudre du carbonate de chaux qui, sous cette forme, servira de nourriture aux plantes, et de maison aux mollusques de la mer, qui sauront le séparer de l'eau.

Préparation. — On retire l'acide carbonique du sel carbonate de chaux, en faisant chasser l'acide carbonique de celui-ci par un acide plus fort.

Dans le flacon à deux tubulures (fig. 226) qui nous a servi à préparer l'hydrogène, on met du marbre ou de la craie. On remplit à moitié le flacon d'eau, puis par la tubulure centrale on verse de l'acide chlorhydrique. Une vive effervescence se produit, et le gaz se dégage par le tube abducteur; on le recueille sur la cuve à eau, malgré sa solubilité qui est relativement faible, eu égard au dégagement abondant qui se produit.

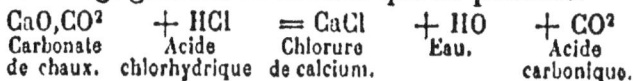

$$CaO,CO^2 \quad + \; HCl \quad = CaCl \quad + \; HO \quad + \; CO^2$$

Carbonate   Acide   Chlorure   Eau.   Acide
de chaux.   chlorhydrique   de calcium.   carbonique.

Usages. — L'acide carbonique est surtout employé à la fabrication des limonades, des vins et des eaux gazeuses : l'eau de Seltz artificielle, par exemple.

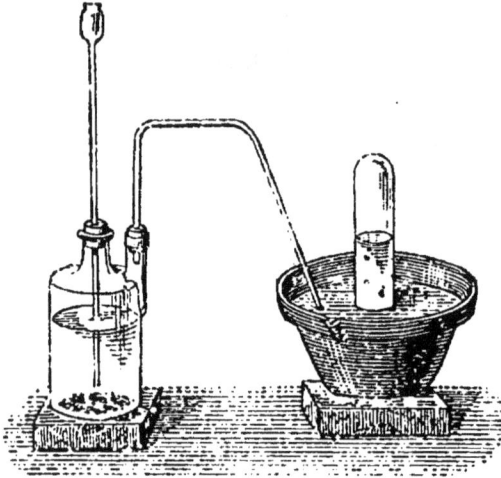

Fig. 226.

C'est l'acide carbonique qui est dissous dans le vin de Champagne, le cidre en bouteille, et qui s'échappe en emportant le liquide, dès qu'on cesse de le comprimer, en enlevant le bouchon.

L'acide carbonique en dissolution dans l'eau rend celle-ci capable de dissoudre des sels : les carbonates de potasse, de chaux, de soude, dans les eaux de Vichy; carbonate de fer, dans celles de Spa, etc.

C'est grâce à l'acide carbonique qu'elle renferme, que l'eau dissout la silice et le carbonate de chaux qui entretiennent la vie des plantes et des animaux aquatiques.

COMBINAISONS HYDROGÉNÉES DU CARBONE

Les combinaisons du carbone et de l'hydrogène sont extrêmement nombreuses et font l'objet d'une étude spéciale : la chimie organique peut être, en effet, considérée comme l'étude des composés hydrogénés du carbone. Elles se trouvent généralement toutes

formées dans la nature, telles sont : les essences végétales de *térébenthine*, de *citron*, d'*orange*, de *rose*, etc.;
le *caoutchouc*, la *gutta-percha*.

Il en est d'autres que l'industrie prépare : la benzine,
l'huile de schiste, l'alcool, la glycérine, les acides végétaux, etc... Nous n'étudierons, en ce moment, que le
protocarbure d'hydrogène.

PROTOCARBURE D'HYDROGÈNE.

$$C^2 H^4$$

Ce gaz est encore désigné sous les noms d'*hydrogène
protocarboné, gaz des marais* et *formène*.

Propriétés physiques. — C'est un gaz incolore,
inodore, sans saveur, sa densité est 0,559. Il est très
peu soluble dans l'eau.

Propriétés chimiques. — Ce gaz est combustible et
brûle avec une flamme blanc jaunâtre bordée de bleu.
Il n'est pas comburant. Il n'entretient pas la respiration, mais il n'est pas délétère; les mineurs ne sont pas
très incommodés au sein d'une atmosphère contenant
$\dfrac{1}{11}$ de ce gaz.

Mélangé à l'air, il détone violemment à l'approche
d'un corps enflammé.

État naturel. — Il se dégage lorsqu'on agite la vase
des eaux stagnantes des marais; ils s'y forme dans la
décomposition des matières végétales.

Il s'échappe du sol en un grand nombre de lieux et,
une fois allumé, il ne s'éteint plus; telle est l'origine

des feux perpétuels qu'on remarque sur les côtes de l'Asie Mineure.

On trouve des sources abondantes de cette nature en France dans le département de l'Isère, en Italie, en Angleterre, près de la mer Caspienne, en Perse, dans l'Inde.

C'est lui qui se dégage dans certaines mines de houille, et qui cause, lorsqu'il est enflammé par la lampe des mineurs, les terribles explosions qu'ils désignent sous le nom de *feu grisou*.

Préparation. — On peut en recueillir, d'une pureté relative, en agitant avec un bâton la vase des marais (fig. 227). On reçoit les bulles qui se dégagent, dans un flacon rempli d'eau, et muni d'un entonnoir.

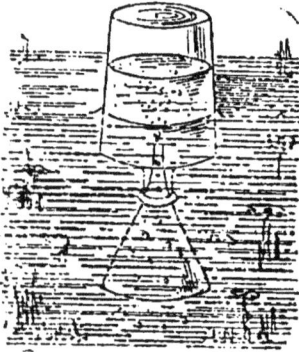

Fig. 227.

Usages. — Lorsqu'il se dégage du sol, on l'emploie comme combustible pour les usages domestiques; il est utilisé, dans l'Isère, à la cuisson des poteries.

GAZ DE L'ÉCLAIRAGE

La découverte de l'éclairage au gaz est due à un ingénieur français, Philippe Lebon, qui fit les premières expériences en 1785, en enflammant le gaz qui se dégage du bois dans sa distillation sèche; bientôt après, il remplaça le bois par la houille. Mais, surtout à cause de l'odeur insupportable de ce gaz non épuré, son procédé fut abandonné.

Cette idée de Lebon fut reprise par Murdoch, en Angleterre, qui éclaira vers 1803, à l'aide du gaz tiré de la houille, les ateliers de construction de Watt.

Un Allemand vint à Paris où il installa, en 1812, des appareils à gaz pour l'éclairage du passage des Panoramas, puis de l'hôpital Saint-Louis. Enfin nos rues commencèrent à être éclairées au gaz vers 1820.

Propriétés. — Ce gaz bien connu a une odeur désagréable; il est beaucoup plus léger que l'air.

Il renferme, en majeure partie, du protocarbure d'hydrogène, le reste est du bicarbure d'hydrogène, de l'oxyde de carbone, de l'hydrogène, de l'azote, de l'acide sulfhydrique, du sulfhydrate d'ammoniaque, etc. Comme le protocarbure, il détone lorsqu'il est mélangé à l'air et enflammé.

Fig. 228.

Préparation. — On chauffe la houille dans des cornues en terre A (fig. 229), rangées au-dessus d'un foyer ardent. Les gaz qui se produisent sont conduits par un

tube B, dans un long cylindre appelé *barillet* C, à moitié
plein d'eau. Le tube B plonge de quelques centimètres

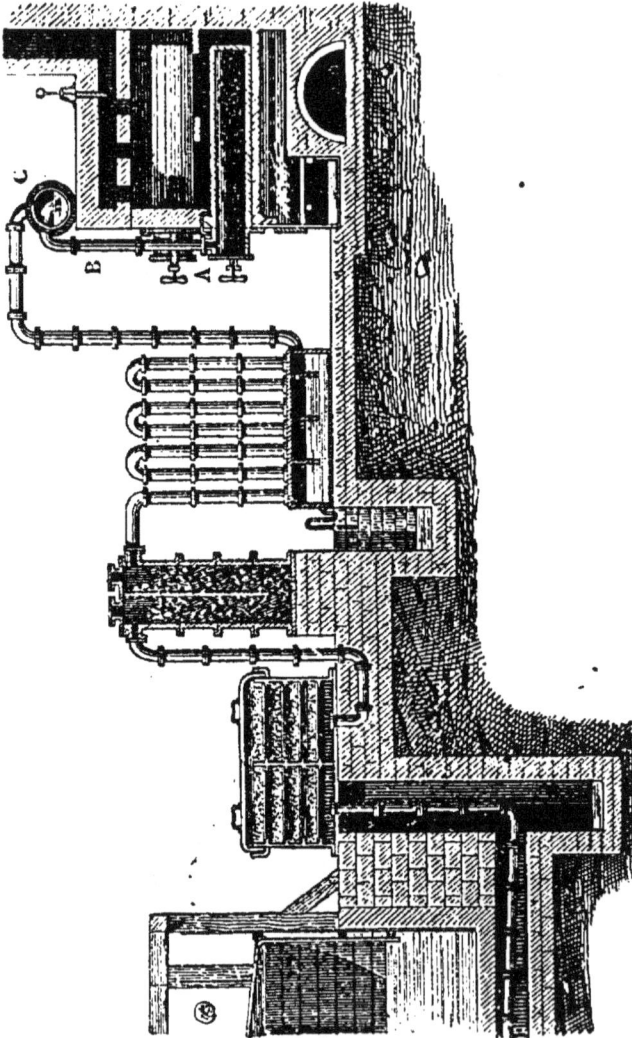

Fig. 229.

dans cette eau; le gaz y abandonne déjà une partie de
ses produits liquéfiables. Il traverse ensuite une série
de tubes ayant la forme d'U, débouchant sur une caisse

dont le fond est garni d'eau, enfin on le fait filtrer à travers un double cylindre vertical renfermant du coke; il termine là son *épuration physique.* Alors commence l'*épuration chimique,* qu'on obtient en faisant passer le gaz dans une caisse garnie de claies portant du sulfate de chaux et un oxyde de fer qui enlève au gaz les produits volatils qui le rendraient trop insalubre. On ne cherche pas à le purifier au point de lui enlever son odeur, pour qu'elle puisse trahir la présence du gaz échappé dans une pièce, et qu'on n'y pénètre pas avec un corps enflammé, sous peine de produire une explosion.

Le gaz est ensuite recueilli dans une grande éprouvette, le gazomètre.

L'ÉPURATION PHYSIQUE a séparé du gaz le *goudron* dont on retire par distillation la benzine, l'acide phénique, la naphtaline et autres produits avec lesquels on fabrique des matières colorantes d'une grande importance, l'aniline. Elle produit encore des sels ammoniacaux.

En outre, la cornue renferme, après distillation, deux charbons que nous avons étudiés : le coke et le charbon des cornues.

Usages. — Le gaz d'éclairage sert à l'éclairage de nos rues et de nos habitations, il sert au chauffage dans les usages domestiques. Il est livré au prix de 30 centimes le mètre cube, et 15 centimes pour l'éclairage public. A cause de sa faible densité, on l'emploie pour gonfler les ballons.

QUESTIONNAIRE

Quelles sont les propriétés générales des carbones? — Que savez-vous du diamant? — Comment le polit-on? — Où le trouve-t-on? — Quels sont ses usages? — Qu'est-ce que le graphite et à quoi sert-il?. — Quel est l'usage de l'anthracite? — Quels corps retire-t-on de la houille? — Comment a dû se formor la houille? — Les lignites et les tourbes sont-ils de bons combustibles? — D'où tire-t-on le coke et le charbon des cornues? — Quels sont leurs propriétés et leurs usages? — Comment obtient-on le noir de fumée et à quoi sert-il? — Le noir animal est-il un charbon bien pur? — Quel est son usage? — Quels sont les composés oxygénés du carbone? — Quelles sont les propriétés de l'oxyde de carbone? — Est-il bon à respirer? — Quelles précautions doit-on prendre pour éviter l'empoisonnement par l'oxyde de carbone? — Quelles sont les propriétés physiques de l'acide carbonique? — Ce gaz est-il combustible, comburant? Comment le montre-t-on? — Dans quelles proportions le trouve-t-on dans l'atmosphère? — Quelles sont les causes de sa production naturelle? — Quelle est la propriété caractéristique de l'acide carbonique? — Comment se fait-il que la quantité de CO^2 n'augmente pas dans l'atmosphère? — Comment le prépare-t-on? — Quels sont ses usages? — Quelles sont les propriétés du protocarbure d'hydrogène? — Que se produit-il si mélangé à l'air on l'enflamme? — Comment se forme-t-il naturellement? — Quels sont ses usages? — Quelle est sa préparation? — Faites l'histoire du gaz de l'éclairage? — D'où le tire-t-on? — En quoi consiste son épuration physique? — Pourquoi pratique-t-on son épuration chimique, et comment?

CHAPITRE V

PHOSPHORE, SOUFRE ET LEURS COMPOSÉS.

PHOSPHORE. Ph = 31

Propriétés physiques. — Le phosphore est un corps solide, légèrement ambré, d'une odeur qui rappelle celle de l'ail; sa consistance est faible, il peut être rayé par l'ongle.

Sa densité est 1,83. Il fond à 44°; si, par exemple, on en met quelques morceaux dans de l'eau chauffée à 44°, le phosphore se liquéfie et prend l'aspect d'une huile jaune et épaisse. Il s'enflamme à 60°.

Le phosphore possède la singulière propriété de s'enflammer spontanément à l'air, lorsqu'il est fortement divisé. Ainsi, si l'on a fait dissoudre du phosphore dans son meilleur dissolvant, le sulfure de carbone, et qu'on y plonge quelques morceaux ,'e papier; lorsqu'on abandonnera ensuite ceux-ci à l'air, le sulfure de carbone s'évaporera et laissera sur le papier du phosphore très divisé qui s'enflammera spontanément en brûlant le papier.

Le frottement suffit aussi pour enflammer le phosphore. Ce métalloïde présente cette autre curieuse propriété d'être lumineux dans l'obscurité. La cause de cette *phosphorescence* paraît être attribuée à la combustion lente du phosphore par suite de son oxydation.

Pour ces différentes raisons, on conserve le phosphore dans des flacons remplis d'eau ; on le voit alors se recouvrir d'une poussière blanche formée de cristaux microscopiques de phosphore.

Lorsque le phosphore est exposé à la *lumière solaire* ou à l'*action de la chaleur*, il se transforme en *phosphore rouge*. Ce phosphore rouge possède des propriétés complètement différentes de celles du phosphore ordinaire; il n'est pas phosphorescent, il ne s'enflamme qu'à une haute température, 260°; *il n'est pas délétère* alors que le phosphore ordinaire est un poison violent.

Propriétés chimiques. — Enflammé à l'air, il brûle avec une flamme brillante en répandant d'abondantes fumées blanches qui sont de l'*acide phosphorique*. Le produit de sa combustion lente, de sa phosphorescence, c'est l'*acide phosphoreux*, moins oxygéné que l'acide phosphorique.

État naturel. — Le phosphore est très répandu dans la nature, surtout à l'état de phosphate de chaux.

11

On en trouve dans presque toutes les substances de l'organisme, dans les os, le cerveau, l'urine, les nerfs, la laitance des poissons, etc.

Préparation. — Les premiers alchimistes qui découvrirent ce corps le retirèrent de l'urine. On l'extrait maintenant et en bien plus grande abondance des os, qu'on sait contenir en grande partie du phosphate de chaux. On emploie pour cela des os de bœuf ou de mouton d'abord calcinés, afin de les débarrasser de leur substance animale. La suite de la préparation est trop compliquée pour que nous l'exposions ici.

Usages. — Le phosphore est employé à la fabrication des allumettes qui en emploie par an environ 38 000 kilogrammes.

En raison de ses propriétés très vénéneuses, on l'utilise dans la confection d'une *pâte phosphorée* dont les rats et les souris sont très friands, mais qui cause leur mort.

Fabrication des allumettes. — Après avoir trempé une extrémité des petites bûchettes de bois dans un bain de soufre fondu et les avoir séchées, on dépose au bout de l'allumette une goutte de la pâte suivante :

Phosphore ordinaire	2,5
Colle forte	2
Eau	4,5
Sable fin	2
Ocre rouge	0,5
Vermillon ou bleu de Prusse	0,1

La colle sert à rendre le dépôt plus adhérent; le sable a pour effet d'augmenter les frottements, l'ocre et le vermillon donnent la couleur à la pâte.

C'est le soufre qui donne cette odeur désagréable qui accompagne l'inflammation de l'allumette; mais c'est lui aussi qui, par sa combustion, échauffe le bois au point de l'enflammer.

Ces allumettes à phosphore ordinaire présentent de grands inconvénients; la facilité avec laquelle elles s'enflamment a causé de nombreux incendies; elles produisent souvent des empoisonnements chez les enfants imprudents; en outre leur fabrication cause aux ouvriers qui y sont employés de graves désordres.

Pour obvier à tous ces défauts on fabrique des allumettes à *phosphore rouge*, qui ne peuvent s'enflammer que lorsqu'elles sont frottées sur un carton qui seul est phosphoré.

La pâte des allumettes est ainsi formée :

Chlorate de potasse. 6
Sulfure d'antimoine 3
Colle forte 1

Le carton est enduit de la composition suivante :

Phosphore rouge. 10*
Bioxyde de manganèse 8
Colle. 6

L'emploi de ces dernières allumettes est rendu obligatoire dans les bâtiments de l'État, et malgré l'inconvénient qu'elles présentent: qu'on soit obligé de les frotter sur le carton préparé, elles devraient seules avoir accès dans les ménages.

COMPOSÉS OXYGÉNÉS DU PHOSPHORE.

Le seul composé un peu intéressant pour nous du phosphore et de l'oxygène est l'acide phosphorique. Les deux autres sont l'acide hypophosphoreux et l'acide phosphoreux.

Acide phosphorique (PhO⁵). — L'acide phosphorique est une poudre blanche semblable à de la neige.
Sa propriété essentielle est son avidité pour l'eau. Il
devient rapidement déliquescent lorsqu'il est abandonné
à l'air. Projeté sur l'eau, il y produit un sifflement
analogue à celui qu'y pro-
duirait un fer rouge. A
cause de son avidité pour
l'eau, il est employé pour
dessécher les gaz.

Préparation. — Il suffit de recouvrir d'une cloche bien sèche un frag-
ment de phosphore en-
flammé (fig. 230). Celui-ci
brûle aux dépens de l'oxygène de l'air contenu dans
la cloche en formant de
l'acide phosphorique qui tombe peu à peu sur l'assiette
supportant la cloche.

Fig. 230.

Pour obtenir l'*acide phosphorique ordinaire* (PhO⁵,
3 HO), qui est liquide, on chauffe dans une cornue en
verre du phosphore et 15 fois plus en poids d'acide
azotique. Une opération assez compliquée se produit,
de laquelle il résulte l'acide phosphorique liquide.

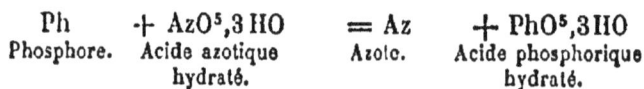

Ph	+ AzO⁵,3HO	= Az	+ PhO⁵,3HO
Phosphore.	Acide azotique hydraté.	Azote.	Acide phosphorique hydraté.

COMPOSÉS HYDROGÉNÉS DU PHOSPHORE.

Une des trois combinaisons du phosphore avec
l'hydrogène, le *phosphure gazeux* (PhH³), présente cette
curieuse propriété, qu'il s'enflamme spontanément à

l'air libre en produisant de belles couronnes de fumée blanche d'acide phosphorique.

La façon la plus simple de le produire consiste à jeter un fragment de *phosphure de calcium* dans l'eau d'un verre (fig. 231).

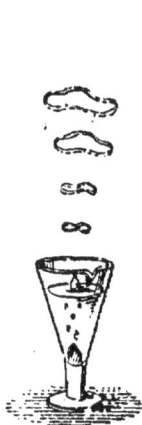

Fig. 231.   Fig. 232.

Mais, pour le préparer, dans les laboratoires, on fait des boulettes avec de la chaux, un peu d'eau et un petit fragment de phosphore. On remplit de ces boulettes les trois quarts d'un ballon de verre (fig. 232), qu'on *achève de remplir* avec de la chaux éteinte, puis on chauffe. Le gaz commence à s'enflammer dans le tube abducteur puis bientôt à sa sortie de la cuve à eau.

$$4\text{Ph} + 3\text{CaO} + 9\text{HO} = \text{PhH}^3 + 3\text{CaO},2\text{HO},\text{PhO}$$

| Phosphore. | Chaux. | Eau. | Phosphure d'hydrogène. | Hypophosphite de chaux. |

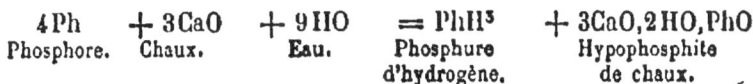

C'est ce phosphure gazeux qui se dégage du sol partout où se décomposent, au sein d'un terrain calcaire, des matières animales : dans les cimetières, par exemple, et qui s'enflamme au contact de l'air en formant ce que l'on appelle les *feux follets*. Cette production n'a rien de surnaturel ni d'effrayant, et ne doit appeler dans l'esprit des habitants de la campagne aucune idée diabolique.

SOUFRE. S = 16

Propriétés physiques. — Le soufre est solide, d'une couleur jaune citron, inodore et sans saveur.

Il est mauvais conducteur de l'électricité, et nous l'avons vérifié en physique; il est également mauvais conducteur de la chaleur, à tel point que si l'on serre dans la main un bâton de soufre, la partie extérieure seule s'échauffe, se dilate, sans que les parties voisines soient échauffées : il se produit des craquements qui deviennent plus intenses si l'on vient à plonger le soufre dans l'eau chaude.

Sa densité est 2. — Il fond à 111 degrés.

Insoluble dans l'eau, on le dissout dans l'alcool, la benzine et surtout dans le sulfure de carbone.

Propriétés chimiques. — Le soufre est combustible à l'air, à la température de 250 degrés, en formant de l'acide sulfureux.

État naturel. — Le soufre se rencontre en abondance dans les contrées volcaniques; on le recueille soit pur, soit mélangé de matières terreuses.

Il existe à l'état de combinaisons dans les sulfures métalliques, dans les sulfates, et surtout dans le sulfate de chaux (plâtre).

Extraction. — Lorsque le soufre est mélangé de matières terreuses, on lui fait subir sur place une première purification par distillation, on obtient ainsi le *soufre brut* qui contient encore des matières étrangères, à cause de l'imperfection des appareils employés.

Le soufre et les matières terreuses mélangées avec
lui sont enfermés dans des pots en grès A (fig. 233)
placés sur deux rangs dans un fourneau de galère.

Fig. 233.

Chacun de ces pots est mis en communication avec un
pot semblable B placé à l'extérieur et muni à sa partie
inférieure d'un tube ouvert au-dessus de baquets pleins
d'eau froide. Dès qu'on chauffe les pots intérieurs, le soufre entre en vapeur, se sépare de sa terre, va se condenser
dans les vases extérieurs et coule dans les baquets où
il se solidifie. Ce soufre brut n'est pas pur, il peut contenir encore de 10 à 12 0/0 de matières terreuses.

Raffinage. — Pour raffiner le soufre on le met dans
une chaudière C (fig. 234), où il fond ; de là il coule dans
une cornue cylindrique exposée au milieu du foyer où il
se vaporise. La vapeur se rend dans une grande chambre
en maçonnerie E. En arrivant dans cette chambre froide
la vapeur se condense brusquement et le soufre se
prend en une poussière jaune appelée *fleur de soufre*
qui tombe sur le sol et qu'on recueille si on le désire.
Mais peu à peu la température de la chambre s'élève,

et à partir du moment où elle atteint 111°, la vapeur se condense en soufre liquide qui se répand sur le sol.

Fig.

En débouchant un orifice inférieur, le soufre coule au dehors où il est recueilli dans des moules coniques. Il prend alors le nom de *soufre en canon*.

Usages. — Le soufre est employé à la fabrication de l'acide sulfureux et de l'acide sulfurique; des allumettes, de la poudre; au soufrage de la vigne pour la préserver de l'oïdium.

On s'en sert pour sceller le fer dans la pierre, pour le moulage des médailles.

La médecine l'emploie dans certaines maladies de la peau.

COMPOSÉS OXYGÉNÉS DU SOUFRE.

Le soufre forme avec l'oxygène les deux composés principaux : *acide sulfureux, acide sulfurique*.

ACIDE SULFUREUX.

SO^2.

Propriétés physiques. — L'acide sulfureux est un gaz incolore, d'une odeur très forte qui provoque la toux. Sa densité est de 2,234.

Il est soluble dans l'eau qui en dissout 50 fois son volume à la température ordinaire.

Propriétés chimiques. — Cet acide est très énergique, il rougit fortement la teinture de tournesol. Il éteint les corps en combustion. Non seulement il n'entretient pas la respiration, mais tout le monde sait de quelle façon il agit lorsqu'on le respire, même dans la petite proportion qui se forme à l'inflammation d'une allumette.

L'acide sulfureux décolore plusieurs substances végétales comme les violettes, les roses qui blanchissent dans l'acide sulfureux.

État naturel. — L'acide sulfureux se dégage en grande quantité des volcans en éruption.

Préparation. — L'acide sulfureux se produit dans la combustion du soufre à l'air. Il est plus économique de substituer au soufre raffiné les pyrites, qu'il suffit de griller à l'air.

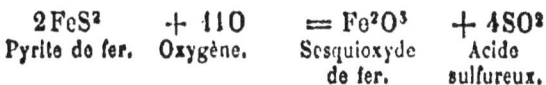

$$2FeS^2 \quad + 11O \quad = Fe^2O^3 \quad + 4SO^2$$

Pyrite de fer.   Oxygène.   Sesquioxyde   Acide
de fer.   sulfureux.

Usages. — L'acide sulfureux est employé au blanchiment des tissus animaux : la laine et la soie. A Lyon, on suspend des écheveaux mouillés dans des chambres où l'on brûle du soufre placé dans une terrine. L'acide sulfureux se dissolvant dans l'eau qui

11.

imprègne la soie y détruit la matière colorante. Un lavage dans une eau alcaline fait disparaître l'excès d'acide.

On enlève les taches de fruits ou de vin sur le linge en plaçant la tache, qu'on a pris soin de mouiller, au-dessus du sommet ouvert d'un cornet de papier sous lequel on brûle du soufre (fig. 235). On empêche le vin de fermenter et de tourner au vinaigre en brûlant une mèche sou-frée dans le tonneau qui doit le contenir.

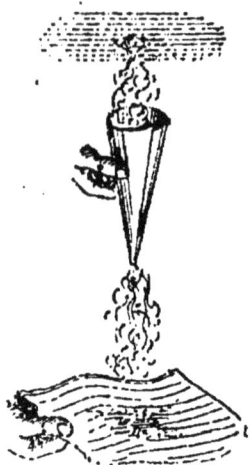

La médecine l'utilise pour la guérison de la maladie que cause à la tête le sarcopte de la *gale*.

Enfin, on utilise sa propriété de n'être pas comburant pour l'extinction des feux de cheminée. En jetant dans l'âtre du soufre allumé, il se produit de l'acide sulfureux qui, montant dans la cheminée, arrête la combustion de la suie.

Fig. 235.

ACIDE SULFURIQUE ORDINAIRE.

$$SO^3, HO.$$

Cet acide est encore nommé *vitriol*, ou *huile de vitriol*.

Propriétés. — L'acide sulfurique ordinaire est un liquide incolore et inodore, d'une acidité telle qu'il rougit encore la teinture de tournesol après avoir été étendu d'eau de 1 000 fois son poids.

Cet acide a une grande affinité pour l'eau; aussi quand on mêle ces deux liquides faut-il avoir soin de verser lentement l'acide dans l'eau ; si l'on versait l'eau dans l'acide on déterminerait de violentes explosions.

Il carbonise le bois, il brûle et détruit les tissus organiques ; introduit dans l'estomac il amène immédiatement la mort par suite de l'altération instantanée qu'il fait subir aux membranes.

Préparation. — Pour préparer l'acide sulfurique, on suroxyde l'acide sulfureux. Cette opération assez compliquée se produit dans des chambres à parois de plomb dites *chambres de plomb*.

Usages. — L'acide sulfurique est l'acide le plus constamment employé dans l'industrie, il suffira de savoir que la France seule en produit annuellement plus de 75 millions de kilogrammes pour être convaincu de son importance.

C'est lui qu'on emploie pour la fabrication de l'acide azotique, chlorhydrique, de la soude ; à la préparation des bougies, du sucre de fécule ; à l'affinage de l'or et de l'argent.

Il sert à dessécher les gaz, à la production de l'électricité dans les piles, etc.

ACIDE SULFHYDRIQUE.

HS.

L'acide sulfhydrique est une combinaison du soufre avec l'hydrogène. Ce gaz n'appelle notre attention que par son odeur fétide nous rappelant celle des œufs pourris. C'est à la présence de ce gaz que les eaux de Bagnères, de Barège, d'Enghien doivent leur odeur et leurs propriétés thérapeutiques.

Ce gaz est un poison violent : il est capable d'asphyxier un cheval à la dose de $\frac{1}{200}$. C'est lui qui frappe de mort les vidangeurs et les égoutiers. On combat ses effets à l'aide du chlore, employé habituellement à l'état de chlorure de chaux.

QUESTIONNAIRE

Quelles sont les propriétés physiques du phosphore? — Peut-il s'enflammer spontanément? comment le montre-t-on? — Qu'entendez-vous par phosphorescence? — Qu'est-ce que le phosphore rouge? — Où trouve-t-on du phosphore? — De quoi le retire-t-on? — Comment fabrique-t-on les allumettes? — Quels sont les composés oxygénés du phosphore? — Quelles sont les propriétés de l'acide phosphorique anhydre? — Comment obtient-on l'acide phosphorique hydraté? — Que savez-vous du phosphure d'hydrogène gazeux? — Comment le prépare-t-on? — Que sont les feux follets? — Comment montre-t-on que le soufre est mauvais conducteur de la chaleur? — Où trouve-t-on le soufre? — Quelles opérations fait-on subir aux matières terreuses mélangées de soufre? — Quels sont ses usages? — Nommez les composés oxygénés du soufre? — Quelles sont les propriétés physiques de l'acide sulfureux? — Comment agit-il sur les organes respiratoires? — Causez de son action décolorante. — Comment le prépare-t-on? — Quels sont ses usages? — L'acide sulfurique est-il énergique? — Quelle est son action sur les matières animales et végétales? — Comment le prépare-t-on? — Quels sont ses usages? — Comment s'appelle le composé hydrogéné du soufre et quelles sont ses propriétés?

CHAPITRE VI

CHLORE. Cl = 35,5.

Propriétés physiques. — Le chlore est un gaz jaune verdâtre, d'une forte odeur désagréable; absorbé dans la respiration il amène la toux, il provoque même des crachements de sang s'il est respiré en grande quantité.

Sa densité est 2,4. — Il est soluble dans l'eau, etl'on emploie plus souvent sa dissolution que le gaz lui-même.

Propriétés chimiques. — La propriété caractéristique du chlore, c'est sa grande affinité pour l'hydrogène. Si un mélange de ces deux gaz est fait dans un flacon et qu'il soit exposé à la lumière solaire, la combinaison est si instantanée que le flacon vole en éclats; à la lumière diffuse la combinaison des deux gaz est lente; elle n'a pas lieu dans l'obscurité.

Le chlore n'est pas combustible.

A l'égard de nombreux corps il est plus comburant que l'oxygène lui-même : avec le phosphore, l'arsenic, le potassium ; avec d'autres corps, comme les carbones, par exemple, il n'est pas comburant : ainsi un charbon rouge s'éteint dès qu'on le plonge dans le chlore, il en sera de même d'une bougie.

Le chlore *décolore* les substances organiques, par suite de son affinité pour l'hydrogène. Le tournesol, le vin, l'encre sont blanchis par l'eau de chlore. Mais l'encre de Chine, l'encre d'imprimerie ne sont pas décolorées par le chlore parce que celui-ci est sans action sur le carbone.

État naturel. — Le chlore, en combinaisons, est très abondant dans la nature, on le trouve surtout à l'état de chlorure de sodium (sel de cuisine) dans l'eau de la mer et dans les mines de sel gemme. Il existe dans certains minéraux tels que les chlorures d'argent, de plomb.

Préparation. — Pour préparer ce gaz on chauffe dans un ballon de verre (fig. 236) du bioxyde de manganèse avec de l'acide chlorhydrique.

On le recueille dans l'appareil disposé comme celui que nous avons indiqué pour la préparation de l'ammoniaque.

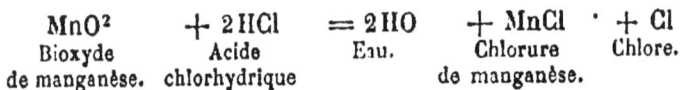

$$\underset{\substack{\text{Bioxyde} \\ \text{de manganèse.}}}{MnO^2} + \underset{\substack{\text{Acide} \\ \text{chlorhydrique}}}{2\,HCl} = \underset{\text{Eau.}}{2\,HO} + \underset{\substack{\text{Chlorure} \\ \text{de manganèse.}}}{MnCl} + \underset{\text{Chlore.}}{Cl}$$

Dans le premier flacon dépourvu d'eau on recueillera le gaz chlore qui chassera l'air à cause de sa grande densité. Dès que le flacon sera plein de ce gaz, ce qu'on verra facilement, par suite de sa coloration, il passera dans les autres flacons contenant de l'eau, s'y dissoudra et nous fournira l'*eau de chlore*.

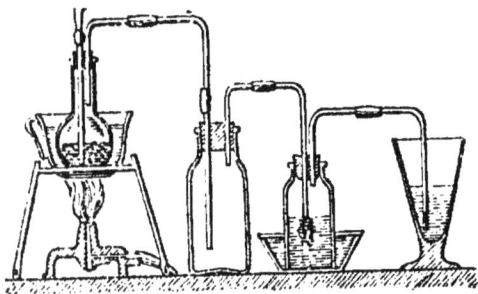

Fig. 236.

On ne recueille pas ce gaz sur la cuve à eau à cause de sa trop grande solubilité dans ce liquide ; on ne le recueille pas non plus sur le mercure parce qu'il s'unit à lui. Mais on peut le recueillir dans l'air, comme nous venons de le prescrire et en disposant les tubes comme l'indique la figure.

Usages. — Le chlore est utilisé au *blanchiment* des toiles et des chiffons qui doivent servir à la fabrication du papier. Ce n'est pas à l'état de gaz ni d'eau de chlore qu'il est employé pour ces usages, parce que leur action trop énergique sur les fibres les détruirait, mais à l'état de chlorure de chaux.

Le chlore sert aussi à la *désinfection* des fosses d'aisances, à la destruction des miasmes dans les hôpitaux.

L'eau de chlore peut enlever les taches d'encre ordinaire sur les cahiers ou les livres. L'*eau de Javel* est obtenue en faisant dissoudre du chlore dans une dissolution de carbonate de soude contenue dans des touries.

COMPOSÉS DU CHLORE AVEC L'OXYGÈNE.

Le chlore forme avec l'oxygène cinq acides dont les noms sont, en commençant par le moins oxygéné :

Acides hypochloreux, chloreux, hypochlorique, chlorique, perchlorique, qui ne présentent pour nous aucun intérêt.

ACIDE CHLORHYDRIQUE.

HCl.

Ce corps est quelquefois encore désigné sous le nom d'*esprit de sel* ou d'*acide muriatique*.

Propriétés physiques. — L'acide chlorhydrique est un gaz incolore, d'une faible odeur piquante, d'une saveur très acide ; il est très corrosif et désorganise les tissus animaux : sa densité est 1,25.

Ce gaz est très soluble dans l'eau qui en dissout environ 500 fois son volume. On peut recommencer avec lui l'expérience indiquée pour montrer la solubilité de l'ammoniaque ; il faut encore s'entourer des. mêmes précautions.

Très avide d'eau, il produit à l'air humide un abondant brouillard.

Propriétés chimiques. — Ce gaz est la seule combinaison du chlore avec l'*hydrogène*. C'est un acide très énergique.

Il est décomposable par les métaux usuels à la température ordinaire.

État naturel. — On trouve cet acide se dégageant parfois des volcans, et dans les eaux de quelques rivières, le *Rio Vinagre*, par exemple, en Amérique. .·

Préparation. — On met dans un ballon de verre 10 à 15 grammes de sel marin fondu, puis de l'acide sulfurique. L'opération commence à froid, on la continue en chauffant légèrement. Si l'on veut recueillir le gaz, on le reçoit dans une éprouvette sur la cuve à mercure.

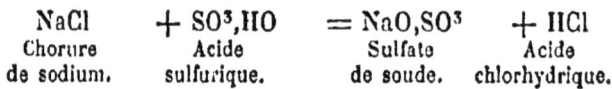

$$NaCl \quad + SO^3,HO \quad = NaO,SO^3 \quad + HCl$$

Chorure de sodium.	Acide sulfurique.	Sulfate de soude.	Acide chlorhydrique.

Si l'on veut obtenir sa dissolution dans l'eau, on dispose l'appareil comme dans la préparation du chlore et de l'ammoniaque.

Usages. — L'acide chlorhydrique, surtout employé à l'état de dissolution, sert à la préparation du chlore et de différents acides ; à extraire la gélatine des os ; il est un des éléments de l'eau régale.

EAU RÉGALE.

L'eau régale est un liquide qui résulte d'un mélange d'acide chlorhydrique et d'acide azotique. Elle est ainsi appelée parce qu'elle dissout l'or, qui est le roi des métaux, et le platine, deux corps qu'aucun acide n'attaque séparément.

L'eau régale est jaune rougeâtre.

SILICE OU ACIDE SILICIQUE.

$$SiO^2.$$

Propriétés. — La silice est un corps solide généralement cristallisé en forme de prisme à six faces terminé par des pyramides. C'est elle qu'on désigne sous le nom de *quartz* ou *cristal de roche* (fig. 237). Elle est assez dure pour rayer le verre. Sa densité est 2,6.

Cet acide, très faible à la température ordinaire, est une combinaison de l'oxygène avec le *silicium*.

Les acides, sauf l'acide fluorhydrique, sont sans action sur lui; ils ne produisent *aucune effervescence* comme ils le font avec le carbonate de chaux.

Fig. 237.

État naturel. — La silice est le corps qu'on trouve en plus grande quantité dans le sol, ainsi que le carbonate de chaux.

A l'état libre elle constitue le *quartz*, le *silex* ou pierre à fusil, le *sable*, le *grès*, la *pierre meulière*, l'*agate*, le *jaspe*, l'*opale*.

Elle se rencontre en petite quantité dans les eaux courantes; en grande quantité dans l'eau chaude qui s'échappe des *geysers* d'Islande, mais là son état est gélatineux et de peu de consistance.

En combinaison avec les bases, elle forme des sels qui constituent le plus grand nombre des roches; tels sont les silicates qu'on désigne sous le nom de *mica*, *feldspath* qui, avec le quartz, forment les roches granitiques.

Usages. — C'est un des éléments du verre et du cristal ainsi que des pierres précieuses, comme nous l'avons vu en nommant l'agate, le jaspe, l'opale.

On le trouve dans les argiles employées à la confection des briques, poteries, faïences, porcelaines, etc.

QUESTIONNAIRE

Quelle est la couleur du chlore? — Quelle est son action sur l'appareil respiratoire? — Est-ce un gaz lourd? — Quelle est sa principale propriété chimique? — Est-il comburant? — Décolore-t-il toutes les substances? — Sous quels états existe-t-il dans la nature? — Comment le prépare-t-on? — Quels sont ses usages? — Qu'est-ce que l'eau de Javel? — Nommez les composés oxygénés du chlore. — Quelles sont les propriétés physiques de l'acide chlorhydrique? — Comment le prépare-t-on? — Comment obtient-on l'eau régale? — Quelles sont les propriétés de la silice? — Nommez ses variétés. — Quels sont ses usages?

LIVRE II

CHAPITRE PREMIER

MÉTAUX.

LEURS OXYDES BASIQUES. — SELS.

Nous avons dit, dans les notions préliminaires, que les métaux sont des corps simples qui possèdent un éclat particulier appelé éclat métallique; qu'ils sont bons conducteurs de la chaleur et de l'électricité; qu'ils forment des *bases*, en combinaison avec l'oxygène. Ce sont des propriétés que nous ne rappellerons plus dans l'étude de chacun de ces corps.

Pour plus de facilité, nous diviserons les métaux en trois familles comprenant :

La première famille : les *métaux usuels*, c'est-à-dire ceux qui sont communément employés pour eux-mêmes et qu'on extrait facilement; tels sont : le *zinc*, *l'étain*, le *plomb*, le *fer*, le *cuivre*, *l'aluminium;*

La deuxième famille : les *métaux précieux*, comme le *mercure*, *l'argent*, l'*or*, le *platine;*

La troisième famille : les métaux dont les *composés sont usuels* et qui, par eux-mêmes, sont dépourvus d'intérêt immédiat : comme le *potassium*, le *sodium*, le *calcium*, le *magnésium*.

Après chacun de ces métaux, nous étudierons leurs composés oxygénés ou *bases* toutes les fois qu'elles présenteront pour nous quelque intérêt; puis leurs combinaisons avec les métalloïdes; et enfin leurs *sels* formés, comme nous l'avons dit dans les notions préliminaires, par l'union d'une base et d'un acide.

MÉTAUX USUELS.

ZINC, ÉTAIN, PLOMB, FER, CUIVRE, ALUMINIUM.

Propriétés physiques générales. — Tous les métaux

Fig. 238.

usuels sont solides et opaques, ils sont tous plus lourds que l'eau; fusibles à la température de nos fourneaux. Ils sont *malléables*, c'est-à-dire susceptibles d'être réduits en feuilles minces sous l'action du laminoir (fig. 238); ils sont *ductiles*, c'est-à-dire facilement

Fig. 239.

étirables en fils sous l'action de la filière (fig. 239).

Propriétés chimiques générales. — Ces métaux usuels, sauf l'*aluminium*, s'altèrent tous plus ou moins dans l'air humide; mais ils sont inaltérables dans l'air sec.

Ils décomposent l'eau, sauf l'aluminium, soit lorsqu'ils sont portés au rouge, soit à froid, en présence d'un acide.

Les acides énergiques attaquent généralement ces métaux.

État naturel. — Ces métaux se trouvent rarement à l'état de pureté, c'est-à-dire à l'état natif; on les trouve généralement à l'état de combinaisons avec l'oxygène, le soufre, l'acide carbonique, pour former des oxydes, des sulfures, des carbonates, qui constituent ce qu'on appelle des *minerais*.

Préparation. — Le traitement des minerais, pour les convertir en métaux, constitue une industrie très importante qu'on appelle *métallurgie*.

Dès que les minerais sont sortis de la mine on leur fait subir un *traitement mécanique*, consistant d'abord en un triage à la main, qui sépare le minerai en trois tas : l'un qui renferme le minerai à peu près pur et qu'on envoie à l'usine; l'autre qui renferme en plus grande partie des matières terreuses et qu'on rejette; puis, le troisième contenant les morceaux formés d'un mélange intime de minerai et de matières terreuses ou gangue. On soumet ce dernier tas au *broyage*, qui a pour effet de le séparer en morceaux plus petits dans lesquels il est possible de trouver trois tas semblables aux précédents.

Le nouveau troisième tas, formé de petits fragments contenant du minerai uni à sa gangue, est réduit alors en poudre à l'aide d'un pilon, opération nommée *bocardage;* on la termine par un lavage ou projection dans

l'eau qui sépare le minerai de sa gangue, grâce à l'inégale densité de ces corps.

Les minerais arrivés à l'usine sont alors *traités chimiquement;* ce traitement a pour but de séparer le
métal de son composé.

1° Si le minerai est un *oxyde du métal,* on le mélange
avec du *charbon* et l'on chauffe fortement; le charbon
s'empare de l'oxygène de l'oxyde métallique pour se
transformer, suivant les cas, en oxyde de carbone ou
en acide carbonique; et l'oxyde métallique, dépourvu
maintenant d'oxygène, coule à l'état de métal.

Telle est la raison pour laquelle nous avons dit que
le carbone et l'oxyde de carbone étaient des réduc-
teurs d'oxydes métalliques constamment employés en
métallurgie; nous voyons bien en effet que le carbone a réduit l'oxyde métallique puisqu'il l'a trans-
formé en métal.

Si nous désignons par M le métal quelconque, nous
aurons :

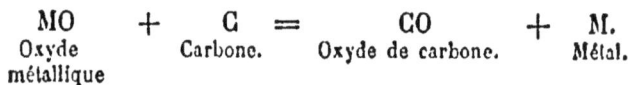

$$\underset{\substack{\text{Oxyde}\\\text{métallique}}}{MO} \quad + \quad \underset{\text{Carbone.}}{C} \quad = \quad \underset{\text{Oxyde de carbone.}}{CO} \quad + \quad \underset{\text{Métal.}}{M.}$$

2° Si le minerai trouvé est un *carbonate,* il est traité
de la même façon que s'il était oxyde, en le chauffant
avec du charbon; cependant, cette opération est parfois précédée d'une calcination du minerai : la chaleur
décompose le carbonate métallique en oxyde et en
acide carbonique.

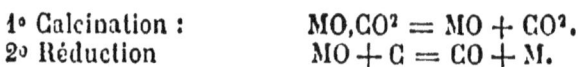

1° Calcination : $MO,CO^2 = MO + CO^2.$
2° Réduction $MO + C = CO + M.$

3° Si le minerai est un *sulfure,* c'est-à-dire un métal
combiné au soufre, on le *grille* à l'air; le soufre
s'échappe à l'état d'acide sulfureux. Mais dans cette

opération, le minerai se transforme souvent de sulfure en oxyde. On le traite alors dans une seconde opération comme nous avons traité les oxydes métalliques.

1° Grillage et oxydation : $MS + 3O = MO + SO^2$.
2° Réduction : $MO + C = CO + M$.

ZINC. $Zn = 33$.

Propriétés. — Le zinc est un métal gris bleuâtre qu'on peut facilement réduire en feuilles. Sa densité est 7.

Au contact de l'air humide, le zinc se recouvre d'une petite couche de carbonate de zinc, qui préserve de toute altération le reste du métal.

Chauffé à l'air, le zinc s'enflamme en répandant des flocons semblables à de la laine. Ces flocons, qui sont de l'oxyde de zinc, ZnO, sont encore désignés sous le nom de *lana philosophica*.

Ce métal ne peut pas être employé à la confection des ustensiles de cuisine, parce qu'il forme avec les graisses, les acides, le vinaigre, le vin, le lait, des sels vénéneux.

État naturel. — Le zinc ne se trouve pas à l'état natif. Ses minerais sont la *blende*, qui est un sulfure de zinc (ZnS), et la *calamine*, qui est un carbonate de zinc (ZnO, CO^2). Après grillage, ces minerais sont traités par le charbon.

Usages. — Le zinc, réduit en feuilles, est d'un grand usage en ferblanterie; il sert à la couverture des toits, à la confection des baquets, tuyaux, gouttières, baignoires, etc.

En combinaison avec le cuivre, il constitue le laiton.

On l'emploie pour recouvrir le fer qu'il protège

ainsi de toute oxydation. Ce dernier métal est alors nommé *fer galvanisé,* parce que le procédé employé a de grands rapports avec la galvanoplastie.

OXYDE DE ZINC.

ZnO.

L'oxyde de zinc est la laine blanche que nous avons obtenue en brûlant le zinc à l'air. Il est employé dans la peinture à l'huile où il remplace très avantageusement le *blanc de plomb* ou *céruse;* car l'oxyde de zinc ou *blanc de zinc* n'est pas vénéneux, il ne noircit pas sous l'influence des émanations sulfureuses, et il rend d'aussi bons services pour les peintures qui doivent être abritées.

ÉTAIN. Sn = 59.

Propriétés. — L'étain est un métal blanc argentin à reflets jaunâtres; flexible, facilement fusible.

L'étain s'altère très peu à l'air, à la température ordinaire; mais il s'oxyde lorsqu'il est chauffé.

État naturel. — L'étain n'existe pas à l'état natif; son minerai est la *cassitérite* (SnO^2), un oxyde très abondant en Saxe, en Bohème, en Angleterre, dans les Indes. Il est traité par le charbon.

Usages. — Comme l'étain ne forme pas de sels vénéneux, et qu'il est peu altérable à l'air, on l'emploie pour la confection de nombreux ustensiles de ménage : plats, fourchettes et cuillers; dans ce cas il est allié au plomb dans les proportions de 80 grammes d'étain pour 20 grammes de plomb.

La poterie d'étain, qui sert à contenir les liquides, est formée de 90 grammes d'étain pour 9 grammes d'antimoine et 1 gramme de cuivre. Il sert à l'étamage des glaces, allié au mercure.

On l'emploie pour recouvrir le fer d'une couche protectrice : des plaques de tôle ou de fer laminé sont plongées dans un bain d'étain en fusion, lequel s'attache à la surface du fer, qui prend alors le nom de *fer étamé*. C'est lui qui sert aussi à étamer les casseroles de cuivre employées pour la cuisine. Mais il faut éviter de les porter à un foyer trop ardent, car l'étain fond à la température de 235°.

Réduit en feuilles très minces, il enveloppe le chocolat. Il entre dans la constitution de certains alliages comme les bronzes, le métal anglais.

PLOMB. Pb = 104.

Propriétés. — Le plomb est un métal blanc bleuâtre très éclatant lorsqu'il vient d'être coupé; il est assez mou pour que l'ongle puisse le rayer; c'est le plus mou des métaux usuels. Sa densité est 11,5.

Exposé à l'air, le plomb se ternit rapidement en se recouvrant d'une couche d'oxyde de plomb.

Au contact de l'eau de pluie, le plomb forme un carbonate de plomb, qui le détériore rapidement; c'est ce qu'on observe dans les toitures en plomb. En outre, comme ce sel ainsi formé est vénéneux, on évite de faire en plomb les tuyaux de conduite des eaux qui descendent des toits. Ce sel vénéneux ne se produit pas avec les eaux de sources; aussi voit-on ces eaux amenées dans des tuyaux de plomb.

Les sels de plomb étant vénéneux, on devra éviter de conserver du vinaigre, du vin, du lait dans des vases en plomb.

12

État naturel. — Le plomb ne se trouve pas à l'état natif: son minerai le plus constamment traité est la *galène*, qui est du sulfure de plomb, PbS, renfermant généralement de l'argent.

Usages. — Le plomb est employé à la confection des tuyaux pour la conduite du gaz, des eaux de sources; à la couverture des toits.

Les jardiniers se servent de petites lames de plomb pour attacher les branches des arbres à leurs supports. On en fabrique des balles de fusil, des grains pour les fusils de chasse.

Il entre dans la composition de l'alliage des caractères d'imprimerie.

CARBONATE DE PLOMB.

$$PbO,CO^2.$$

Le carbonate de plomb est une poudre blanche connue sous le nom de *céruse, blanc de plomb, blanc d'argent.*

La céruse est employée en peinture, mélangée avec l'huile. Mais elle cause chez les peintres, qui sont sujets à absorber sa poussière, des désordres graves connus sous le nom de *coliques de plomb.*

FER. Fe $= 28$.

Propriétés. — Le fer est un métal gris pâle, très dur, ductile et malléable; sa densité est 7,7.

Avant de fondre, le fer passe par l'état pâteux, ce qui permet de le travailler et de lui faire prendre toutes les formes désirables sous le marteau. Le fer fond à une température qu'on a évaluée être de 1 500 degrés.

Le fer, inaltérable dans l'air sec, à la température ordinaire, se transforme en *rouille* dans l'air humide, contenant un peu d'acide, conditions que nous trouvons réunies dans l'air atmosphérique renfermant toujours de la vapeur d'eau et de l'acide carbonique. Et cette rouille ainsi formée, non seulement ne protège pas le reste du métal, mais aide au contraire à sa complète transformation; aussi l'avons-nous vu recouvrir de zinc ou d'étain ou d'une épaisse couche de peinture, lorsque nous désirions le conserver à l'air. Chauffé au rouge, le fer décompose l'eau (préparation de l'hydrogène).

Les acides un peu énergiques attaquent le fer.

État naturel. — Le fer existe très rarement à l'état natif, mais c'est le corps qui exi..te en plus grande quantité à l'état de combinaisons.

On le trouve à l'état d'oxydes, de carbonate, de sulfure ou pyrite, mais on ne traite habituellement que les deux premiers de ces minerais.

Ses oxydes naturels sont : 1° le *sesquioxyde de fer* Fe^2O^3 qui, cristallisé, constitue le *fer oligiste* et qu'on trouve à l'île d'Elbe et dans les Vosges. A l'état amorphe il s'appelle l'*hématite rouge*, la sanguine. Lorsqu'il est hydraté, Fe^2O^3,HO, il constitue la *limonite*, l'*hématite brune* de Bourgogne, les ocres, la rouille.

Le sesquioxyde de fer, préparé industriellement, est appelé *colcothar* et sert à polir les métaux.

2° L'oxyde magnétique de fer Fe^3O^4 qu'on exploite en Suède et en Norwège se trouve à l'état de pureté absolue et fournit les fers estimés de Manchester et de Sheffield.

Son *carbonate* naturel, FeO,CO^2, est connu sous le nom le *fer spathique;* il est cristallisé et souvent mêlé

de carbonate de chaux. Il constitue la majeure partie
du minerai de fer de l'Angleterre, de Saint-Étienne
et d'Anzin. C'est lui qui existe dans les eaux minérales
ferrugineuses.

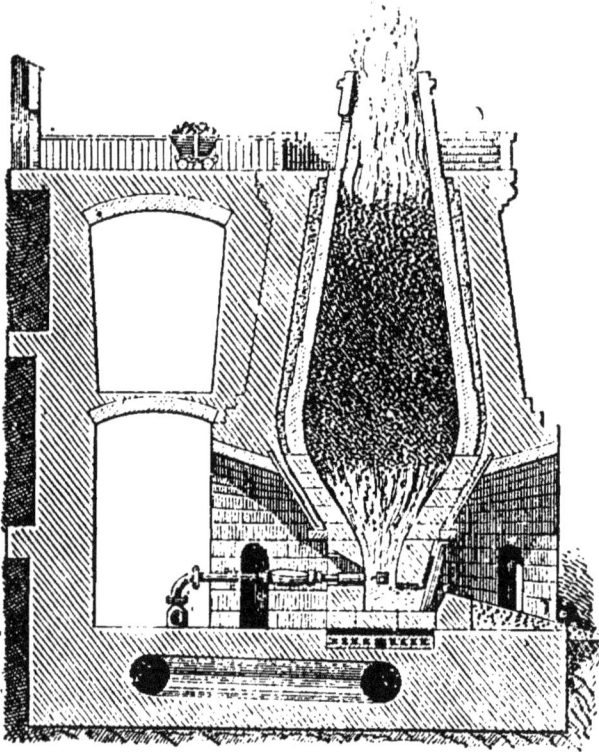

Fig. 140.

Son *sulfure naturel*, FeS^2, est désigné sous le nom de
pyrite martiale; il est cristallisé en cube et d'une belle
couleur jaune d'or. On le rencontre plus souvent en
rognons qui se désagrègent à l'air humide.

La méthode employée pour le traitement de ses
oxydes et de son carbonate est la méthode générale du
traitement des oxydes et des carbonates; elle s'effec-

tue avec certaines modifications de détails, soit dans des fourneaux dits *fourneaux catalans*, soit dans les *hauts fourneaux*.

Dans la méthode catalane on perd beaucoup du fer que contient le minerai, mais on le trouve à l'état de fer pur. Dans les hauts fourneaux, où l'on dispose alternativement des couches de minerai et des couches de charbon (fig. 240), on obtient le fer à l'état de fonte. Les usages du fer sont tellement nombreux et connus que nous croyons inutile de les rappeler.

FONTE.

La fonte est du fer combiné au charbon dans la proportion d'environ 5 0/0 de carbone.

On distingue deux espèces principales de fonte qui ne diffèrent que par leur couleur et quelques autres propriétés :

La *fonte blanche* à couleur argentine, très cassante et si dure que la lime ou le foret peuvent à peine l'attaquer.

La *fonte grise*, de couleur gris clair et même noire, se laisse facilement marteler, limer, percer.

ACIER.

L'acier est un fer moins carburé que la fonte; il est blanc et peut acquérir du brillant par le poli. L'acier peut être obtenu de deux façons : ou en carburant le fer; ou en décarburant la fonte.

Lorsqu'après l'avoir chauffé, on vient à le refroidir brusquement, en le trempant dans une masse liquide, l'acier acquiert une dureté particulière. Il prend alors le nom d'*acier trempé*.

Il est employé dans la coutellerie à la fabrication des lames de couteaux, ciseaux, épées, sabres, scies, limes, etc. On l'emploie, à cause de son élasticité, pour les ressorts de voitures, les rails de chemin de fer.

L'acier fondu, qui est très dur, est employé à la confection des burins, des laminoirs, des filières, etc.

A cause de son poli, la bijouterie l'utilise; il sert aussi à faire des ressorts de montres, etc.

CUIVRE. $Cu = 31,5$.

Propriétés. — Le cuivre est un métal jaune ou rouge, très malléable, très ductile et très tenace. Sa densité est 8,8; il fond vers 1 100 degrés.

Le cuivre exposé à l'air humide s'altère, en formant à sa surface une couche verte appelée *vert-de-gris*, qui est un carbonate de cuivre et qui n'altère que la surface du cuivre.

Comme ce sel est très vénéneux, on ne peut pas employer le cuivre seul à la confection des ustensiles de cuisine; il faut avoir soin de l'étamer pour ces usages.

L'acide azotique attaque facilement le cuivre.

État naturel. — Le cuivre existe à l'état natif aux États-Unis, sur les rives du lac Supérieur. C'est même à cet état que les anciens ont dû le trouver, car ils s'en servaient pour faire le bronze bien longtemps avant le fer, parce qu'ils n'avaient pas découvert le mode de traitement des minerais.

Le principal minerai de cuivre est la *pyrite cuivreuse*, CuS, ou sulfure de cuivre, qu'on traite par grillage.

On trouve également mais en beaucoup moins grande

abondance les oxydes de cuivre : l'*azurite* et la *malachite* employés en qualité de pierres d'ornement.

Usages. — Le cuivre, en forme de plaque, est utilisé par les graveurs qui opèrent de la façon suivante : la plaque est enduite d'un vernis formant une pellicule protectrice; le graveur, à l'aide d'une fine pointe d'acier, trace sur la plaque le dessin qu'il veut produire; il met ainsi à nu le cuivre partout où la pointe a passé. On verse alors de l'acide azotique ou eau-forte qui ronge le cuivre non recouvert de vernis et y trace un sillon d'autant plus profond que son action aura été plus prolongée. Après la disparition du vernis, il restera une plaque de cuivre gravée dont les creux remplis d'encre pourront reproduire le dessin du graveur : d'où le nom d'*eaux-fortes* donné à certains dessins obtenus par ce procédé.

Le cuivre seul a peu d'usages, mais, allié à d'autres métaux, il est d'un emploi presque aussi constant que le fer.

SULFATE DE CUIVRE.

$$CuO,SO^3 + 5HO.$$

Le sulfate de cuivre, encore connu sous les noms de *couperose bleue, vitriol bleu,* se présente sous la forme de gros cristaux d'un très beau bleu. Il est soluble dans l'eau.

La médecine l'emploie comme caustique et comme astringent. En agriculture on en fait usage pour *chauler* ou plus exactement *vitrioler* le blé de semence, opération qui le préserve de quelques-unes des maladies que lui causent ses parasites, et pour la conservation des bois.

Il sert en teinture pour obtenir les couleurs noire, lilas et violet sur les étoffes de laine et de soie.

C'est dans un bain de sulfate de cuivre qu'on plonge les objets à cuivrer dans la galvanoplastie; on l'utilise également dans la pile de Daniell.

ALUMINIUM. Al = 14.

Propriétés. — L'aluminium est un métal dont la couleur diffère peu de l'argent; il est très léger; sa densité est 2,5.

Il est inoxydable à l'air.

Jusque dans ces dernières années, ce corps n'avait présenté par lui-même qu'une importance secondaire, à cause de la difficulté de son extraction. Mais grâce surtout aux travaux de M. Deville, on peut maintenant l'obtenir en grande quantité, ce qui permet de répandre ses usages en raison de ses nombreuses qualités. On peut dire qu'il est devenu un métal usuel.

L'aluminium est employé en bijouterie, où il remplace parfois l'argent; à cause de sa grande légèreté, on l'emploie à la confection des télescopes, des montures de lunettes.

Son inaltérabilité le rend précieux dans un grand nombre d'industries. Allié au cuivre, il constitue le bronze dit bronze d'aluminium, d'un beau jaune d'or.

ALUMINE, Al^2O^3.

L'alumine est un oxyde d'aluminium qui constitue la base des argiles.

À l'état de pureté et incolore, elle se nomme *corindon*, colorée en rouge c'est le *rubis;* en bleu, le *saphir;* en jaune, la *topaze;* en violet, l'*améthyste.* C'est l'alumine qui constitue par conséquent la plupart des pierres précieuses.

L'*émeri* est de l'alumine mélangée avec une assez grande quantité de fer. Cette pierre est très dure, elle raye l'acier et le fer, et est employée en poudre pour donner du brillant à ces métaux.

QUESTIONNAIRE

En combien de familles avons-nous divisé les métaux? — Quelles sont les propriétés physiques générales des métaux usuels? — Quelles sont leurs propriétés chimiques générales? — — Sous quels états les trouve-t-on? — En quoi consiste le traitement mécanique des minerais? — Comment traite-t-on chimiquement les oxydes, les carbonates, les sulfures? — Nommez les propriétés du zinc? — Quels sont ses minerais? — Indiquez ses usages. — Quelles sont les propriétés de l'oxyde de zinc? — Indiquez les propriétés de l'étain. — Quel est son minerai? — A quoi sert-il? — Que forme le plomb avec l'eau distillée? — Est-il dangereux à employer avec l'eau des sources? — Quel est son minerai? — Quels sont ses usages? — Quels sont les usages du carbonate de plomb et quels sont ses dangers? — De quoi se recouvre le fer exposé à l'air humide? — Que fait-on pour le préserver de cette altération? — Quels sont les minerais principaux de fer? — Comment traite-t-on ces minerais? — A quel état tire-t-on le fer dans la méthode catalane? et dans les hauts fourneaux? — Qu'est-ce que la fonte? et quelles sont ses variétés? — Qu'est-ce que l'acier? — Comment le trempe-t-on? — Quels sont ses usages? — Quelles sont les propriétés du cuivre? — Qu'est-ce que le vert-de-gris? — Sous quels états trouve-t-on le cuivre? — Comment s'effectue la gravure sur cuivre? — Que savez-vous du sulfate de cuivre? — Quelles sont les propriétés de l'aluminium? — Quel est son oxyde? — Quelles sont les variétés d'alumine?

CHAPITRE II

MÉTAUX PRÉCIEUX

MERCURE. Hg = 100.

Propriétés. — Le mercure est le seul métal liquide à la température ordinaire; il est blanc et très brillant. C'est un poison violent.

Sa densité est **13,59.**

Si l'on fait bouillir pendant longtemps le mercure au contact de l'air, il se recouvre de pellicules rouges d'oxyde de mercure qui ont permis à Lavoisier de découvrir la composition de l'air.

Sous cet aspect, il porte le nom de *précipité per se.*

État naturel. — Le mercure se rencontre à l'état de sulfure ou *cinabre*, HgS, surtout dans les mines d'Almaden en Espagne et d'Idria en Illyrie.

On le traite comme tous les sulfures : mais ici un simple grillage brûle complètement le soufre et laisse dégager le mercure en vapeurs qu'on condense.

Usages. — Les usages du mercure sont très nombreux pour la construction des appareils employés en physique et en chimie : baromètres, manomètres, thermomètres; pour lester les aréomètres; pour emplir les cuves à mercure, etc.; il sert à extraire l'or et l'argent.

A l'état d'alliage avec d'autres métaux il constitue les *amalgames.* Avec l'étain il forme le *tain des glaces* employé à l'étamage des glaces.

ARGENT. $Ag = 108$.

Propriétés. — L'argent est le plus blanc de tous les métaux; il est très malléable et très ductile. Sa densité est 10,5.

Il est très difficilement oxydable.

État naturel. — L'argent se trouve soit à l'état natif, soit à l'état de sulfure d'argent, AgS, d'un gris noir éclatant. Les mines les plus importantes sont celles du Mexique et du Pérou.

Usages. — C'est à l'état d'alliage avec le cuivre que l'argent est surtout employé à la fabrication soit des pièces de monnaie, soit des objets d'orfèvrerie et de vaisselle, soit en bijouterie.

Un de ses composés, l'*iodure d'argent*, jouit de la propriété de devenir noir sous l'influence de la lumière; c'est sur cette particularité qu'est fondée l'invention du daguerréotype, procédé primitif de la photographie.

La *pierre infernale* ou *azotate d'argent*, AgO,AzO^5, est un sel qui, fondu et coulé en forme de crayons, sert à ronger les chairs et à cautériser. Dissous dans l'eau, il est vendu pour noircir les cheveux sous le nom d'eau de Perse ou de Chine.

OR, $Au = 98,2$.

Propriétés. — L'or est un métal jaune; c'est le plus malléable et le plus ductile de tous les métaux. Sa densité est 19,5.

Il est inaltérable à l'air à toutes les températures. L'eau régale seule peut le dissoudre.

État naturel. — L'or se trouve à l'état natif en Californie, en Australie, dans les monts Ourals; il cons-

titue soit des grains irréguliers, *pépites*, ou des pail-
lettes mêlées à des sables d'alluvion, soit des filons qui
traversent les terrains primitifs.

Usages. — L'or est surtout employé, allié à une
faible quantité de cuivre, pour former les monnaies et
les bijoux; et, réduit en feuilles, pour dorer le bois.

PLATINE. $Pt = 99,5$.

Propriétés. — Le platine est un métal d'un blanc
grisâtre, très malléable et très ductile; c'est le plus
dense de tous les métaux; sa densité est 22. Il se soude
et se forge très facilement, mais il ne fond qu'à la température développée par le chalumeau à gaz de l'éclairage alimenté par l'oxygène.

Le platine est inaltérable à l'air. L'eau régale seule
le dissout.

État naturel. — Le platine se rencontre à l'état natif
dans les sables d'alluvion et dans les filons, comme
l'or. On le trouve au Brésil, en Californie, dans les
monts Ourals.

Usages. — A cause de son inaltérabilité et de sa
résistance à la chaleur, on l'emploie pour faire des
creusets, de petites capsules. Il est également employé
en bijouterie. Mais ses usages sont nécessairement res-
treints à cause de l'élévation de son prix.

ALLIAGES.

Les alliages sont des métaux artificiels que l'on fabrique en combinant des métaux naturels. Ils possèdent
des propriétés différentes de celles des métaux qui les
composent, et surtout des propriétés cherchées et vou-
lues.

Les alliages sont presque constamment obtenus en fondant ensemble les métaux qu'on désire allier.

PRINCIPAUX ALLIAGES USUELS.

		Poids.
Monnaie d'or............	Or........	9
	Cuivre.....	1
Bijouterie d'or..........	Or........	75
	Cuivre.....	25
Monnaie d'argent (5 fr.).....	Argent....	9
	Cuivre.....	1
Monnaie d'argent (2 fr., 1 fr., 0 fr. 50, 0 fr. 20)........	Argent....	835
	Cuivre....	165
Bijouterie d'argent.........	Argent....	4
	Cuivre....	1
Bronze des monnaies et des médailles.............	Cuivre....	95
	Étain.....	4
	Zinc.....	1
Bronze d'aluminium........	Aluminium..	1
	Cuivre....	9
Bronze des canons.........	Cuivre....	9
	Étain.....	1
Bronze des tams-tams et cymbales..............	Cuivre....	4
	Étain.....	1
Laiton................	Cuivre....	67
	Zinc.....	33
Caractères d'imprimerie.....	Plomb....	18
	Antimoine..	82

QUESTIONNAIRE

Que se forme-t-il sur le mercure si l'on prolonge son ébullition? — Quel est le minerai de mercure? — Quels sont ses usages? — Quelles sont les propriétés de l'argent? — Sous quels états le trouve-t-on? — Indiquez ses usages. — Quelle est la principale propriété de l'iodure d'argent? — A quoi sert la pierre infernale? — Indiquez les propriétés de l'or. — Comment le trouve-t-on? — Quelles sont les propriétés du platine? — Où le trouve-t-on et quels sont ses usages? — Qu'appelle-t-on alliages? — De quoi est formé le bronze des monnaies? le bronze des canons? — Qu'est-ce que le laiton?

CHAPITRE III

MÉTAUX A COMPOSÉS USUELS.

Les métaux que nous avons placés dans cette famille : le *potassium* K, le *sodium* Na, le *calcium* Ca, le *magnésium* Mg, sont sans grand intérêt pour nous; il n'en est pas de même de leurs composés, qui sont d'un usage si constant et qu'on trouve répandus à profusion dans la nature.

POTASSIUM. — SODIUM.

$$K = 39. \qquad Na = 23.$$

Propriétés. — Ces deux métaux sont solides mais mous comme de la cire; fraîchement coupés, ils sont d'un blanc brillant, mais ils se ternissent rapidement à l'air dont ils décomposent la vapeur d'eau. On les conserve dans l'huile de naphte.

Plus légers que l'eau, leur densité, très voisine l'une de l'autre, est à peu près 0,9.

Ils décomposent l'eau à la température ordinaire. Si, dans un vase à bords très élevés contenant de l'eau (fig. 241), on vient à projeter un fragment de potassium, on voit bientôt celui-ci se mettre rapidement en mouvement, surmonté d'une flamme pourpre, puis une petite explosion se produire accompagnée de projections de potasse. Car le potassium, au contact de l'eau, l'a décomposée en oxygène qui s'est com- biné au potassium pour le transformer en potasse, et en hydrogène qui s'est dégagé; mais la chaleur de combinai- son a été telle qu'elle a enflammé l'hy- drogène dont la flamme s'est colorée des vapeurs de potassium.

Avec le sodium l'action est moins énergique.

État naturel. — Ces métaux sont abondants à l'état de combinaisons : silicates, carbonates, azotates, chlo- rures, etc.

Fig. 211.

C'est à Sainte-Claire-Deville qu'on doit le procédé mé- tallurgique de ces métaux, extraits de leurs carbonates.

POTASSE. KO.

Propriétés. — La potasse est un *oxyde de potassium;* elle est connue dans le commerce de la droguerie sous le nom de *potasse caustique.* C'est un corps solide, blanc, caustique, il s'empare de l'humidité de l'air et se dissout dans son eau; on dit pour cette raison que la potasse est déliquescente.

La potasse est une base puissante, un alcali. On la retire du carbonate de potasse. On la prépare en dé- composant par la chaux le carbonate de potasse.

Usages. — La potasse sert de base dans les labora- toires. Coulée en bâtons, et sous le nom de *pierre à cau- tère,* la médecine l'utilise pour ronger les chairs. Elle est employée à la fabrication des savons mous.

CARBONATE DE POTASSE. KO,CO^3.

Propriétés. — Le carbonate de potasse est la potasse du commerce (celle que les cuisinières appellent de la *carbonade*).

Pour l'obtenir, on entasse dans une fosse des arbres et des branchages de toute espèce de végétaux qui *croissent loin de la mer*, et on y met le feu. Quand la combustion est complètement achevée, on projette les cendres dans l'eau ; celle-ci dissout tous les sels solubles qui s'y rencontrent et surtout le carbonate de potasse : on obtient ainsi la potasse brute par évaporation, qui, suivant son origine, s'appelle potasse d'Amérique, potasse de Russie.

Usages. — C'est à cause de leurs propriétés légèrement caustiques que les ménagères conservent, pour faire la *lessive*, les cendres qui proviennent de la combustion du bois. Pour *couler la lessive*, on empile le linge d'abord légèrement mouillé et frotté dans un grand cuvier de bois, puis on l'arrose d'eau de savon pendant 1 ou 2 heures. On recouvre ensuite le cuvier d'un grand drap sur lequel on dépose une couche des cendres recueillies. De l'eau chaude est alors versée sur la cendre, elle se charge de la potasse qu'elle dissout, traverse le linge, est soutirée par le bas de la cuve pour servir de nouveau, et cela pendant une journée environ. Le carbonate dissous rend solubles dans l'eau les matières qui souillent le linge qu'il suffit de rincer ensuite.

Le carbonate de potasse est aussi employé à la fabrication des savons.

AZOTATE DE POTASSE. KO, Az O⁵.

Propriétés. — Ce sel, encore connu sous le nom de *nitre*, de *salpêtre*, est incolore, inodore, d'une saveur fraîche.

État naturel. — Le salpêtre se forme dans les murs humides, où on le voit souvent effleurir à leur surface. Aux Indes, en Égypte, à Ceylan, on le voit se former à la surface du sol après la saison des pluies. On recueille ces efflorescences, qu'on traite par l'eau pour séparer le salpêtre des matières terreuses, et l'évaporation de l'eau donne de gros cristaux d'azotate de potasse. Mais on le retire surtout de la lessive des vieux plâtras de démolitions.

Usages. — Le nitre sert surtout à la fabrication de la poudre; dans ce cas on emploie le nitre parfaitement raffiné.

POUDRE.

La poudre est un mélange d'azotate de potasse, de soufre et de charbon dans des proportions variables.

Ce mélange possède la propriété de s'enflammer très facilement et de produire un volume de gaz considérable, propriété qu'on utilise pour chasser des projectiles à de grandes distances.

La poudre de chasse a la composition suivante :

Salpêtre. 75
Soufre. 12,5
Charbon. 12,5

Les poudres employées dans les feux d'artifices sont aussi des mélanges d'azotates, de soufre et de charbon.

Les feux bleus s'obtiennent avec un mélange de salpêtre et d'oxyde de cuivre.

Les feux rouges, avec . . . l'azotate de strontiane,
Les feux verts. . . . . l'azotate de baryte
Les feux jaunes. . . . . . . l'azotate de soude.

SOUDE. NaO.

Propriétés. — La soude est un oxyde de sodium qui a le même aspect que la potasse; elle est caustique et déliquescente. C'est une base très énergique, un alcali.

La soude s'extrait en traitant par la chaux le carbonate de soude.

Carbonate de soude, soude du commerce. — La soude du commerce, carbonate de soude impur, est encore extraite de la lessive des cendres qui proviennent de la combustion des végétaux marins; elle se nomme aussi *soude brute, soude d'Espagne.*

Mais la majeure partie de la soude employée est la *soude artificielle* extraite du *chlorure de sodium* suivant deux procédés imaginés l'un par *Leblanc,* à l'époque du blocus continental, l'autre par *Solvay.*

Usages. — La soude du commerce sert à la fabrication du verre ordinaire et à celle des savons durs.

Le *bicarbonate de soude* sert surtout à la fabrication de l'eau de Seltz artificielle; il existe dans un grand nombre d'eaux minérales, auxquelles il communique ses propriétés digestives : telles sont les eaux de Vichy, de Vals, etc.

CHLORURE DE SODIUM. Na,Cl.

Propriétés. — Le chlorure de sodium, bien connu de nous sous les noms de *sel marin, sel gemme,* est solide, blanc, d'une saveur connue. Ce sel, comme la potasse et la soude, est déliquescent à l'air humide : nous avons tous remarqué en effet que nos salières deviennent humides à l'approche des pluies. Le sel marin cristallise sous la forme cubique, et ses cristaux s'accolent souvent pour former des pyramides à gradins. Nous pouvons voir des débris de ces pyramides et même des pyramides entières appelées *trémies* (fig. 242)

Fig. 242.

dans le gros sel gris de la cuisine.

Ce sel a la propriété de crépiter lorsqu'on le projette sur des charbons ardents.

État naturel. — Le chlorure de sodium se trouve en abondance dans les eaux de la mer : c'est le sel marin ; on peut le trouver également en masses considérables dans la terre, comme en Lorraine, à Vieliczka en Pologne, c'est le sel gemme ; enfin on peut l'extraire aussi de sources salées naturelles.

Pour extraire le chlorure de sodium des caux de la mer, on fait évaporer l'eau amenée dans des *marais salants* (fig. 243) par des procé-

Fig. 243

dés d'évaporation naturelle. Le sel ainsi obtenu est
purifié par des lavages et de nouvelles évaporations.

· Le sel gemme est exploité dans des galeries souter-
raines, ou bien par dissolution au moyen de forages,

Fig. 214.

comme cela se pratique en Lorraine. Dans ce cas on
creuse une sorte de puits jusqu'à ce qu'on ait rencontré
le sel, puis on y introduit de l'eau qu'on y laisse
séjourner jusqu'à ce qu'elle ait dissous le plus de sel
possible. On extrait cette eau salée à l'aide de pompes,
puis on la fait évaporer dans des chaudières.

Quant à l'eau des sources salées, comme elle est

faiblement chargée de sel, le combustible employé
pour produire l'évaporation serait d'un prix supérieur
au sel obtenu ; on la fait évaporer en partie par des
moyens naturels. Pour cela, on fait tomber l'eau salée
(fig. 244) sur des fagots d'épines formant une hauteur
assez considérable au-dessus d'un vaste réservoir.
L'eau est forcée de se diviser en fines gouttelettes en
traversant ces fagots, elle offre, par conséquent, une
grande surface d'évaporation et tombe dans le réservoir
moins abondante, mais plus salée qu'au début. Plusieurs
passages successifs de cette eau, élevée sur les fagots
par des pompes, fournissent une eau suffisamment salée
pour être traitée avantageusement par la chaleur. Cette
industrie peu prospère tend beaucoup à disparaître.

Usages. — C'est un des composés les plus employés
dans les usages domestiques, il rend les aliments plus
agréables et plus digestifs. Il sert à la conservation des
viandes, lard, poissons, qu'on dispose par tranches
entre deux couches de sel. Il sert aussi dans l'industrie
pour la fabrication de l'acide chlorhydrique, de la
soude, etc. A cause de sa fusibilité, on l'emploie pour
vernir les poteries grossières.

CALCIUM. Ca = 20.

Le calcium est un métal d'un jaune très brillant ;
comme le potassium et le sodium, il s'altère rapidement
à l'air humide pour se transformer en chaux hydratée
Il brûle avec un vif éclat.

CHAUX. CaO.

Propriétés. — La chaux est l'oxyde du métal *calcium;* c'est une matière blanche, de consistance ter-

reuse ; elle est très peu soluble dans l'eau, qui n'en dissout, à peine qu'un millième de son poids.

La chaux a une grande affinité pour l'eau. Si l'on projette quelques gouttes d'eau sur un fragment de chaux, on voit celle-ci se gonfler et tomber en poussière, en outre la chaleur produite a été d'environ 300 degrés. Cette chaux qui a absorbé de l'eau s'appelle *chaux éteinte,* Ca O, HO; avant qu'elle ne fût hydratée, on la désignait sous le nom de *chaux vive* ou *chaux caustique.* Cette dernière, exposée à l'air, se transforme vite en chaux éteinte à cause de l'humidité dont elle s'empare avidement.

Lorsqu'on agite de l'eau avec une petite quantité de chaux, et qu'on filtre, on voit passer un liquide incolore qui a dissous de la chaux et qu'on appelle *eau de chaux.* C'est ce liquide incolore qui se trouble lorsqu'on y fait passer un courant d'acide carbonique, car l'acide carbonique et la base chaux donnent un sel, le carbonate de chaux ou la craie, corps non soluble dans l'eau.

Si l'on délaye une grande quantité de chaux dans l'eau, on obtient une bouillie blanche plus ou moins claire appelée *lait de chaux.* On emploie le lait de chaux pour blanchir les plafonds et les murs, pour badigeonner, au printemps, la tige des arbres fruitiers afin de les préserver des atteintes des insectes; c'est pour cette dernière raison qu'il sert à chauler le blé, opération dont nous avons déjà causé à propos du sulfate de cuivre.

État naturel. Préparation. — La chaux se trouve en grande abondance à l'état de carbonate de chaux dont nous aurons à nous entretenir dans quelques instants. Pour la préparer, on entasse dans de grands fours en forme d'œufs de 3 ou 4 mètres de hauteur (fig. 245) des pierres de carbonate de chaux, les plus grosses en bas, en ayant soin de ménager un espace dans lequel seront placés des fagots. On allume les broussailles et l'on élève la température jusqu'à porter au rouge le carbonate de chaux. Celui-ci se décompose alors en acide carbonique qui s'échappe dans l'atmosphère, et en *chaux* qui reste.

Usages. — La chaux pure est employée à la préparation de l'ammoniaque, de la potasse, de la soude, etc.; le tannage l'utilise pour

Fig. 245.

le gonflement et l'épilage des peaux. Indépendamment des usages que nous avons indiqués pour le lait de chaux, la chaux est surtout employée pour les constructions. Et, suivant la plus ou moins grande pureté des carbonates de chaux employés, la chaux est *aérienne, hydraulique,* ou prend le nom de *ciment.*

La *chaux aérienne,* qui provient de calcaires purs, est une chaux grasse, qui lie très bien les pierres et qui durcit à l'air; elle est employée dans les constructions ordinaires.

La *chaux hydraulique,* qui résulte des calcaires mélangés d'argile, durcit sous l'eau et pour cette raison est employée dans les constructions hydrauliques.

Le *ciment*, qui provient des calcaires contenant encore plus d'argile, durcit très fortement à l'air ou sous l'eau.

Les *mortiers* sont des mélanges de sable et de chaux à l'aide desquels on soude les pierres dans les constructions. Les mortiers sont hydrauliques quand ils sont formés de chaux hydraulique.

CARBONATE DE CHAUX. CaO, CO^2.

Propriétés. — Le carbonate de chaux a de nombreuses variétés, mais à l'état de pureté, c'est un corps blanc insoluble dans l'eau pure. Cependant il devient soluble dans les eaux chargées d'acide carbonique. Telle est la raison pour laquelle on trouve ce corps en dissolution dans presque toutes les eaux courantes. Certaines eaux, les eaux dites calcaires, en renferment de si grandes quantités que, par suite de l'évaporation de l'acide carbonique à leur arrivée à l'air, elles laissent déposer le carbonate de chaux qui incruste les objets qui y sont plongés. Telle est la fontaine pétrifiante de Sainte-Allyre près de Clermont-Ferrand.

Un phénomène analogue produit dans la plupart des grottes ces concrétions calcaires nommées *stalactites* et *stalagmites*.

Les eaux ayant traversé les terrains qui surmontent la grotte viennent suinter goutte à goutte à la paroi supérieure; en s'évaporant elles laissent un léger dépôt calcaire, qui molécule par molécule, s'accumule et augmente de volume pour former une colonne descendante, la *stalactite*. Mais en regard, sur le sol, se produit une colonne ascendante, la *stalagmite* formée par le résidu de l'évaporation de l'eau chargée de calcaire qui est tombée de la voûte avant sa complète évaporation.

C'est encore le carbonate de chaux qui incruste les conduites des eaux, les bouillotes, les chaudières, etc.

La propriété chimique de tous les carbonates de chaux c'est de *faire effervescence* sous l'action des acides. Attaqués par les acides, ils forment de l'acide carbonique ; c'est la propriété que nous avons utilisée pour produire l'acide carbonique.

État naturel. — Ce corps forme à lui seul la plus grande partie de l'écorce terrestre.

On le rencontre à l'état cristallisé pour former le *spath d'Islande* et l'*arragonite*.

Ses principales variétés sont les *marbres* et tous les *calcaires* qui résultent des débris de coquillages fossiles ; on les rencontre en bancs plus ou moins épais qu'on emploie comme pierre à bâtir ; ils sont extraits en abondance du sol des environs de Paris.

C'est le carbonate de chaux qui constitue encore le *calcaire lithographique*, les *moellons*, la *craie*, le *blanc de Meudon* ou *blanc d'Espagne*.

SULFATE DE CHAUX. CaO, SO^3.

Propriétés. — Le sulfate de chaux ou *plâtre* devient une poudre d'apparence farineuse, lorsqu'il est chauffé et écrasé.

Au contact de l'eau, c'est-à-dire en le *gâchant*, il forme une pâte capable de durcir à l'air.

Un peu soluble dans l'eau, il rend celle-ci *séléniteuse*.

État naturel. — On trouve le sulfate de chaux soit cristallisé en fer de lance pour constituer le *gypse* (fig. 246), soit formé par l'agglomération de petits cristaux, il prend alors le nom de *pierre à plâtre*.

Fig. 246.　　　　　　　　Fig. 247.

Pour obtenir le plâtre, on cuit la pierre à plâtre dans des fours spéciaux établis dans le voisinage des carrières (fig. 247), puis, lorsqu'elle est suffisamment cuite, on la pulvérise et on la met en sacs.

Usages. — On l'utilise pour souder entre eux les matériaux de construction et pour recouvrir les murs de nos maisons.

Le plâtre naturel est employé en agriculture.

Une variété de plâtre, l'*albâtre gypseux*, sert à faire des objets d'ornement.

Le *stuc* est du plâtre gâché dans la colle forte; il peut être poli, est très dur, et peut, lorsqu'il est coloré, imiter les marbres.

PHOSPHATE DE CHAUX. $3CaO,PhO^5$.

Propriétés. — Le phosphate de chaux est un corps qui forme environ 80 0/0 des os du squelette des animaux vertébrés. On le trouve dans le sol provenant d'ossements fossiles, et dans les végétaux alimentaires, surtout les graminées.

CHLORURE DE CHAUX.

Propriétés. — On désigne sous le nom de chlorure de chaux un mélange de chlorure de calcium $Ca\,Cl$, et d'hypochlorite de chaux CaO,ClO. C'est une poudre blanche qui se prépare en faisant passer un courant de chlore dans un lait de chaux très épais. Il est employé comme décolorant pour le blanchiment des toiles et des chiffons avec lesquels on fera le papier.

Il est en outre employé pour désinfecter les fosses d'aisances, pour détruire les miasmes dans les hôpitaux et les salles de dissection.

Sa dissolution dans l'eau communique à celle-ci ses propriétés décolorantes et désinfectantes.

ARGILES. $Al^2O^3,2SiO^2$.

Propriétés. — L'argile pure est une terre blanche, compacte, douce au toucher, difficilement fusible. Elle forme avec l'eau une pâte liante facile à pétrir et à façonner; on dit alors qu'elle est *plastique* : telle est la *terre glaise* qui est de l'argile impure. En se desséchant, l'argile se contracte et se fendille.

L'argile est un sel formé d'acide silicique et de base alumine, c'est un *silicate d'alumine*, provenant de la décomposition du *feldspath* (silicate double d'alumine et de potasse) sous l'action prolongée de l'eau.

Elle possède la propriété d'absorber les couleurs et les corps gras; pour cette dernière raison, on l'emploie pour le dégraissage et le foulage des draps, sous le nom de *terre à foulon*.

L'argile pure est appelée *kaolin* ou *terre à porcelaine*, on la trouve en abondance à Saint-Yrieix.

On emploie le kaolin pour la fabrication de la porcelaine.

Porcelaine. — Pour faire la porcelaine, on fait une pâte en mêlant et en agitant dans l'eau du kaolin, du sable fin pour diminuer le retrait de l'argile, et un peu de feldspath, sable facilement fusible. Avec cette pâte, on fait soit au moule, soit au tour les pièces que l'on veut obtenir, puis on les soumet à une première cuisson. Enduites enfin d'une poudre vitrifiable, elles sont soumises à une seconde cuisson dans des fours spéciaux.

La poudre fond et s'étend uniformément sur l'argile pour former une espèce d'émail.

Faïence. — La faïence est obtenue en employant des argiles moins pures que le kaolin; et la préparation des objets en faïence diffère peu de celle qui est suivie pour les porcelaines.

Avec des argiles plus impures, contenant de l'oxyde de fer, du sable, de la *marne*, on fait les *poteries* employées aux usages culinaires, les creusets, les pipes.

Lorsque les argiles sont encore plus impures, on les utilise pour les *poteries grossières* employées au drainage, les *briques*, les *tuiles*, les *tuyaux*.

VERRES.

Propriétés. — Les verres sont des corps transparents, durs, cassants, fusibles à la chaleur en passant par l'état pâteux.

Ils sont formés par l'union de deux silicates, le silicate de potasse ou de soude, et le silicate de chaux.

Lorsqu'on refroidit brusquement du verre chauffé il se trempe à la façon de l'acier, et comme lui devient très cassant. Mais si après la trempe on recuit le verre, il devient moins fragile et prend le nom un peu exagéré de verre incassable.

Ses usages sont nombreux et variés, à cause de son inaltérabilité presque absolue. Il n'est facilement attaqué que par l'acide fluorhydrique qui, pour cette raison, est employé dans la gravure sur verre.

Suivant les proportions et le degré de pureté des silicates employés, on obtient le *verre à bouteilles*, le *verre à vitres*, le *verre de Bohême*, avec lequel on fait les verres à boire, les carafes, etc.

Le *cristal* est un silicate de potasse uni à un silicate de plomb; il est employé pour la verrerie de luxe.

QUESTIONNAIRE

Quelles sont les principales propriétés du potassium et du sodium? — Que se passe-t-il lorsqu'on jette un fragment de potassium sur l'eau? — Qu'est-ce que la potasse? — Quel rôle joue-t-elle en chimie, et à quoi l'emploie-t-on? — Comment obtient-on le carbonate de potasse? — Quels sont ses usages? — Quels sont les autres noms de l'azotate de potasse? — Où le trouve-t-on? — A quoi sert-il? — Quelle est la composition de la poudre de chasse? — D'où s'extrait la soude brute? — Qu'est-ce que le carbonate de soude? — Quels sont ses usages? — Quel est le nom vulgaire du chlorure de sodium? — Comment cristallise-t-il? — D'où le tire-t-on, et comment? — Quels sont ses usages? — Dites un mot du calcium. — Quelles sont les propriétés de la chaux? — Qu'appelez-vous chaux vive, chaux éteinte? — Qu'est-ce que l'eau de chaux, le lait de chaux? — Comment prépare-t-on la chaux? — Qu'entendez-vous par chaux aérienne, chaux hydraulique et de quoi sont-elles formées? — Qu'est-ce que le ciment, le mortier? — Nommez les propriétés du carbonate de chaux. — Comment se forment les stalactites, les stalagmites? — Indiquez toutes les variétés de carbonate de chaux? — A quoi reconnaît-on qu'une pierre est un carbonate de chaux? — Quel est le nom chimique du plâtre? — Sous quels états le trouve-t-on? — Comment fait-on le stuc? — Où trouve-t-on le phosphate de chaux? — De quoi provient-il? — De quoi est formé le chlorure de chaux? — Quelles sont ses propriétés? — Qu'est-ce que l'argile? — Quelles propriétés possède-t-elle? — Comment s'appelle l'argile pure? — Comment fait-on la porcelaine? — Quels objets fait-on avec les argiles impures? — De quoi est formé le verre? — Quelle est la composition du cristal?

LIVRE III

CHAPITRE PREMIER

MATIÈRES ORGANIQUES

Définition. — Dans ce chapitre, nous passerons rapidement en revue les principales substances que l'on rencontre dans les végétaux et les animaux.

Rarement l'analyse dévoile chez ces corps, d'aspect et de propriétés si divers, des corps simples autres que le *carbone*, l'*hydrogène*, l'*oxygène* et l'*azote*. Ainsi ces quatre seuls éléments soit réunis, soit plus ou moins séparés et combinés, dans des proportions différentes, suffisent pour former presque toutes les substances végétales et animales.

CARBURES D'HYDROGÈNE

Les carbures d'hydrogène sont des matières organiques composées de carbone et d'hydrogène; ils existent tout formés dans les végétaux et se dégagent dans les décompositions des matières organiques.

Nous nommerons sans les étudier maintenant l'*Acétylène*, C^4H^2, l'*Éthylène*, C^4H^4, et nous rappellerons que nous avons causé du *Formène*, C^2H^4 (page 235).

Pétroles — Le pétrole est un carbure d'hydrogène

semblable au formène; lorsqu'il est pur, il est très inflammable, même à distance au moyen de ses vapeurs;
il brûle en produisant une épaisse fumée.

L'*huile de pétrole rectifiée* ou huile *lampante* n'émet
pas de vapeurs à la température ordinaire et n'est pas
d'un emploi dangereux. Il n'en est pas de même de
l'*essence de pétrole* qu'on ne peut employer que dans
des lampes à éponge.

Lorsqu'on ne distille pas complètement du pétrole,
on obtient comme résidu de la *vaseline*, substance onctueuse employée en pharmacie pour la préparation des
pommades.

Le pétrole brut n'est autre que le *naphte*, huile qu'on
trouve en abondance sur les bords de la mer Caspienne
et surtout en Amérique; il forme des lacs souterrains
d'où on le retire à l'aide de pompes.

Un des autres produits tirés de l'huile de pétrole est
la *paraffine*, corps solide, incolore, fondant à 55°; elle
est utilisée pour la fabrication des bougies transpa-
rentes; elle rend imperméables à l'eau les bouchons,
les tissus, les surfaces métalliques, etc.

Bitumes. — Les bitumes sont des roches pâteuses ou
solides, facilement inflammables, provenant soit de la
distillation de la houille, soit de gisements considérables
enfouis sous la terre.

L'*asphalte* est un bitume qui, mélangé à du sable, sert
à former des chaussées dans les villes.

On retire de certains schistes bitumineux des *huiles de
schiste* ou huiles minérales qu'on emploie pour l'éclairage. C'est le gaz qu'on recueille dans la combustion
des schistes bitumineux qui fournit le *gaz portatif*, dont
le pouvoir éclairant est supérieur au gaz de houille.

La *benzine*, $C^{12}H^{16}$, est un carbure d'hydrogène qu'on retire du goudron de houille. Elle dissout le soufre, le phosphore, le caoutchouc, le camphre, les corps gras; et, pour cette raison, elle est employée au dégraissage des étoffes.

L'*essence de térébenthine*, $C^{30}H^{16}$, est un carbure d'hydrogène qu'on extrait des résines qui s'écoulent des pins, sapins, mélèzes et autres conifères. Elle dissout les matières grasses, les résines, le caoutchouc. Elle est employée à la préparation des *vernis à l'essence*.

ALCOOL. $C^4H^6O^2$.

Propriétés. — L'alcool pur est un liquide incolore d'une odeur agréable, d'une saveur brûlante. On n'a pu le solidifier à aucune température. Sa densité est 0,8.

L'alcool pur est *un poison énergique;* injecté dans les veines, il cause instantanément la mort.

L'alcool brûle à l'air avec une flamme bleue.

Préparation. — *Toutes les fois qu'un liquide sucré fermente, de l'alcool se produit :* alcool plus ou moins étendu d'eau.

L'alcool est dit *absolu* quand il ne contient pas d'eau; il s'appelle *eau-de-vie* quand il contient au moins autant d'eau que d'alcool; mais si le mélange contient plus d'alcool que d'eau on le nomme *esprit*.

Les eaux-de-vie sont le produit de la distillation des liquides sucrés, fermentés. Les bonnes eaux-de-vie proviennent de la distillation du vin : tel est le *cognac*, tiré des vins des environs de Cognac. La fermentation du jus des fruits à noyau donne le *kirsch;* la mélasse de canne à sucre donne le *rhum;* la mélasse de betterave fournit l'*eau-de-vie de betterave;* la fermentation du jus sucré provenant de la transformation de l'amidon ou de la fécule des céréales ou des pommes de terre en glucose, produit l'*eau-de-vie de grains*, ou de *pommes de terre*.

C'est par distillations de l'eau-de-vie plusieurs fois répétées qu'on obtient l'alcool absolu.

Usages. — L'alcool, à l'état d'eau-de-vie, est employé comme boisson ; sous ce même état, on s'en sert pour la conservation des fruits, cerises, prunes, etc.

C'est dans l'acool qu'on conserve les pièces anatomiques.

On s'en sert comme combustible dans la lampe à alcool. En parfumerie, c'est la base de presque tous les produits liquides.

L'alcool dissout les résines, les corps gras, les essences, le phosphore, la potasse, la soude.

VIN.

Le vin provient de la fermentation du jus du raisin ; ses propriétés gustatives différentes dépendent et du vignoble, et de l'espèce de vigne, et de la température moyenne de l'année qui l'a fourni, et de sa fabrication.

Le vin est formé d'eau dans les proportions de 80 à 90 0/0, d'alcool, de tartre, et de nombreuses autres substances en très faibles proportions.

Pour faire le vin, on écrase le raisin dans de grandes cuves en bois. Bientôt ce liquide sucré fermente ; on dit qu'il bout. Les matières solides du grain, la grappe et sa pulpe, constituant le *marc*, s'élèvent à la surface de la liqueur en une croûte appelée *chapeau*. Lorsque la fermentation se ralentit, on soutire le vin et on le met en tonneaux ; on laisse pendant quelque temps la bonde ouverte, à cause de la fermentation qui n'est pas toujours achevée. Peu à peu le vin s'éclaircit, on le *colle*. Pour faire cette dernière opération, on bat des blancs d'œufs qu'on verse dans le vin ; l'albumine de l'œuf, en se coagulant, forme une espèce de filet qui entraîne au fond du tonneau toutes les matières qui s'y trouvaient en suspension.

Si l'on veut obtenir du *vin blanc* on peut le fabriquer avec du raisin blanc. Mais on peut le faire avec le raisin rouge en prenant le soin de soutirer le jus sucré avant la fermentation, parce que la matière colorante du vin qui se trouve seulement dans la pellicule du raisin n'est soluble que dans l'alcool ; or si l'on soutire le jus avant que l'alcool ne se soit produit, le vin sera blanc.

La préparation des *vins de Champagne* demande des manipulations délicates et nombreuses ; elle a pour but de gorger le vin d'acide carbonique. Pour cela, on ajoute au vin en bouteilles un peu de sucre candi et l'on bouche. Le sucre fermente, produit de l'acide carbonique qui, ne pouvant pas s'échapper à cause du bouchage parfait de la bouteille, se dissout dans le vin et le rend mousseux.

BIÈRE.

La bière provient de la fermentation du jus sucré (la glucose) tiré de l'amidon de l'orge. Cette liqueur sucrée, appelée moût, est placée dans des chaudières où on la fait bouillir avec du houblon qui lui communique son goût amer et agréable et qui la rend plus facile à conserver. Elle est ensuite rapidement refroidie et mise dans des tonneaux où s'achève la fermentation. La mousse qui s'en échappe laisse, par compression, un résidu qu'on nomme *levure de bière* et qu'on emploie toutes les fois qu'on veut activer des fermentations.

CIDRE.

Le cidre est encore une boisson fermentée, tirée du jus des pommes.

Pour le préparer, on écrase les pommes, puis, après avoir été humectées d'eau, on les soumet à l'action d'une forte presse qui en extrait tout le jus. Ce jus est mis alors dans des tonneaux ouverts où la fermentation s'achève.

Si on le met en bouteilles avant que la fermentation ne soit achevée, on obtient du cidre mousseux qui conserve son goût sucré. Mais laissé en fût, il prend, moins vite que le vin et la bière, un goût plus ou moins prononcé d'acidité.

Le *poiré*, obtenu avec le jus des poires, se prépare de la même façon que le cidre.

QUESTIONNAIRE.

Quels sont les éléments qui constituent la plupart des substances organiques? — Nommez des carbures d'hydrogène. — Qu'est-ce que le pétrole? — Quelles sont ses variétés? — D'où tire-t-on le pétrole? — Qu'est-ce que le naphte? — De quoi provient la paraffine et à quoi sert-elle? — Qu'est-ce que le bitume? — Que retire-t-on des schistes bitumineux? — Que savez-vous sur la benzine? — D'où provient l'essence de térébenthine et quelles sont ses propriétés? — Indiquez les propriétés de l'alcool. — Dans quel cas se produit-il un alcool? — Qu'est-ce que l'eau-de-vie? — Qu'appelle-t-on esprit? — Quels sont les usages de l'alcool? — D'où provient le vin? — Comment le fait-on? — Comment obtient-on du vin blanc? — Comment rend-on le vin de Champagne mousseux? — Avec quoi fait-on la bière? — Quelle est la substance qui lui communique son goût amer? — Comment fait-on le cidre?

CHAPITRE II

GLYCÉRINE. — CORPS GRAS.

GLYCÉRINE. $C^6H^8O^6$.

Propriétés. — La glycérine est un liquide de consistance sirupeuse, incolore, très difficilement congelable, présentant de grandes analogies au point de vue chimique avec l'alcool.

C'est un corps neutre, qui, uni aux acides gras, constitue tous les corps gras. En combinaison avec l'acide azotique, elle donne la *nitro-glycérine*, substance très dangereuse qui détone d'une façon formidable au moindre choc. Une seule goutte frappée du marteau suffit pour produire une forte explosion.

La nitro-glycérine absorbée par du sable doux constitue la *dynamite*, si terrible substance explosible.

Lorsque la glycérine est pure, elle est employée en médecine pour le pansement des plaies, dartres, excoriations et gerçures de la peau.

Elle est encore utilisée pour maintenir humides l'argile à modeler, les ciments et mortiers, les cuirs'non tannés, etc.

CORPS GRAS.

Propriétés. — Les corps gras sont des substances onctueuses au toucher, laissant sur le papier une tache translucide ; moins denses que l'eau et solubles dans l'alcool et les essences.

Ils sont formés par le mélange, en quantités variables, d'*oléine*, de *stéarine* et de *margarine* ou *palmitine*.

Chacun de ces corps gras est formé de la combinaison de la *glycérine* avec les acides *oléique*, *stéarique*, *margarique* ou *palmitique*.

Ainsi, la *stéarine est l'union de l'acide stéarique et de la glycérine.*

L'*oléine* s'obtient surtout en refroidissant l'huile d'olive à 0 degré ; la margarine se fige, l'oléine reste liquide, on la décante.

La *stéarine* existe en grande abondance dans le suif de mouton où elle est mélangée à l'oléine, ainsi qu'à la margarine.

La *margarine* ou *palmitine* se trouve dans la graisse humaine, et surtout dans l'huile de palme.

Huiles. — Les huiles sont des corps gras d'origine végétale qu'on extrait par compression de graines ou de fruits oléagineux. Elles sont un mélange d'oléïne et de margarine.

Les huiles *épurées* par l'acide sulfurique sont employées à l'éclairage.

L'huile d'olive vierge, c'est-à-dire purifiée, est employée comme comestible.

Les huiles servent à la fabrication des savons.

Graisses. — Les graisses sont des corps gras d'origine animale; elles sont un mélange d'oléine, de stéarine et de palmitine dans des proportions variables. Elles constituent les *beurres*, les *graisses* et les *suifs*.

Le nom de suif est réservé à la graisse des herbivores (bœufs, moutons); c'est avec lui qu'on fait les *chandelles*.

BOUGIES.

Les bougies sont faites avec de l'acide stéarique et de l'acide margarique, extraits tous deux du suif de bœuf.

Pour séparer l'acide stéarique et l'acide margarique de la stéarine et de la margarine contenues dans le suif, il faut chasser la glycérine qu'elles renferment. Ce dédoublement de stéarine et margarine en glycérine et acides stéarique et margarique s'appelle *saponification*.

La saponification se fait dans de grandes cuves en bois, à la température de 150 degrés et grâce à l'intervention de la chaux et de l'acide sulfurique.

Dès que ces acides gras sont obtenus, on les coule

fondus dans un vaste entonnoir (fig. 248) communiquant avec des moules cylindriques terminés en cône,
et dans l'axe de chacun desquels se trouve tendue une
mèche de coton tressée, imprégnée d'acide borique. Les
acides se solidifient puisqu'ils se refroidissent, et pren-
nent l'aspect connu des bougies, qu'on retire des
moules et qu'on fait blanchir à la lumière.

C'est grâce aux savantes recherches de Gay-Lussac

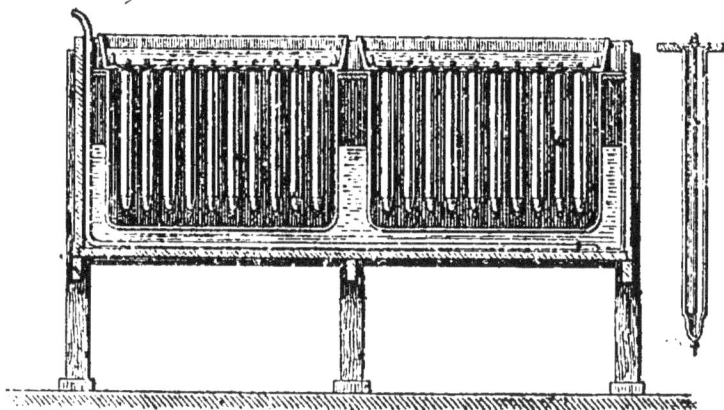

Fig. 248.

et de M. Chevreul, que nous avons pu remplacer l'éclairage à la chandelle par celui de la bougie, dont la supé-
riorité n'a pas besoin d'être démontrée.

SAVONS.

Les savons sont des sels formés de l'acide oléique et
de la base soude ou potasse ; ce sont pour les chimistes
des *oléates de soude* ou des *oléates de potasse*.

Pour les fabriquer, on fait une lessive de soude ou de
potasse à laquelle on mélange peu à peu l'huile, on

ajoute ensuite de l'eau fortement chargée de chlorure de sodium; le savon formé devient insoluble, surnage sur l'eau sous l'aspect d'une couche huileuse. On laisse refroidir la liqueur, la croûte s'épaissit, on la décante. Purifiée de nouveau par des lavages à l'eau salée, la pâte est coulée dans les moules rectangulaires, et coupée en pains lorsqu'elle est complètement solidifiée.

Les savons à base de soude sont les savons *durs ;* ceux qui ont pour base la potasse sont les savons *mous.*

Les savons sont utilisés pour le blanchissage du linge; ils ont comme effet de s'unir à la matière grasse qui tache le linge, pour former une mousse abondante qu'un rinçage à l'eau suffit à chasser.

Le savon est employé à la toilette, et dans ce cas on mêle à la pâte des essences qui l'aromatisent.

SUCRES. $C^{24} H^{22} O^{22}$.

Propriétés. — Le sucre ordinaire est un solide blanc à reflets brillants, d'une saveur douce et caractéristique.

Chauffé vers 200 degrés, il se transforme en une matière noire : le *caramel.*

Le sucre est soluble dans la moitié de son poids d'eau roide et très soluble dans l'eau chaude.

Lorsqu'on abandonne, par refroidissement, une dissolution concentrée de sucre, le liquide laisse déposer de beaux cristaux jaunâtres qui constituent le *sucre candi.*

Une dissolution plus concentrée et versée dans des moules coniques renversés et percés à leur sommet se prend en une masse à cristallisation très vague et constitue le *sucre en pains.*

Lorsqu'on évapore rapidement une dissolution con- centrée de sucre, et qu'on coule la dissolution siru- peuse sur une table de marbre enduite d'huile, la masse se prend en un sucre connu sous le nom de *sucre d'orge.* Pour le *sucre de pomme,* on ajoute au sucre de la gelée de pomme.

État naturel. — Le sucre existe surtout dans la canne à sucre et la betterave ; on le trouve d'ailleurs, mais en plus petite quantité, dans tous les sucs végé- taux.

GLUCOSE. $C^{12}H^{12}O^{12}$.

La glucose est un sucre extrait de l'amidon et de la fécule, qu'on traite par l'acide sulfurique ; elle est jaunâtre, et beaucoup moins sucrée que le sucre ordi- naire. On la trouve tout naturellement formée à la sur- face de certains fruits secs, tels que raisins secs, pru- neaux, etc. C'est la glucose qu'on emploie pour le sucrage des vins, pour la fabrication de la bière.

FÉCULE, AMIDON. $C^{12}H^{10}O^{10}$.

La fécule et l'amidon sont des substances dites amylacées qui se présentent sous forme de poussière blanche, formée de petits grains ovoïdes, insolubles dans l'eau froide. Lorsqu'on les plonge dans l'eau bouillante, ils se gonflent en formant l'*empois* qui sert à empeser le linge.

La propriété caractéristique de l'empois, c'est de se colorer en bleu par l'iode.

La fécule (fig. 249) diffère de l'amidon (fig. 250) par ses grains plus gros et jaunâtres, tandis que l'amidon est très blanc.

La fécule s'extrait de la pomme de terre, et l'amidon est retiré des céréales : blé, seigle, avoine, orge, maïs, riz, ou des légumineuses : haricots, pois, lentilles, etc.

Extraction de la fécule. — Après que les pommes de terre ont été bien lavées, on les râpe, et l'on obtient une pulpe fine. Cette pulpe, placée sur une toile métallique à mailles très serrées (fig. 251), est soumise à l'action d'un mince filet d'eau qui détermine la séparation de la pulpe et de la fécule ; celle-ci passe à travers le tamis et se trouve recueillie dans un vase. La fécule entraînée par l'eau est bien lavée, puis versée sur du plâtre qui en absorbe l'humidité.

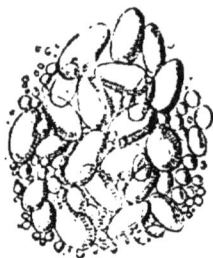

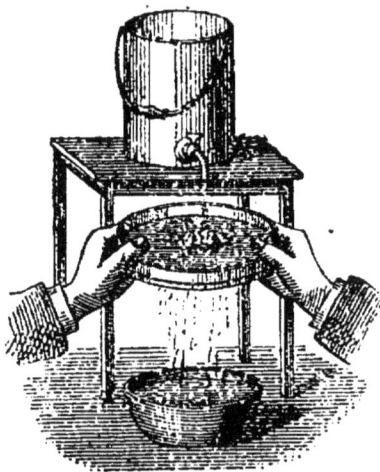

Fig. 249.

Fig. 250.

Fig. 251.

FARINE. — GLUTEN.

La farine est ce qu'on obtient après la mouture des grains débarrassés, par un tamisage, de leur enveloppe appelée *son*. Elle est blanche, pulvérulente, douce au toucher, formant avec l'eau une pâte liante.

La farine renferme de l'*amidon*, de l'*albumine*, qui constitue le blanc d'œuf, et du *gluten*, corps composé de *fibrine*, matière analogue à celle de nos muscles, et de *caséine*, substance que l'on rencontre dans le lait.

Ainsi : de l'amidon, de l'œuf, de la viande, du lait, telles sont les substances que contient une bouchée de pain.

On peut facilement séparer le *gluten* de la farine; il suffit de pétrir dans ses doigts et sous un mince filet d'eau la pâte faite avec de la farine de blé (fig. 252). L'eau entraîne l'amidon et l'albumine, et il reste le gluten, substance gris jaunâtre, se laissant facilement pétrir, élastique. C'est lui qu'on sent dans la bouche lorsqu'on mâche pendant quelques instants des grains de blé.

Fig. 252.

C'est le gluten qui communique à la pâte son élasticité, et qui permet à celle-ci de *lever* sous l'influence du *levain*.

Mais c'est lui aussi qui se putréfie à l'air humide et qui cause l'altération des farines, car l'amidon ne subit aucune modification, placé dans les mêmes conditions.

ACIDES VÉGÉTAUX.

Acide oxalique, $C^4H^2O^8$. — L'acide oxalique se trouve dans l'oseille à l'état de *sel d'oseille* (oxalate de potasse) et dans certaines plantes marines.

L'acide oxalique est employé au nettoyage du cuivre ; il enlève les taches d'encre sur le linge. Dans les fabriques d'indienne, on s'en sert comme rongeant. La médecine l'emploie pour en faire des pastilles rafraîchissantes, mais elle proscrit l'usage de l'oseille aux personnes diabétiques.

Acide tannique ou tannin, $C^{28}H^{10}O^8$. — Le tannin se trouve dans l'écorce de presque tous nos arbres, mais en plus grande abondance dans l'écorce du marronnier, du chêne, dans le brou de noix et dans la noix de galle, excroissance qu'on rencontre parfois sur la feuille du chêne, et qui est produite par la piqûre d'un insecte.

Le tannin est un corps solide, blanc jaunâtre, d'une saveur astringente ; il possède la propriété de rendre imputrescibles les matières animales. Pour cette raison on l'emploie au *tannage des peaux*. Dès que les peaux ont été débarrassées de leurs poils par un séjour dans un lait de chaux, on les place dans de grandes fosses, en intercalant entre chaque couche de peaux un lit de tan ou simplement d'écorce de chêne réduite en petits fragments ; au sortir des fosses, les peaux sont corroyées, puis utilisées dans la mégisserie.

La noix de galle est utilisée, à cause de son tannin, à la fabrication de l'encre.

Acide tartrique, $C^8H^6O^{12}$. — L'acide tartrique est un corps solide, cristallisé, qui, dissous dans l'eau, lui communique une saveur acide agréable.

Cet acide se trouve, à l'état de tartrate de chaux ou de potasse, dans le jus de raisin. C'est le tartrate de potasse qui se dépose dans les tonneaux où l'on conserve le vin, on le trouve là, coloré en rouge à cause de la couleur du vin qu'il a absorbée.

Acide acétique, $C^4H^4O^4$. — L'acide acétique pur est solide au-dessous de 17°; d'une odeur suffocante, il est très corrosif.

Mais lorsqu'il est étendu d'eau il constitue le *vinaigre*, dont les propriétés sont bien moins énergiques que celles de l'acide acétique.

L'acide acétique se recueille dans la distillation du bois; il se forme chaque fois que le vin ou l'alcool s'oxydent à l'air, d'où son nom de vinaigre (vin aigre).

M. Pasteur a démontré que l'oxydation du vin provient de la production d'une pellicule mince (*mère* ou *fleur* de vinaigre), qui se forme à la surface du vin. C'est ce ferment qui s'empare de l'oxygène de l'air et le porte sur l'alcool du vin pour le transformer en acide acétique. Il en sera ainsi de toute matière alcoolique qu'on laissera en communication avec l'air. Cependant, le liquide alcoolique ne devra pas renfermer plus de dix pour cent d'alcool, car une dose plus élevée tuerait le ferment; et de plus, le liquide doit renfermer des phosphates et des matières albuminoïdes.

Dans les ménages on peut faire soi-même un excellent vinaigre. On emplit de vin, aux trois quarts environ, un petit fût qu'on laisse débouché et qu'on place dans un endroit où la température est un peu élevée en tous temps, la cuisine, par exemple; puis on y ajoute soit

une mère de vinaigre, ou mieux un litre de bon vinaigre. L'oxydation se produit rapidement. On tire le
vinaigre au fur et à mesure des besoins de chaque jour;
on remplace la quantité tirée par une quantité équivalente de vin. Le vinaigre ainsi obtenu est un peu coloré
en rouge ; on peut, si on préfère l'avoir incolore, le
faire filtrer sur du noir animal.

BASES VÉGÉTALES.

De même que le règne végétal nous a fourni des
acides, de même on peut y rencontrer des bases.

Toutes ces bases peu solubles dans l'eau sont très
solubles dans l'alcool. Elles sont toutes des poisons
très énergiques ; elles communiquent aux plantes qui les
contiennent leurs propriétés vénéneuses. Telles sont la
morphine, tirée de l'opium, dont l'usage seul affaiblit
les facultés cérébrales, et dont l'abus amène fatalement
l'idiotisme et la folie ; la *nicotine*, tirée du tabac, dont
l'usage affaiblit la mémoire ; la *strychnine*, qu'on trouve
dans la noix vomique ; la *quinine* extraite du quinquina,
qui, à petite dose et surtout à l'état de sulfate de quinine, est employée en médecine pour couper la fièvre.

QUESTIONNAIRE.

Qu'appelle-t-on corps gras ? — Que rentre-t-il dans la composition de tout corps gras ? — Nommez les acides gras. — Qu'est-
ce que la glycérine ? — Quelle est la propriété de la nitro-glycérine ? — D'où extrait-on l'oléine, la stéarine, la margarine ou
palmitine ? — D'où provient l'huile ? — De quoi sont formées
les graisses ? — Qu'entend-on par saponification ? — Comment
fabrique-t-on les bougies stéariques ? — A qui doit-on l'invention
des bougies ? — Qu'est-ce que le savon ? — De quoi sont formés
les savons durs, les savons mous ? — Comment agissent les
savons dans le lessivage ? — Quelles sont les propriétés du

sucre ? — Qu'est-ce que le caramel ? — Comment obtient-on le
sucre candi ? — Qu'est-ce que le sucre d'orge, le sucre de
pomme ? — Comment fabrique-t-on la glucose ? — La trouve-
t-on à l'état naturel ? — D'où extrait-on l'amidon, la fécule ? —
Quelles sont leurs propriétés ? — Que renferme la farine ? —
Comment sépare-t-on le gluten de la farine ? — Que savez-vous
de l'acide oxalique ? — A quoi sert le tannin et où le trouve-
t-on ? — D'où tire-t-on l'acide tartrique ? — Qu'est-ce que l'acide
acétique ? — Comment fait-on le vinaigre ? — Quelles sont les
propriétés générales des bases végétales ? — D'où proviennent
la morphine, la nicotine, la strychnine, la quinine ?

CHAPITRE III

SUBSTANCES ANIMALES

Dans ce dernier entretien sur la chimie, nous dirons
quelques mots des principales substances chimiques
qui se trouvent en plus grande abondance dans les animaux. Si nous les étudions à part et si nous les sortons
des substances végétales, ce n'est pas qu'elles soient
toutes uniquement animales; il ne peut d'ailleurs pas
en être ainsi, car les animaux tirant des végétaux tous
leurs principes nutritifs y doivent trouver tous les
éléments de leur organisme; ils y trouvent même,
parfois toutes formées, des substances très complexes
qui s'assimilent immédiatement.

On appelle encore ces substances *principes albuminoïdes*, et ce sont des substances *azotées*.

Albumine. — L'albumine est cette matière filante,
incolore et inodore qui constitue le blanc de l'œuf.
Elle possède la propriété de durcir et de blanchir sous
l'influence d'une élévation de température d'environ
60 degrés maintenue pendant quelques minutes. C'est

ce que vous avez déjà remarqué lorsque vous avez voulu obtenir des œufs durs.

L'albumine se rencontre non seulement dans le blanc d'œuf, mais encore dans la farine et dans le *sang*.

On l'emploie pour coller le vin ; avec la chaux elle forme un ciment très résistant qu'on peut utiliser pour recoller la porcelaine.

Fibrine. — La fibrine est un corps qui se présente sous forme de fils blancs, élastiques. On la trouve dans le gluten de la farine, dans le sang et dans les muscles. On peut en obtenir de notables proportions en battant, avec des brindilles de bois, du sang qui vient de sortir des vaisseaux sanguins. La fibrine s'attache aux brindilles en filaments qu'un lavage dans l'alcool rend parfaitement blancs.

Gélatine. — La gélatine est une substance molle, transparente et incolore quand elle est pure ; elle est soluble dans l'eau bouillante et elle se prend *en gelée* quand on la refroidit. La gélatine brûle en répandant une odeur de corne brûlée.

La gélatine se sépare assez facilement, par l'eau bouillante, de la peau, des cartilages, etc. Mais pour la retirer des os, il faut les mettre dans de l'eau qu'on soumet à une température qui dépasse 100 degrés, dans une marmite de Papin.

La *colle de poisson* est de la gélatine pure constituée par la vessie natatoire de certains poissons, surtout l'esturgeon. Elle sert à coller le vin et la bière.

C'est la gélatine plus ou moins pure qui constitue la *colle forte* dont les usages sont si nombreux.

Caséine. Lait. — La caséine est cette masse blanche floconneuse qui se forme dans le lait quand on le traite

tive du lait, qui constitue le fromage. Nous l'avons
déjà trouvée en petite quantité dans la farine du blé,
dans le sang.

Lorsqu'on abandonne le *lait* à lui-même, il se sépare
en deux couches : l'une supérieure constitue la *crème*,
formée des matières grasses, l'autre, beaucoup plus
volumineuse, renferme l'eau et les principes solubles du
lait.

Le lait écrémé contient 2 principes azotés, la *caséine*
et l'*albumine*, un principe sucré, la *lactose*, puis des *sels
minéraux*.

Les proportions de ces principes contenus dans le
lait de vache sont :

Eau.	87,6
Beurre	3,2
Lactose	4,3
Caséine.	3
Albumine.	1,2
Sels	0,7
	100 de lait

Le lait est un aliment complet : il est capable d'entretenir, à lui seul, la vie humaine; sa densité est d'environ 1,03.

Le *beurre* est formé par l'agglomération des globules
gras du lait qui se réunissent en crème dans le lait
abandonné à lui-même. Pour produire cette agglomération on agite le lait dans des barattes, l'enveloppe
des globules se brise et la matière grasse se réunit.

Le beurre est de qualité bien supérieure et rancit
bien moins vite quand, au lieu de ne battre que la
crème, on bat le lait tel qu'il sort de la vache.

Fromage. — Les fromages sont obtenus en faisant
cailler le lait écrémé avec de la *présure* provenant de
la caillette des veaux. a liqueur fermente alors : son

coagule en présence de cet acide, elle se prend en une pâte qu'on dépose dans des formes en osier d'où l'eau en excès s'égoutte. Le fromage prend ensuite de la consistance, on le sale puis on achève de le sécher.

Les fromages au lait de vache sont ceux de Neufchâtel, de Brie, de Gruyère, de Hollande, etc ; les fromages du Mont-Dore sont au lait de chèvre ; ceux de Roquefort au lait de chèvre et de brebis mélangés.

Le fromage est, à poids égal, aussi nutritif que la viande.

FERMENTATION PUTRIDE.

CONSERVATION DES MATIÈRES ANIMALES.

Les matières végétales, et surtout les matières animales, se corrompent rapidement lorsque la vie a cessé de les animer et qu'elles sont soumises à l'action de l'air, de la chaleur et de l'humidité. M. Pasteur a montré que cette putréfaction, qui est encore une fermentation, est due à la présence d'un ferment microscopique dont le germe est transporté par l'air. Supprimons l'air du récipient qui renferme les matières animales ou élevons sa température pour tuer ces germes, ou refroidissons-le pour empêcher la fermentation, et la putréfaction ne se produira pas. Tels sont les principes sur lesquels est fondée la conservation des végétaux et des matières animales.

Dans la *glace*, ou à une température inférieure à 0 degré, on a pu conserver de la viande pendant une dizaine de jours. C'est ainsi qu'en ces dernières années un bateau, le *Frigorifique*, avait été aménagé pour amener de la viande d'Amérique en France. C'est au milieu de blocs de glace qu'on trouve parfois, conservé, le cadavre gigantesque du mammouth, dont l'espèce est cependant disparue depuis des siècles. Par ce procédé de conservation on empêche seulement le développement des germes de putréfaction.

Mais par la *cuisson* on détruit les germes. Cependant si, après cuisson, le corps reste exposé à l'air, de nouveaux germes seront alors amenés.

Dans le *procédé d'Appert*, on introduit les matières à conserver, légumes, viandes, toutes préparées dans une boîte en fer-blanc. Puis on soude le couvercle en y laissant seulement une petite ouverture ; la boîte est ensuite placée dans un vase contenant de l'eau qu'on porte à l'ébullition Une goutte de soudure bouche alors l'ouverture qu'on avait ménagée, puis enfin on la chauffe de nouveau au bain-marie. Dans ce procédé les germes ont été détruits par la cuisson, en outre il ne peut plus s'en introduire, puisque le vase est hermétiquement fermé. Dans les ménages on remplace la boîte par des bouteilles à fortes parois dans lesquelles on introduit les pois, haricots verts, etc., qu'on désire conserver ; un bon bouchon est substitué au couvercle métallique.

On peut, en outre, employer les *antiseptiques* ou antiputrides pour détruire les germes. Le plus employé est la *créosote*, qui existe en quantité suffisante dans la fumée. C'est grâce à la créosote de la fumée qu'on conserve le jambon, les harengs saurs et toutes les viandes dites fumées qu'on a soin de saler préalablement.

Le *sel* seul est encore un antiseptique ; c'est dans le sel qu'on conserve le lard, le hareng, la morue.

L'*alcool* est surtout employé, dans ce but, à la conservation des fruits : prunes, cerises, qu'on appelle alors fruits à l'eau-de-vie.

Dans certains cas, il suffit d'*isoler* les matières à conserver de *toute atteinte de l'air.* C'est ainsi qu'on peut *conserver les œufs* en les plongeant pendant une ournée dans de l'eau de chaux. Lorsqu'on les retire, la chaux qui a pénétré dans les pores de la coquille se solidifie et arrête en grande partie la rentrée de l'air. On peut encore les ranger dans une boîte, parfaitement entourés de sciure ou de cendre de bois très fines.

On peut conserver les volailles, le gibier, en les plaçant tout cuits dans de grands pots en grès. Les intervalles entre chaque volaille sont remplis par de la bonne graisse fondue et coulée dans le pot de grès.

L'*huile* suffit pour conserver le thon, les sardines, etc.

Le *vinaigre* est employé pour la conservation des cornichons, des oignons.

QUESTIONNAIRE

Qu'entendez-vous par substances animales? — Y a-t-il des substances uniquement animales? — Où trouve-t-on de l'albumine? — Quelles sont ses propriétés? — Quel est l'aspect de la fibrine? — Comment fait-on pour en tirer du sang? — Quelles sont les propriétés de la gélatine? — D'où l'extrait-on? — A quoi sert la gélatine? — D'où tire-t-on la colle de poisson? — Qu'est-ce que la caséine? — De quoi se compose le lait? — Que contient la crème du lait? et le lait écrémé? — Comment fait-on le beurre? — Comment obtient-on les fromages? — Quels sont les principaux fromages, et de quels laits sont-ils faits? — Quelles sont les causes de putréfaction des matières organiques? — Que faut-il faire pour empêcher la putréfaction de ces matières? — Comment agit la glace? — En quoi consiste le procédé de conservation d'Appert? — Comment peut-on faire des conserves de légumes dans les ménages? — Quels sont les antiseptiques employés à la conservation des matières animales?

FIN DE LA CHIMIE.

TABLE DES MATIÈRES

PHYSIQUE

CHIMIE

Paris. — Imp. Gauthier-Villars et fils, 55, quai des Grands-Augustins.